AF551691

EUL
VERLAG

Kostenorientierte Bewertung modularer Produktarchitekturen

Vom Promotionsausschuss der
Technischen Universität Hamburg-Harburg

zur Erlangung des akademischen Grades

Doktor der Wirtschafts- und Sozialwissenschaften (Dr. rer. pol.)

genehmigte Dissertation

von
Henning Skirde

aus
Neumünster

2014

1. Gutachter:	Prof. Dr. Dr. h. c. Wolfgang Kersten Institut für Logistik und Unternehmensführung Technische Universität Hamburg-Harburg
2. Gutachter:	Prof. Dr. Klaus Möller Institut für Accounting, Controlling und Auditing Universität St. Gallen

Tag der mündlichen Prüfung: 18.08.2015

Reihe: Supply Chain, Logistics and Operations Management · Band 20
Herausgegeben von Prof. Dr. Dr. h. c. Wolfgang Kersten, Hamburg

Dr. Henning Skirde

Kostenorientierte Bewertung modularer Produktarchitekturen

Mit einem Geleitwort von Prof. Dr. Dr. h. c. Wolfgang Kersten,
Technische Universität Hamburg-Harburg

Bibliografische Information der Deutschen Nationalbibliothek

Die Deutsche Nationalbibliothek verzeichnet diese Publikation in der Deutschen Nationalbibliografie; detaillierte bibliografische Daten sind im Internet über <http://dnb.d-nb.de> abrufbar.

Dissertation, Technische Universität Hamburg-Harburg, 2015

ISBN 978-3-8441-0424-0
1. Auflage September 2015

JOSEF EUL VERLAG GmbH
Brandsberg 6
53797 Lohmar
Tel.: 0 22 05 / 90 10 6-6
Fax: 0 22 05 / 90 10 6-88
E-Mail: info@eul-verlag.de
http://www.eul-verlag.de

Bei der Herstellung unserer Bücher möchten wir die Umwelt schonen. Dieses Buch ist daher auf säurefreiem, 100% chlorfrei gebleichtem, alterungsbeständigem Papier nach DIN 6738 gedruckt.

Geleitwort

Das Marktumfeld, in dem produzierende Unternehmen heute konkurrieren, lässt sich durch eine zunehmend individuelle Kundennachfrage und einen gestiegenen Kostendruck charakterisieren. Dadurch entsteht der Zielkonflikt, dass den immer umfangreicheren Produktspektren Maßnahmen zur Kostenoptimierung gegenübergestellt werden müssen, um die Wettbewerbsfähigkeit jedes einzelnen Unternehmens zu gewährleisten. Der Modularisierung von Produktarchitekturen wird seit langem das Potential zur Überwindung dieses Zielkonfliktes zugesprochen. Dennoch lag zu Beginn des Dissertationsprojekts kein umfassender methodischer Ansatz zur Bewertung modularer Produktarchitekturen aus Kostensicht vor, so dass eine solche Bewertung in der Unternehmenspraxis bis heute oftmals ausbleibt.

Das Forschungsziel der Dissertation von Herrn Skirde bestand deshalb darin, für die frühen Phasen des Produktentstehungsprozesses verbesserte Bewertungs- und Prognosemöglichkeiten der Kostenwirkungen alternativer Produktarchitekturen mit unterschiedlichen Modularitätsgraden zu entwickeln. Zur Erreichung dieses Forschungsziels untersucht Herr Skirde zunächst den Stand der Praxis in der Antriebstechnik. Aufbauend auf den unternehmensseitig abgeleiteten Anforderungen erfolgt die Entwicklung eines Vorgehensmodells. Dieses Modell ermöglicht im Rahmen von vier Schritten das systematische Ableiten einer Handlungsempfehlung hinsichtlich der Frage, ob der gegenwärtige Modularitätsgrad einer betrachteten Produktarchitektur aus Kostensicht erhöht oder verringert werden sollte.

Insgesamt erreicht die Arbeit von Herrn Skirde mit dem entwickelten Vorgehensmodell ein überzeugendes Ergebnis im Schnittstellenbereich zwischen Ingenieur- und Wirtschaftswissenschaften, das die praxisseitig ermittelten Anforderungen vollständig erfüllt und gleichzeitig ein hohes Maß an forschungsmethodischer Präzision zur wissenschaftlichen Fundierung aufweist. Die vorliegende Arbeit liefert damit sowohl für die Wissenschaft als auch für die Wirtschaft wichtige Impulse zur kostenorientierten Gestaltung modularer Produktstrukturen.

Hamburg, im August 2015 Prof. Dr. Dr. h. c. Wolfgang Kersten

Vorwort

Die vorliegende Arbeit entstand während meiner Zeit als Wissenschaftlicher Mitarbeiter am Institut für Logistik und Unternehmensführung der TU Hamburg-Harburg. Die Entstehung dieser Arbeit wurde durch die Unterstützung zahlreicher Menschen aus dem Kollegen- und Familienumfeld ermöglicht, bei denen ich mich an dieser Stelle ganz herzlich bedanken möchte.

Besonders herzlich möchte ich meinem Doktorvater Herrn Prof. Wolfgang Kersten danken. Auch über die Betreuung der Dissertation hinaus wurden mir stets in hohem Maße Vertrauen und Unterstützung entgegengebracht sowie spannende Aufgaben, Perspektiven und Diskussionen ermöglicht, durch die ich persönlich wachsen konnte. Für die Übernahme des Koreferats bzw. des Vorsitzes des Prüfungsausschusses bedanke ich mich herzlich bei Herrn Prof. Klaus Möller sowie Herrn Prof. Stefan Heinrich.

Einen besonderen Dank möchte ich zudem an Herrn Dr. Thorsten Lammers richten, der als Betreuer meiner Diplomarbeit sowie anschließend als langjähriger Bürokollege durch ausführliche Diskussionen bis heute maßgeblich zum Erfolg meiner Tätigkeiten beigetragen hat und deshalb meine höchste Wertschätzung besitzt.

Ebenfalls danke ich Herrn Moritz Schröder für die kritische Durchsicht des Manuskriptes meiner Arbeit, den Studierenden Henning Schöpper, Marian Schneider und Laura Giesecke für ihre Beiträge während der Entstehung dieser Arbeit, allen Teilnehmern der empirischen Untersuchung sowie Herrn Dr. Ludwig Sedlmeier für die gemeinsame Projektarbeit. Herrn Prof. Cornelius Herstatt danke ich für die Unterstützung bei der Veröffentlichung eines Teilergebnisses meiner Arbeit.

Allen Kollegen und Alumni, die meine Zeit am Institut begleitet und geprägt haben, danke ich für die sehr angenehme (Arbeits-)Atmosphäre. Zu nennen sind hier mindestens Niclas Jepsen, Dr. Nikolaus Wagenstetter, Markus Klotzbach, Max Feser, Matthias Ehni, Dr. Meike Schröder und Birgit von See.

Schließlich bedanke ich mich herzlich bei meinen Freunden aus der Heimat (insbesondere Sebastian Althaus und Dr. Michael Frahm) sowie meiner Familie: meinen Eltern Eckhard und Anke Skirde sowie meinem großen Bruder Tim – für die Unterstützung, die stets weit über die eigentliche Arbeit hinausging.

Hamburg, im August 2015 Henning Skirde

Inhaltsübersicht

Inhaltsverzeichnis

Abbildungsverzeichnis

Tabellenverzeichnis

Abkürzungsverzeichnis

Abb.	Abbildung
AG	Aktiengesellschaft
AS	Anpassungsschritt
Aufl.	Auflage
bzw.	beziehungsweise
DSM	Design Structure Matrix
EHPV	Engineered hours per vehicle
et al.	et alii
etc.	et cetera
f.	folgende
F_i	Forschungsfrage mit der Nummer i
F&E	Forschung und Entwicklung
ff.	fortfolgende
Hrsg.	Herausgeber
Kap.	Kapitel
KMU	Kleine und mittlere Unternehmen
No.	Number
Nr.	Nummer
NTF	New to the firm
OEM	Original Equipment Manufacturer (Endproduktthersteller)
QDA	Qualitative Datenanalyse
S.	Seite
SMI	Singular Value Modularity Index
Tab.	Tabelle
u.a.	und andere
Übers. d. Verf.	Übersetzung des Verfassers
VBA	Visual Basic for Applications
vgl.	vergleiche
z.B.	zum Beispiel

1 Einleitung

1.1 Ausgangssituation und Problemstellung

Unternehmen werden im heutigen Marktumfeld vor die Herausforderung gestellt, eine zunehmend individuelle und anspruchsvolle Kundennachfrage zu bedienen. Dadurch wurden die Produktspektren in nahezu allen Branchen diversifiziert und erweitert, so dass den Kunden heute eine Vielzahl unterschiedlicher Varianten angeboten wird. Gleichzeitig verlangt der globalisierte Wettbewerb, der gegenwärtig von Trends wie Industrie 4.0 sowie der Verkürzung von Produktlebenszyklen noch verschärft wird, von jedem wirtschaftlich erfolgreichen Unternehmen ein hohes Maß an Aktivitäten zur Kostenoptimierung (vgl. z.B. Bauernhansl, 2014, S. 33; Spath et al., 2013, S. 2; Pasche et al., 2011, S. 1144). Der dadurch entstehende Zielkonflikt besteht darin, eine hohe externe Produktvielfalt am Markt bei möglichst niedrigen unternehmens-internen Kosten anzubieten. Zur Lösung dieses Zielkonfliktes kann eine Produkt-modularisierung herangezogen werden.

Unter einer Modularisierung wird der Vorgang der gezielten Strukturierung eines komplexen Produktes in abgegrenzte Module verstanden, deren Wechselwirkungen soweit wie möglich auf standardisierte Schnittstellen begrenzt werden. Modulare Produktsysteme ermöglichen das Erzeugen einer hohen Produktvielfalt, bei der die innerbetriebliche Komplexität und damit letztlich die Kosten nur unterproportional ansteigen (vgl. Wüpping, 2003). Der Grundstein für eine modulare Produkt-strukturierung, die eine kostengünstige Herstellung ermöglicht, sollte bereits in der konzeptionellen Phase der Produktentstehung gelegt werden.

In der Realität ist die Ausprägung einer Produktarchitektur in den wenigsten Fällen vollständig integral oder vollständig modular, sondern befindet sich innerhalb eines kontinuierlichen Spektrums zwischen den beiden Extremen. Unterstellt wird, dass die Auswahl eines bestimmten Modularitätsgrades innerhalb dieses Spektrums die Kosten eines Unternehmens in nahezu sämtlichen anschließenden Phasen des Lebenszyklus eines Produktes beeinflusst. Eine systematische Untersuchung der Kostenwirkungen der Modularisierung und daraus abgeleitet die Möglichkeit einer kostenorientierten Gestaltung der Modularisierung sind bisher in vorhandenen Ansätzen nicht berücksichtigt worden (vgl. z.B. Koppenhagen, 2004, S. 152; Göpfert, 2009, S. 286; Blees, 2011, S. 146; Krause & Ripperda, 2013, S. 8).

In der Unternehmenspraxis wird die Analyse der Kosten vor allem dadurch erschwert, dass die vorteilhaften Effekte modularer Produkte häufig im Verborgenen auftreten, d.h. für herkömmliche Kostenmanagementsysteme weitgehend unsichtbar bleiben. Zudem liegen die Informationen und Daten, die in den frühen Phasen der

Produktentstehung benötigt werden, um Entscheidungen zu treffen, meist noch nicht vor oder sind mit einer hohen Unsicherheit behaftet. In der Literatur werden zwar allgemein gehaltene Motive und einzelne Effekte zu Kosten der Modularisierung beschrieben. Beispielsweise nennt JUNGE (2005, S. 11 f.) als Hauptmotiv für die Entwicklung modularer Konzepte kurzfristige Kostensenkungen durch eine Reduktion der vorhandenen Komplexität. Die Untersuchung der mittel- und langfristigen Auswirkungen, die Modularisierungsentscheidungen auf die Kostensituation haben, beurteilt RUPPERT (2007, S. 72 f.) als annähernd vollständig vernachlässigt. Eine ganzheitliche Betrachtung, die Handlungsempfehlungen für Unternehmen hervorbringt, wie die Modularität einer Produktarchitektur aus Kostensicht zu gestalten ist, liegt bislang nicht vor.

1.2 Zielsetzung und Aufbau der Arbeit

Das Ziel der vorliegenden Arbeit ist die Lösung der eingangs herausgearbeiteten Problemstellung – die kostenorientierte Bewertung modularer Produktarchitekturen zur Unterstützung von Entscheidungen über deren genaue Gestaltung. Insbesondere für die frühen Phasen der Produktentstehung sollen verbesserte Prognosemöglichkeiten der Kostenwirkungen alternativer Produktarchitekturen mit unterschiedlichen Modularitätsgraden zur Verfügung gestellt werden. Diese Zielsetzung wird nachfolgend in einzelne Forschungsfragen strukturiert (Kap. 1.2.1) und anschließend anhand des Anspruches der Untersuchung nach thematischer Relevanz eingeordnet (Kap. 1.2.2). Schließlich werden daraus der Aufbau sowie der Gang der Arbeit abgeleitet (Kap. 1.2.3).

1.2.1 Ableitung der Forschungsfragen

In der vorliegenden Arbeit wird von einer Wechselwirkung zwischen den Forschungsfragen und dem Forschungsdesign ausgegangen (vgl. Maxwell, 2013, S. 72). Die Ableitung der Forschungsfragen wird an dieser Stelle anhand von einzelnen Beiträgen aus der Literatur begründet. Mit dem Ausgangspunkt der hier abgeleiteten Forschungsfragen wird das Forschungsdesign mitsamt der Einbindung der empirischen Beiträge zu einem späteren Zeitpunkt detailliert erläutert.

Tabelle 1 zeigt eine Auflistung direkter Zitate aus der Literatur. Englische Zitate wurden bewusst nicht übersetzt um den genauen Wortlaut zu erhalten und die Vorherrschaft englischsprachiger Quellen zur Thematik der kostenorientierten Bewertung der Modularisierung zu verdeutlichen. Durch die chronologische Darstellung werden diese Auszüge als Beiträge zur wissenschaftlichen Diskussion des Themas im Zeitverlauf abgebildet. Aus der Fortschreibung genau dieser Diskussion kann die Hauptforschungsfrage identifiziert werden.

Tabelle 1: Beiträge zur Ableitung der Hauptforschungsfrage aus der Literatur

Literaturquelle	Zitat
Ulrich & Tung (1991, S. 78)	„How much modularity is optimal?"
Erixon (1998, S. 85)	„Is it possible to predict and calculate the effects of a well designed modular product?"
Zhang & Gershenson (2003, S. 121)	„No research has been done to prove if there exists a relationship between modularity and cost."
Koppenhagen (2004, S. 152)	„Eine mögliche Weiterentwicklung [...; des entwickelten Modularisierungsansatzes] besteht in der Erweiterung [...] zur expliziten Abbildung von Kosteninformationen."
Ethiraj & Levinthal (2004, S. 159)	„However, little attention has been paid to the problem of identifying what constitutes an appropriate modularization of a complex system."
Mikkola (2006, S. 130)	„In the literature, quantitative models [...] do not provide firms with sufficient insights into, and guidance on, how to measure and subsequently optimize the degree of modularity embedded in a product's architecture."
Hölttä-Otto & de Weck (2007, S. 115)	„The question remains how to decide on the degree of modularity or on the number of modules."
Guo & Gershenson (2007, S. 143)	„.. only a few attempts have been made to actually prove a broad relationship between modularity and cost and these attempts have not been very definitive."
Starr (2010, S. 14)	„There are no guidelines to determine when to apply modular product design or how extensive the use should be of modular systems"
Khawam & Spinler (2011, S. 2 f.)	„... determining the optimal level of modularity [...] is not trivial."
Schuh, Arnoscht, & Vogels (2013, S. 82)	„In der industriellen Praxis werden die zentralen Standards von Baukastensystemen heutzutage in der Regel auf Basis von Erfahrungswissen festgelegt."

Obgleich die angeführten Zitate unterschiedliche Betrachtungsumfänge aufweisen und der Frage nach den Kosten nicht mit einheitlicher Schärfe folgen, wird deutlich, dass ein systematischer Ansatz zur kostenorientierten Bewertung modularer Produktarchitekturen in der Literatur bislang nicht vorliegt.

Dies könnte darauf zurückzuführen sein, dass eine Modularisierung anhand von verschiedenen Zielgrößen vorgenommen werden kann (vgl. Wildemann, 2013, S. 150; Blees, 2011, S. 43; Fixson, 2006, S. 306; Sekolec, 2005, S. 74). HÖLTTÄ-OTTO UND DE WECK (2007, S. 114) argumentieren, dass vorwiegend wirtschaftliche Gesichtspunkte zur modularen Gestaltung eines Produktes führen. Das Leistungsoptimum aus technischer Sicht hingegen werde durch die modulare Gestaltung häufig vernachlässigt. Während die Kostenseite zumeist unter den wirtschaftlichen Gesichtspunkten einbezogen wird, ist die Nutzendimension eher durch die Leistungscharakteristika eines Produktes determiniert. Demzufolge liegt ein Gestaltungsproblem mit mehreren Zielgrößen vor.

Kosten werden in der Literatur als zentrale, wenn nicht gar die wichtigste Entscheidungsvariable beschrieben (vgl. Fixson, 2006, S. 306). Zudem werden Kosten als zentraler Faktor für den Erfolg eines Produktes genannt (vgl. Zhang & Gershenson, 2002, S. 53). Deshalb scheint die alleinige Fokussierung der Kosten gegenüber anderen Zielgrößen naheliegend. In der vorliegenden Arbeit soll die Untersuchung der Kosten als zentraler Schritt einer ceteris paribus Betrachtung vorgenommen werden. Die anderen Zielgrößen, für die womöglich ebenfalls Wechselwirkungen mit der Modularität von Produkten vorliegen, werden als unverändert angenommen.

Vor dem Hintergrund der begründeten Bedeutung der Kosten sowie der Unvollständigkeit bisheriger Betrachtungen in Bezug auf eine kostenorientierte Bewertung der Modularisierung lautet die Hauptforschungsfrage (F_0) der vorliegenden Arbeit wie folgt:

F_0: Wie kann der Modularitätsgrad einer Produktarchitektur aus der Kostenperspektive eines Unternehmens optimal gestaltet werden?

Zur Beantwortung dieser Hauptforschungsfrage befasst sich die Arbeit mit der Entwicklung eines Vorgehensmodells zur kostenorientierten Bewertung modularer Produktarchitekturen, das Entscheidungen über deren Ausgestaltung unterstützt.

Als Fundament für die konzeptionelle Entwicklung sind drei weitere Forschungsfragen erforderlich. Erstens muss die Frage untersucht werden, welche Kostenwirkungen durch Modularisierung überhaupt hervorgerufen werden und welchen dieser Kostenwirkungen eine hohe Relevanz zugesprochen werden kann. Daraus resultiert die erste Forschungsfrage (F_1):

F_1: Welche Kostenwirkungen der Modularisierung sind bei der Gestaltung einer modularen Produktarchitektur zu berücksichtigen?

Zweitens kann die Beantwortung der Hauptforschungsfrage nicht unabhängig vom betrachteten Kontext vorgenommen werden. Die verschiedenen Untersuchungen modularer Produkte, die bereits in der Literatur vorliegen, sind auf unterschiedliche Branchen und Industrien bezogen. Das Ziel der zweiten Forschungsfrage (F_2) ist es deshalb, aus der Analyse des jeweiligen Betrachtungskontexts herauszuarbeiten, wie die vorteilhaften Effekte der Modularisierung in Unternehmen anderer Branchen übertragen, nachteilige Effekte hingegen gezielt vermieden werden können:

F_2: Welche spezifischen Rahmenbedingungen von Branchen bzw. Industrien, in denen Modularisierungskonzepte bereits erfolgreich angewendet werden, sind von Bedeutung, wenn die dort nachgewiesenen Effekte der Modularisierung auch in Unternehmen anderer Branchen berücksichtigt werden sollen?

Darüber hinaus soll drittens die gegenwärtige Situation von Unternehmen in der Praxis erhoben werden. Diese Erhebung hat zum Ziel festzustellen, welche theoretischen Konzepte aus dem Stand der Forschung bereits in den Unternehmen bekannt sind und angewendet werden. Zudem sollen praxisseitige Anforderungen identifiziert werden, die für die kostenorientierte Bewertung modularer Produktarchitekturen zu berücksichtigen sind. Als Untersuchungsgegenstand für die vorliegende Arbeit wurde die Branche der Antriebstechnik fokussiert. Bezogen auf die Modularisierung von Produkten scheint diese gegenüber anderen Branchen wie beispielsweise die Automobil- oder Computerindustrie bislang wenig erforscht. Deshalb lautet die dritte Forschungsfrage (F_3):

F_3: Welcher Stand der Praxis ist am Beispiel der Antriebstechnik bezogen auf modulare Produkte vorherrschend? Welche in der Theorie vorliegenden Ansätze werden in der Praxis bereits angewendet und welche Anforderungen an die kostenorientierte Bewertung modularer Produktarchitekturen werden unternehmensseitig formuliert?

1.2.2 Einordnung der Forschungsziele

Entscheidungen, die die Modularität einer Produktarchitektur betreffen, werden zumeist in der frühen Phase des Produktentstehungsprozesses getroffen. In diesen Phasen kann im Unternehmen häufig noch nicht auf umfangreiche und verlässliche Daten zurückgegriffen werden (vgl. Ishii, 1998, S. 527). Als Zielsetzung der Arbeit sollen für diese Phasen verbesserte Prognosemöglichkeiten der Kostenwirkungen alternativer Produktarchitekturen mit unterschiedlichen Modularitätsgraden zur Verfügung gestellt werden. Auf der Grundlage solcher Prognosen wird ein Vorgehensmodell zur Entscheidungsunterstützung entwickelt. Die thematische Relevanz der Hauptforschungsfrage dieser Arbeit resultiert damit aus der Unternehmenspraxis. Gleichzeitig wird durch den wissenschaftlichen Diskurs anhand der aufgezeigten Zitate auf den gleichen Sachverhalt hingewiesen, dass bislang keinerlei systematische Vorgehensweise zur kostenorientierten Bewertung modularer Produktarchitekturen vorliegt, deren Ergebnis für eine Optimierung des Modularitätsgrades herangezogen werden kann. Der Erkenntnisfortschritt, den die vorliegende Arbeit leisten soll, liegt somit in der Entwicklung eines Bewertungsmodells zur Lösung eines praxisrelevanten Problems sowie in der Überprüfung dieses Bewertungsmodells im Anwendungszusammenhang (vgl. Ulrich & Hill, 1979, S. 167 f.; Sekolec, 2005, S. 10).

Auf der Grundlage der belegten thematischen Relevanz der Forschung ist eine sorgfältige Abgrenzung des Betrachtungsumfanges erforderlich. Die vorliegende Arbeit ist im Schnittstellenbereich zwischen ingenieurwissenschaftlicher und betriebswirtschaftlicher Forschung zu verorten (vgl. Göpfert, 2009, S. 6). Während der Themenkomplex der Modularisierung von Produktarchitekturen den Ingenieurwissenschaften entstammt, ist die kostenseitige Betrachtung der Auswirkungen von Entscheidungen, die in der frühen Phase des Produktentwicklungsprozesses getroffen werden, dem betriebswirtschaftlichen Bereich zuzuordnen. Um diese Schnittstellenthematik in zielführender Weise bearbeiten zu können, soll die Betrachtung bereits im Vorfeld der Untersuchung wie folgt eingegrenzt werden: Die Produkte, die im Fokus der Arbeit stehen, sind erstens auf diskrete physische Produkte einzugrenzen, die über ein Mindestmaß an Komplexität verfügen, das eine Modularisierung rechtfertigt. Zweitens sollen vorwiegend industrielle Erzeugnisse betrachtet werden. Damit wird nicht ausgeschlossen, dass die Erkenntnisse auch auf andere Produkte übertragbar sein können. Detaillierte Erläuterungen beider Eingrenzungen werden an der Stelle ihres erstmaligen Auftretens im weiteren Verlauf der Arbeit vorgenommen.

1.2.3 Aufbau und Gang der Arbeit

Vor dem Hintergrund der abgeleiteten Forschungsziele sowie deren Einordnung wird im Folgenden der Aufbau der verbleibenden Kapitel dieser Arbeit beschrieben.

In **Kapitel zwei** werden die theoretischen Grundlagen dargelegt und erläutert. Zur Annäherung an den betrachteten Themenkomplex der Modularisierung von Produkten werden zunächst systemtheoretische Überlegungen mit dem Komplexitätsbegriff verknüpft und zu einem abstrakten Bezugsrahmen aufgespannt. Dann erfolgt eine theoretische Auseinandersetzung mit Modularisierung und insbesondere modularen Produktarchitekturen. Anschließend wird die Einordnung der Modularisierung in den abstrakten Bezugsrahmen vorgenommen. Schließlich werden am Ende des Kapitels die Umfänge verschiedener Kostendefinitionen aufgearbeitet, die für die weiteren Teile der Arbeit von Bedeutung sind.

Darauf aufbauend wird in **Kapitel drei** der Stand der Forschung dahingehend untersucht, welche Kostenwirkungen der Modularisierung in der Wissenschaft bereits behandelt wurden. Dafür wird als erstes der Zusammenhang zwischen Produktmodularität und Kosten betrachtet. Diese Betrachtung umfasst mehrere Einzeleffekte, deren Überlagerung den Verlauf der Kostenfunktion für unterschiedliche Modularitätsgrade beeinflusst. Als zweites werden Indikatoren beschrieben, anhand derer der Modularitätsgrad einer Produktarchitektur bestimmt werden kann. Im dritten Teil des Kapitels wird auf Rahmenbedingungen der Modularisierung eingegangen.

Als nächstes wird in **Kapitel vier** der Stand der Praxis in der Antriebstechnik mit einer explorativen Studie untersucht. Zur Einordnung dieser empirischen Untersuchung wird zu Beginn des Kapitels zunächst das Forschungsdesign der verbleibenden Teile der Arbeit entwickelt. Die Darstellung der explorativen Studie ist in die drei Unterkapitel Vorbereitung, Durchführung und Auswertung strukturiert. Anschließend werden die Resultate der Forschung dargestellt. Schließlich wird der Stand der Praxis dem zuvor aufgearbeiteten Stand der Forschung gegenübergestellt und damit die Forschungslücke verdeutlicht.

Kapitel fünf umfasst die Entwicklung des Vorgehensmodells zur kostenorientierten Bewertung modularer Produktarchitekturen. Dieses ermöglicht im Rahmen von vier Schritten das Ableiten einer Handlungsempfehlung hinsichtlich der Frage, ob der gegenwärtige Modularitätsgrad der betrachteten Produktarchitektur aus Kostensicht erhöht oder verringert werden sollte.

Kapitel sechs dient der Validierung des entwickelten Vorgehensmodells. Das Kapitel setzt sich aus einem empirischen Teil, der aus einer Fokusgruppe, drei Tiefeninterviews und zwei Pilotanwendungen besteht, sowie einer Fallstudie, die anhand von Unternehmensdaten durchgeführt wird, zusammen.

Die Arbeit schließt in **Kapitel sieben** mit einer Zusammenfasssung, theoretischen und praktischen Implikationen sowie der Formulierung weiterführender Forschungsrichtungen.

Der Aufbau der Arbeit ist zur Verdeutlichung in Abbildung 1 dargestellt.

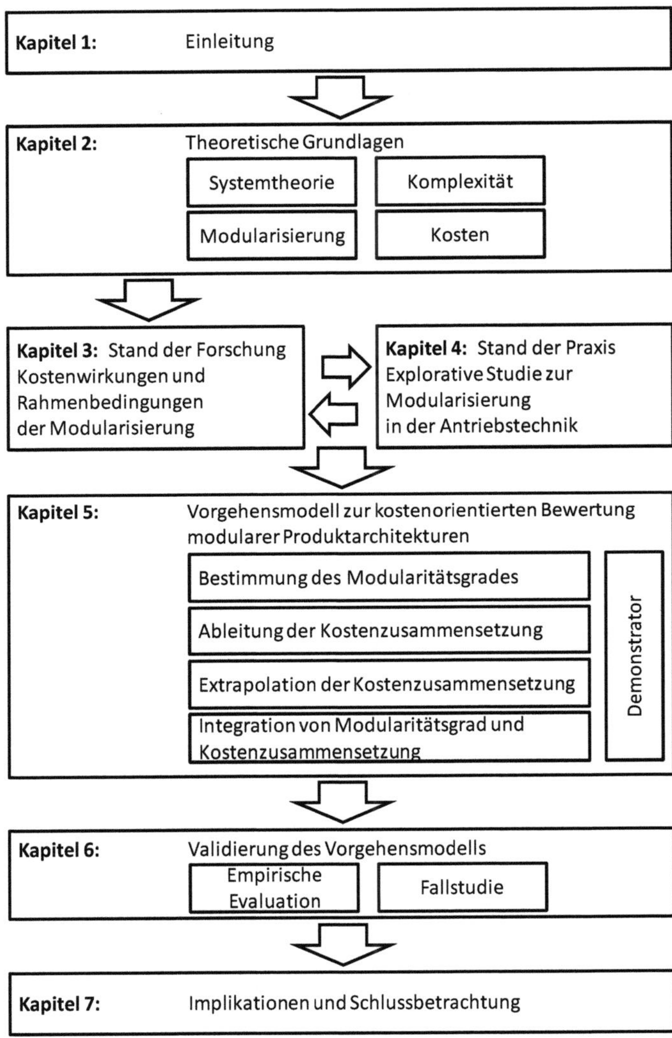

Abbildung 1: Aufbau der Arbeit

2 Theoretische Grundlagen

„Die Theorie ist das Netz, das wir auswerfen, um „die Welt“ einzufangen, – sie zu rationalisieren, zu erklären und zu beherrschen. Wir arbeiten daran, die Maschen des Netzes immer enger zu machen.“ POPPER (1982, S. 31).

Zur Annäherung an den eingangs beschriebenen Themenkomplex der Modularisierung von Produkten wird in diesem Kapitel zunächst ein theoretischer Bezugsrahmen aufgebaut. Damit soll erstens Einheitlichkeit auf der begrifflich-theoretischen Ebene geschaffen werden. Zweitens soll vom höheren Abstraktionsniveau ausgehend eine sukzessive Hinführung zum Kernthema der Arbeit erfolgen und damit dessen Einordnung geleistet werden. Drittens soll der Bezugsrahmen anhand der abstrakten Ebene die Strukturierung der vorliegenden Problemstellung unterstützen sowie den damit verbundenen Verlust an Reichweite bei der Analyse aufzeigen und bewertbar machen (vgl. Kirsch, 1984, S. 758 ff.).

Da für eine Untersuchung stets verschiedene gedankliche Bezugsrahmen denkbar sind, sollten Entscheidungen darüber in erster Linie dem Zweckmäßigkeitskriterium unterworfen werden (vgl. Ulrich & Hill, 1979, S. 166). Abstrakt betrachtet handelt es sich bei der Modularisierung eines komplexen Produktes um die hierarchische Strukturierung eines komplexen Systems in verschiedene Subsysteme. Deshalb wird in dieser Arbeit ein Bezugsrahmen aus dem Zusammenspiel von Systemtheorie und Komplexität entwickelt (Kap. 2.1). Dieser Bezugsrahmen wird für die Analyse der aus der Praxis abgeleiteten Problemstellung als zweckmäßig erachtet. Anschließend wird die Modularisierung zunächst detailliert behandelt (Kap. 2.2), dann in den aufgespannten Bezugsrahmen eingeordnet (Kap. 2.3). Schließlich werden Grundlagen zu Kosten, die für den anschließenden Verlauf der Arbeit von Bedeutung sind, aufgearbeitet (Kap. 2.4).

2.1 Komplexität und Systemtheorie

In diesem Abschnitt wird der Bezugsrahmen aus Komplexität und Systemtheorie wie nachfolgend beschrieben aufgespannt. Als erstes wird der systemtheoretische Ansatz eingeführt (Kap. 2.1.1). Dann wird zweitens der Komplexitätsbegriff behandelt (Kap. 2.1.2). Beide Teile werden anschließend zu komplexen Systemen zusammengeführt (Kap. 2.1.3). Schließlich wird auf das Management von Komplexität eingegangen (Kap. 2.1.4).

2.1.1 Systemtheoretischer Ansatz

Die Ursprünge der allgemeinen Systemtheorie lassen sich auf den Bereich der Naturwissenschaften zurückführen, wo Steuerungs- und Regelungsvorgänge erstmalig in einem Systemzusammenhang betrachtet wurden (vgl. Bertalanffy, 1950). Der Begriff System leitet sich vom griechischen *sýstema* ab und bedeutet soviel wie „Zusammenstellung" oder „das Zusammengesetzte" (vgl. Koppenhagen, 2004, S. 10; Stein, 1968, S. 2 f.). In der Literatur erfolgt die Verwendung des Systembegriffs nicht einheitlich (vgl. Luhmann, 1994, S. 15; Bliss, 2000, S. 81; Koeppen, 2007, S. 11).

Eine der einfachsten auffindbaren Definitionen versteht ein System gänzlich im Sinne der Begriffsherkunft als eine „...Einheit [..], die sich aus mehreren Teilen zusammensetzt" (Göpfert, 2009, S. 14). PATZAK (1982, S. 19) definiert ein System konkreter als aus einer Menge von Elementen bestehend, welche jeweils über eigene Eigenschaften verfügen und „durch Relationen miteinander verknüpft sind." Noch weiter geht die Definition von ULRICH (1968, S. 105), der ein System als die geordnete Gesamtheit von Elementen beschreibt, die zueinander in Beziehung stehen oder zwischen denen Beziehungen hergestellt werden können. Gemeinsam haben alle diese Definitionen, dass Elementen und Relationen eine zentrale Bedeutung zugesprochen wird (vgl. bereits Bertalanffy, 1950, S. 143). Für die vorliegende Arbeit soll die Definition von ULRICH (1968, S. 105) verwendet werden.

Neben diesem inneren Aufbau besitzt ein System stets eine Umwelt, von der das System durch seine Systemgrenze abgegrenzt werden kann. PATZAK (1982, S. 25) führt dazu aus, dass „... die Grenze des betrachteten System [...] durch Problemstellung und Zweckmäßigkeit..." im Untersuchungskontext bestimmt wird. Die Umwelt besteht nach FRESE (1992, S. 145) aus einer Menge an Objekten, die nicht zum System gehören, aber durch ihre Eigenschaften und Beziehungen das System in irgendeiner Art und Weise beeinflussen. LUHMANN (1994, S. 52) weist darauf hin, dass Elemente, „... wenn Grenzen scharf definiert sind, entweder dem System oder dessen Umwelt zugerechnet werden." Anders verhält es sich mit Relationen, die im Gegensatz zu Elementen nicht notwendigerweise durch Systemgrenzen getrennt werden, sondern auch zwischen systeminternen und systemexternen Elementen bestehen können (vgl. Luhmann, 1994, S. 52). Zur Vereinfachung kann das Gesamtsystem deshalb bei struktureller Betrachtung durch die Definition und Abgrenzung von Subsystemen auf der jeweils untergeordneten hierarchischen Ebene unterteilt werden, ohne dass die zahlreichen Beziehungen zwischen den einzelnen Systemelementen vernachlässigt werden (vgl. Kaiser, 1995, S. 19). Abbildung 2 zeigt die bislang behandelten Definitionsbestandteile eines Systems.

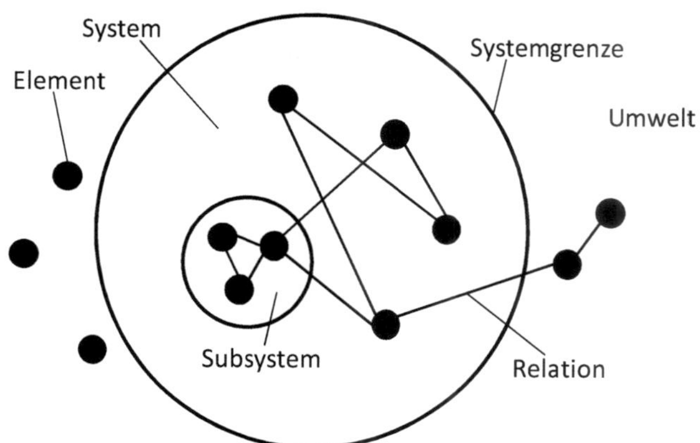

Abbildung 2: Darstellung eines Systems
Quelle: eigene Darstellung, in Anlehnung an Kestel (1995, S. 13).

LUHMANN (1994, S. 22) führt weiter aus, dass das Bilden von Subsystemen auf untergeordneten hierarchischen Ebenen nichts anderes sei „...als die Wiederholung der Differenz von System und Umwelt innerhalb von Systemen." So könne ein Gesamtsystem „... sich selbst als Umwelt für eigene Teilsystembildungen" nehmen (vgl. Luhmann, 1994, S. 22). Dieses Zerlegungsprinzip ließe sich im Prinzip beliebig fortsetzen, ist aber für die Betrachtung realer Systeme in der Regel durch die Sinnhaftigkeit einer Fortführung weiterer Unterteilungen begrenzt (vgl. Lang, 2000, S. 28; Patzak, 1982, S. 44).

2.1.2 Komplexität

Komplexität ist untrennbar mit dem Systembegriff verbunden (vgl. Hoffmann, 2000, S. 37; Prillmann, 1996, S. 57 f.). „Wenn man Komplexität definiert muss man immer die Gliederungstiefe angeben, bis zu der das System beschrieben werden soll" (Gell-Mann, 1994, S. 68; vgl. auch Luhmann, 1980, S. 1064). Noch feinere Details sind bei einer anschließenden Betrachtung zu vernachlässigen. Der systemtheoretische Ansatz mit der Möglichkeit zur Unterscheidung eines Systems in verschiedene Subsysteme kann bei der Wahl einer solchen Gliederungstiefe unterstützen. Zudem wird Komplexität in der Literatur zum Teil direkt als Systemeigenschaft benannt (vgl. z.B. Lammers, 2012, S. 16 f.; Schlange, 1994, S. 3).

In der Literatur wird kritisiert, dass der Einzelne häufig Sachverhalte, die sich seinem genauen Verständnis entziehen, unverhältnismäßig als komplex bezeichnet (vgl. Bliss, 2000, S. 91; Grossmann, 1992, S. 17), was die Beobachtung einer inflationären Verwendung des Komplexitätsbegriffes stützt, die MEYER (2007, S. 21) beschreibt.

Eine genaue Definition und Abgrenzung von Komplexität wird durch den transdisziplinären Charakter, den dieser Begriff aufweist, erschwert. Die Begriffsbildung ist auf *complexus*, ein lateinisches Attribut zurückzuführen, dessen Bedeutung inhaltlich mit „verschlungen", „verflochten", „umfassend" oder „zusammengebunden" übersetzt werden kann (vgl. Bliss, 2000, S. 3; Gell-Mann, 1994, S. 66; Adam & Rollberg, 1995, S. 667; Kirchhof, 2003, S. 11). Das Verständnis des Begriffs in verschiedenen Wissenschaftsdisziplinen hingegen divergiert erheblich, da unterschiedliche Forschungsziele und -methodiken Berücksichtigung finden (vgl. Bliss, 2000, S. 89 ff.; Meyer, 2007, S. 21).

Da detaillierte definitorische Auseinandersetzungen mit dem Komplexitätsbegriff in der Literatur bereits vielfältig vorliegen (vgl. Lammers, 2012, S. 15 ff.; Meyer, 2007, S. 22; Stüttgen, 2003, S. 17 ff.; Kirchhof, 2003, S. 251 f.; Bliss, 2000, S. 91 ff.), erscheint eine erneute Betrachtung sämtlicher Richtungen nicht zielführend. Vielmehr sei im Ergebnis dieser Ausführung festgestellt, dass die unterschiedlichen Verständnishintergründe ein breites Spektrum des Komplexitätsbegriffes begünstigt haben, das nachfolgend für die vorliegende Arbeit mit der Perspektive der Systemtheorie auf die erforderlichen Bestandteile reduziert und angepasst wird.

Nach einer grundlegenden Definition besteht Komplexität – wie auch ein System – aus dem Zusammenspiel der beiden Bestandteile „Element" und „Relation" (vgl. Bertalanffy, 1950, S. 143; Luhmann, 1980, S. 1064). Dabei beinhalten die Elemente die verschiedenen materiellen Teile eines Systems während Relationen die Verbindungen zwischen einzelnen Elementen darstellen. Aus verschiedenen einzelnen Relationen wird die Struktur eines Systems gebildet, in der die Elemente als Knotenpunkte fungieren. Eine tiefergehende Definition (vgl. Abbildung 3) unterscheidet unter dem Begriff Konnektivität die Vielfalt der Relationen in Arten und Anzahl von Relationen, sowie unter Varietät die Unterschiedlichkeit und die Menge der Elemente (vgl. Meyer, 2007, S. 26).

BRONNER (1992, S. 1122) erweitert die Komplexitätsdefinition aus Element und Relation noch um die Dynamik des betrachteten Systems, so dass Veränderungen des Systemverhaltens im Zeitverlauf in die Betrachtung mit einfließen.

Des Weiteren wird in der Literatur die Möglichkeit der Abgrenzung von funktionaler und struktureller Komplexität beschrieben (vgl. Heylighen, 1999, S. 17; Kirchhof, 2003, S. 38 ff.). SCHLANGE (1994, S. 6) spricht dem Strukturwissen über ein System eine hohe Bedeutung für den Umgang mit Komplexität zu. Dieses Strukturwissen berücksichtige die Vielfalt der Elemente und Beziehungen und ermögliche zumindest eine statische Analyse komplexer Zusammenhänge.

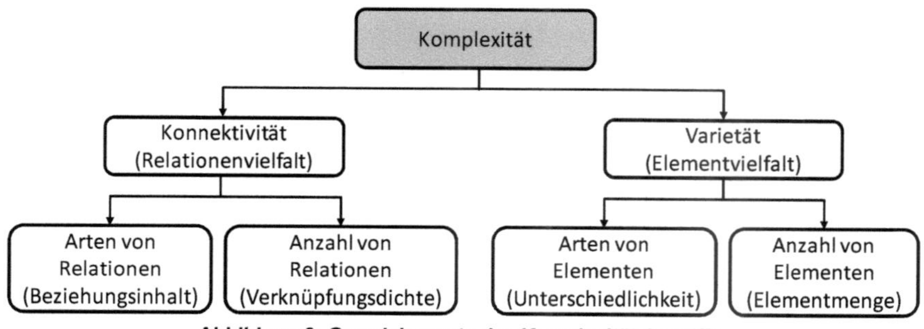

Abbildung 3: Grundelemente des Komplexitätsbegriffs

Quelle: in Anlehnung an Patzak (1982, S. 23); Meyer (2007, S. 26).

Eine weitere Möglichkeit ist die Unterteilung der auf ein System bezogenen Komplexität in interne und externe Komplexität. Diese greift die in den Ausführungen zum Systemtheoretischen Ansatz beschriebene Systemgrenze auf: So tritt die externe Komplexität jenseits der Systemgrenze(n) auf und macht dadurch Schnittstellen erforderlich, mit deren Hilfe ein System zu seinem Umfeld in Beziehung gesetzt werden kann.

In der Literatur wird beschrieben, dass Komplexität nicht an sich besteht, sondern immer nur in Bezug auf ein bestimmtes Problem (vgl. Schiemenz, 1996, S. 898; Rathnow, 1993, S. 10). Deshalb muss die geringste Komplexität in einem System nicht das optimale Komplexitätsniveau darstellen (vgl. Malik, 2008, S. 175). Hülsmann & Lohmann (2009, S. 73) nennen beispielsweise das Erfordernis einer Komplexitätserhöhung aufgrund der hohen Beziehungsvielfalt eines Systems zu seiner Umwelt (vgl. auch Ulrich & Probst, 1995, S. 63). Dennoch besteht weitestgehend Konsens darüber, dass es für jedes System einen optimalen Komplexitätsgrad gibt (vgl. Kirchhof, 2003, S. 65 f.; Pasche, 2007, S. 3; Dehnen, 2004, S. 49 ff.; Bohne, 1998, S. 56). Dieses Optimum kann als derjenige Komplexitätsgrad verstanden werden, der am effizientesten zur Leistungsfähigkeit des Systems beiträgt (vgl. Patzak, 1982, S. 14 f. sowie ähnlich Luhmann, 1980, S. 1067). Nicht davon auszugehen ist, dass ein solches Komplexitätsoptimum über die Zeit konstant ist, sondern mit den zeitlichen Veränderungen der Systemumwelt und des Systems variiert (vgl. Dalhöfer, 2009, S. 18 f.). Eine zweckgerichtete Annäherung an den optimalen Komplexitätsgrad kann je nach Ausgangslage durch eine Komplexitätserhöhung oder eine Komplexitätsreduktion erreicht werden (vgl. Ulrich & Probst, 1995, S. 64). Wird Komplexität nicht als grundsätzlich negativ aufgefasst, sondern als eine neutrale

Größe, steht nicht zwingend die Vermeidung oder Reduktion im Mittelpunkt der Betrachtung (vgl. Bohne, 1998, S. 17; Rathnow, 1993, S. 10). BLISS (2000, S. 133) stellt in diesem Zusammenhang die Frage nach der Nutzendimension der Komplexität, wodurch die Betrachtung ausgehend von einer minimalen, hin zu einer „vielmehr [..] angemessenen Systemkomplexität" gewendet wird. Das Verständnis einer angemessenen Komplexität lässt sich mit dem Gesetz der erforderlichen Varietät von ASHBY (1985, S. 299 ff.) begründen. Demnach muss ein System interne Komplexität aufbauen um auf externe Komplexität reagieren zu können (vgl. Dalhöfer, 2009, S. 17 f.; Dehnen, 2004, S. 31 f.; Reither, 1997, S. 124 ff.; Grossmann, 1992, S. 26; Ashby, 1985, S. 299 f.). Soll die Wechselwirkung zwischen einem System und seiner Umwelt oder mit anderen Systemen über wenige sowie standardisierte Schnittstellen erfolgen, kann eine umso höhere interne Komplexität erforderlich sein.

2.1.3 Komplexe Systeme

„Welche Beziehungen zwischen Elementen realisiert werden, kann nicht aus der Komplexität selbst deduziert werden" LUHMANN (1994, S. 47).

Bei komplexen Systemen ergibt sich durch die Betrachtung des Ganzen mehr als die Summe der einzelnen Teile (vgl. Luhmann, 1994, S. 20; Ashby, 1985, S. 55 sowie S. 86; Nagel, 1984, S. 241 ff.).[1] PATZAK (1982, S. 7) führt hierzu an, dass „eine rein additive Betrachtung von Systemkomponenten [..] nie ein integratives Ganzes hervorbringen" könne. Einerseits besitzt ein System mit n Elementen, die jeweils k verschiedene Zustände annehmen können, eine Varietät vom Zusammenhang k^n (vgl. Malik, 2008, S. 170). Andererseits erfordert die Betrachtung komplexer Systeme das Unterbringen von nicht offensichtlich erklärbaren Eigenschaften, die „in keinem Systemelement anzutreffen [..]" sind und „offenbaren, dass sich Systemkomplexität aus der Beziehungsintensität der Elemente – und weniger aus den Elementen selbst – generiert" (Bliss, 2000, S. 73; vgl. auch Luhmann, 1994, S. 27; Ashby, 1985, S. 164 ff.).

Analog zur Definition des Komplexitätsbegriffs ist in der Literatur eine Vielzahl unterschiedlicher Beschreibungs- und Erklärungsansätze für komplexe Systeme vorhanden (vgl. z.B. Milling, 2011, S. 2; Grossmann, 1992, S. 22; Patzak, 1982, S. 32). BERTALANFFY (1950, S. 159) führt dies auf die unterschiedlichen Zielsetzungen verschiedener Systeme zurück. Als äußerste Ausprägung komplexer Systeme charakterisiert PATZAK (1982, S. 32) soziotechnische Systeme. Dies sei auf die größte

[1] Inhaltlich ähnlich sind auch die Beschreibungen des „hermeneutischen Zirkels" (vgl. Kirchhof, 2003, S. 161 f.; Kuckartz, 2014, S. 31) sowie des „Holismus"-Begriffes (vgl. Bliss, 2000, S. 74; Patzak, 1982, S. 35 f.).

Varietät von Elementen zurückzuführen, die für die Beschreibung des ganzen Systems herangezogen werden müssen.

Ulrich und Probst (1995, S. 58) befinden ein System als komplex, wenn es zusätzlich zur komplizierten Struktur einen dynamischen Faktor aufweist und somit „in einer gegebenen Zeitspanne eine große Zahl von verschiedenen Zuständen annehmen kann.“ Durch die verschiedenen Systemzustände wird die Undurchsichtigkeit vieler Zusammenhänge gefördert – die Intransparenz also erhöht (vgl. Sydow & Windeler, 2001, S. 136 f.). Dieses Verständnis soll für den weiteren Verlauf der Arbeit zu Grunde gelegt werden.

Um die Bedeutung einer vorliegenden Systemgrenze für komplexe Systeme aufzugreifen, sei zudem die Feststellung von Minder (1994, S. 48), die so auch bereits von Luhmann (1980, S. 1067 f.) vorgenommen wurde, berücksichtigt, „... dass zwischen System und Umwelt ein Komplexitätsgefälle besteht und das [..] System die viel höhere Umweltkomplexität für sich handhabbar machen muss.“ Während das System auf die Einflüsse der Umwelt nur begrenzten oder gar keinen Einfluss hat, kann die endogene Komplexität über deren einzelne Bestandteile in vielen Fällen zielgerichtet beeinflusst werden.

2.1.3.1 Eigenschaften komplexer Systeme

Bei der Betrachtung komplexer Systeme sind mindestens vier konkrete Eigenschaften – Emergenz, Irreversibilität, Nichtlinearität sowie Rückkoppelnde Verhaltensweisen – zu berücksichtigen, die den Umgang mit dieser Art von Systemen erschweren. Die Ausprägung jeder dieser Eigenschaften kann in einem konkreten System variieren. Nachfolgend werden die Eigenschaften beschrieben.

<u>Emergenz</u>

Unter dem Begriff Emergenz wird allgemein das Entstehen von Eigenschaften oder Strukturen eines Systems verstanden, die nicht unmittelbar aus den Eigenschaften der einzelnen Systemelemente ableitbar sind (vgl. Lammers, 2012, S. 21; Sedlacek, 2010, S. 44). Eine Ursache für das Auftreten emergenter Eigenschaften in einem System sind die tatsächlichen Ausprägungen der dynamischen Interaktionen zwischen den Systemelementen (vgl. Ueda et al., 2007, S. 463). Dennoch kann eine grundsätzliche Abhängigkeit des Zustandekommens emergenter Systemcharakteristika auch von den Eigenschaften und Bestandteilen der Systemelemente abhängig sein (vgl. Hartig-Perschke, 2009, S. 44).

<u>Irreversibilität</u>

Ein komplexes System, dass durch Wirkzusammenhänge in einen bestimmten Zustand versetzt wurde, lässt sich nicht durch deren einfache oder lineare

Umkehrung in seinen Ursprungszustand zurückversetzen. BLISS (2000, S. 27) leitet aus dieser Eigenschaft die Ansicht ab, dass komplexen Systemen die wesentliche Anwendungsvoraussetzung für reduktionistische Gestaltungsansätze fehlt. Zudem ist das Ableiten isolierbarer Ursache-Wirkungs-Zusammenhänge nicht möglich. Vielmehr führt das Vorherrschen multikausaler Beziehungen dazu, dass die Folgelastigkeit einer Einzelveränderung eine Kausalkette hervorruft (vgl. Schiemenz, 1996, S. 898.). Dieses Phänomen ist in der Literatur bereits umfassend als das Auseinanderfallen von Ursache und Wirkung beschrieben worden (vgl. Kersten, 2002, S. 25; Bliss, 2000, S. 2).

Nichtlinearität

Die Eigenschaft der Nichtlinearität kann dazu führen, dass die Eingabe gleicher Größen in ein komplexes System unterschiedliche Ausgabegrößen hervorbringt. Erstens ist denkbar, dass mehr als ein Ergebnis auftritt. Zweitens besteht die Möglichkeit nichtproportionaler Ergebnisse. Im äußersten Fall tritt eine Kombination beider Fälle ein (vgl. Stacey, 1995, S. 482).

Rückkoppelnde Verhaltensweisen

Die Rückkopplung von Verhaltensweisen ist grundsätzlich auf Wechselwirkungen zwischen den Elementen komplexer Systeme zurückzuführen. Eine Rückkopplung kann sowohl positiver als auch negativer Art sein. Während negative Rückkopplungen stabilisierend wirken, indem sie eine Wirkung mit einer entgegen gerichteten Wechselwirkung beantworten, sind positive Rückkopplungen dadurch zu kennzeichnen, dass sie gleichgerichtet und damit „aufschaukelnd" wirken (vgl. Ulrich & Probst, 1995, S. 46 f.; Grossmann, 1992, S. 22; Ashby, 1985, S. 86 f.).

2.1.3.2 Mess- und Bewertbarkeit von Systemkomplexität

Da sich ein komplexes System kaum vollständig darstellen lässt (vgl. Ulrich & Probst, 1995, S. 59 f.), besteht die Schwierigkeit einer angemessenen Beschreibung, nicht zuletzt, weil für Komplexität aufgrund ihrer Mehrdimensionalität kein eindeutiges Maß existiert (vgl. Adam & Johannwille, 1998, S. 7 sowie S. 11).

Je höher die Varietät und die Verknüpfungsdichte eines komplexen Systems ausgeprägt sind, desto mehr werden auch die Grenzen der Aussagekraft von quantitativen Messgrößen zur Bestimmung der Systemkomplexität deutlich (vgl. Stüttgen, 2003, S. 151 f.).

BLISS (2000, S. 93) beschreibt das Aufkommen eines hohen kombinatorischen Potentials „... sowohl bei wenigen, aber hochgradig vernetzten Elementen als auch bei einer hohen Vielfalt nur geringfügig vernetzter Systemelemente." In der Literatur wird hierzu die Frage aufgeworfen, ob es zielführend sei, die potentielle Varietät zu untersuchen, also die theoretisch möglichen Zustände durch Kombinatorik aller Ausprägungsmöglichkeiten einzelner Merkmale (vgl. Malik, 2008, S. 172). Ähnlich dem von LUHMANN (1980, S. 1065) erläuterten Selektionszwang beschreibt SCHLANGE (1994, S. 5) die gegenwärtige Varietät als ein Maß von praktischer Bedeutung, das zudem auch erfassbar sei. Bei der Unterscheidung von potentieller und gegenwärtiger Varietät müsse sichergestellt werden, dass höchst wahrscheinliche Konstellationen berücksichtigt werden (vgl. Grossmann, 1992, S. 26).

Die Bewertung der Komplexität eines Systems kann sich auch abhängig vom Betrachter unterscheiden. Je nachdem, welche Aggregationsebene für die Betrachtung herangezogen wird, kann ein System unterschiedlich komplex erscheinen (vgl. Göpfert, 2009, S. 47; Mayer, 2007, S. 21).

KERSTEN, LAMMERS ET AL. (2012, S. 7 f.) klassifizieren eine Vielzahl bereits vorliegender Ansätze zur Komplexitätsmessung, auf die an dieser Stelle nur verwiesen sei, in direkte und indirekte. DALHÖFER (2009, S. 15) führt aus, dass Komplexität nicht messbar sei, sondern über Indikatoren bestimmt werden müsse. Als Beispiele solcher Indikatoren nennt er Kennzahlen, Komplexitätstreiber sowie Komplexitätskostentreiber. Darüber hinaus kann die Schwierigkeit, dass Komplexität kaum in absoluten Messgrößen bewertbar ist, durch eine relative Komplexitätsbestimmung überwunden werden (vgl. z.B. Bohne, 1998, S. 157 ff.). Dabei wird die Komplexität eines Systems im Vergleich zu einem anderen System oder anderen Systemzuständen des gleichen Systems gemessen.

2.1.4 Management von Komplexität

Aufbauend auf der abstrakten Definition des Komplexitätsbegriffes lassen sich verschiedene Betrachtungsumfänge abgrenzen, anhand derer der Bogen von sehr theoretischen Betrachtungen zur Unternehmenspraxis gespannt werden kann. KOEPPEN (2007, S. 9) beschreibt die beiden Bereiche Produktkomplexität sowie Prozesskomplexität. Eine ausführlichere Differenzierung bezieht neben diesen beiden Bereichen beispielsweise noch die Angebotskomplexität bzw. die Produktionsprogrammkomplexität in die Betrachtung mit ein (vgl. Mayer, 2007, S. 109; Bliss, 2000, S. 164). Je größer die Anzahl und Unterschiedlichkeit möglicher Zustände sowie die Undurchsichtigkeit der Zusammenhänge in einem der Betrachtungsumfänge ist, desto schwieriger gestaltet sich die Aufgabe „vorteilhafte Zustände anzustreben und nachteilige zu verhindern“ (Bliss, 2000, S. 4, unter Bezug auf weitere). Aus dieser

Problematik heraus wird das Erfordernis eines Komplexitätsmanagements deutlich.[2] Das Verständnis des Komplexitätsmanagements hat sich im Laufe der Zeit von der Kombinatorik innerhalb eines Produktprogramms, über eine zunehmende Prozessorientierung hin zu einem ganzheitlichen Ansatz gewandelt (vgl. Giessmann, 2010, S. 53 ff.; vgl. auch Bliss, 2000, S. 15 ff.). Eine verbreitete Strukturierung des Komplexitätsmanagements erfolgt nach WILDEMANN (2013, S. 75 ff.) durch die Ausgestaltung der drei Basisstrategien, Komplexitätsvermeidung, -reduzierung und -beherrschung, die im folgenden Abschnitt behandelt werden.[3]

2.1.4.1 Basisstrategien

Die Strategien der Komplexitätsvermeidung und -reduzierung beschreiben nach WILDEMANN (2013, S. 77 ff.) ein zielgerichtetes Senken von Komplexität – differenziert nach dem Zeitpunkt der Anwendung. Komplexität kann nur reduziert werden, wenn sie bereits vorliegt und das komplexe System bereits existiert. Das Konzept der Vermeidung wiederum muss schon beim Aufbau und der Gestaltung eines Systems angewendet werden, um vorteilhafte Eigenschaften des Systems für die Zukunft zu erzielen. Komplexitätsbeherrschung umfasst die effiziente Handhabung erforderlicher Komplexität. In Abbildung 4 sind die drei Strategien, ergänzt um die zeitliche Einordnung in eine idealisierte Wertschöpfungskette mit sequentieller Abfolge der einzelnen Phasen, dargestellt. Anschließend werden sie einzeln beschrieben.

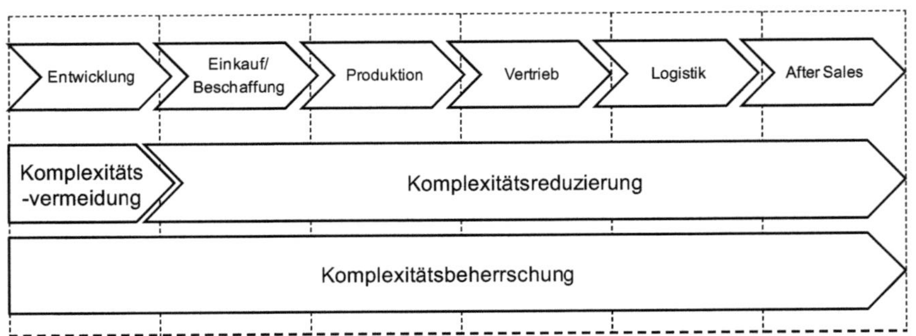

Abbildung 4: Zeitliche Einordnung der Strategien des Komplexitätsmanagements

Quelle: Koeppen (2007, S. 17) mit Bezug auf Kersten et al. (2006, S. 327).

2 Der „Management" Begriff ist auf das Lateinische „Manu Agere" zurückzuführen, das sich als „Handhaben" übersetzen lässt (vgl. Schlange, 1994, S. 5). ULRICH UND PROBST (1995, S. 240) entwickeln dieses Verständnis weiter zur „...Führung zweckgerichteter [..] Systeme...".

3 An anderer Stelle in der Literatur werden die drei Basisstrategien der Vermeidung, Reduzierung und Beherrschung analog auf den Ebenen des Vielfaltsmanagements (vgl. Kersten, 2002, S. 7) sowie des Variantenmanagements (vgl. z.B. Bayer, 2010, S. 67) beschrieben.

Komplexität vermeiden

Die spätere Komplexitätswirkung eines zu gestaltenden Systems sollte bereits bei dessen Entwicklung unter Einbeziehung sämtlicher nachgelagerter Wertschöpfungsstufen berücksichtigt werden, damit durch präventive Maßnahmen den zukünftigen Anforderungen mit einer verhältnismäßig geringen Innenkomplexität Rechnung getragen werden kann. Dennoch sollten stets alle erforderlichen Funktionen in das System implementiert werden.

Die Strategie der Komplexitätsvermeidung besitzt, verglichen mit den beiden anderen Strategien, den längsten Umsetzungs- und Wirkhorizont (vgl. Meyer, 2007, S. 34). Somit wird verhindert, dass Komplexität in der Zukunft entsteht (vgl. Kaluza et al., 2006, S. 10 f.).

Komplexität reduzieren

Die Strategie der Reduktion verfolgt das Ziel, bereits existierende Komplexität in einem System zu senken (vgl. Wildemann, 2013, S. 77). Dabei können sowohl bestehende Prozesse als auch bestehende Produkte vereinfacht werden, so dass eine Verringerung der Anzahl der Elemente oder deren Beziehungen zueinander verfolgt werden kann (vgl. Kersten et al., 2004, S. 213).

Auf der abstrakten Ebene der Systemtheorie bedeutet die Komplexitätsreduktion das Beeinflussen der Dynamik, die Vereinfachung von benötigten Bestandteilen oder das Eliminieren nicht benötigter Elemente und Relationen eines komplexen Systems. Insbesondere beim letztgenannten Eliminieren muss stets auch die Nutzendimension der Komplexität berücksichtigt werden, da der optimale Komplexitätsgrad nicht immer dem geringsten entspricht (vgl. Kap. 2.1.2).

Komplexität beherrschen

Ziel der Strategie der Komplexitätsbeherrschung ist die effiziente Steuerung von erforderlicher sowie nicht vermeidbarer Komplexität. Dazu zählt, dass interne Komplexität, deren Ursache auf externe Anforderungen zurückzuführen ist, die nicht beeinflusst werden können, möglichst effizient zu handhaben ist (vgl. Wildemann, 2013, S. 78).

Dadurch soll erreicht werden, dass eine große externe Komplexität, die von den Kunden sowie den Wettbewerbern des Unternehmens determiniert wird, innerhalb des Unternehmens durch geeignete Strategien und Maßnahmen nur eine überschaubare innere Komplexität zulässt. Richtig eingesetzt lassen sich mit der Komplexitätsbeherrschung Wettbewerbsvorteile und Markteintrittsbarrieren schaffen (vgl. Schuh, 2005, S. 44).

Dafür sind verschiedene Vorgehensweisen denkbar: Flexible und anpassungsfähige Systemstrukturen ermöglichen beispielsweise eine angemessene Reaktion auf die dynamischen Schwankungen der äußeren Rahmenbedingungen, ohne dabei ein Ansteigen der internen Komplexität zu verursachen (vgl. Kersten et al., 2004, S. 214).

2.1.4.2 Abgrenzung der Strategien

Insbesondere auf der instrumentellen Ebene sieht Bliss (2000, S. 20) wenig innovativen Beitrag durch die Zuordnung ähnlicher und vergleichbarer Inhalte zu Einzelansätzen. Vielmehr sei der spezifische Verbund der Grundelemente von Bedeutung. Die Überschneidungen zwischen den einzelnen Strategien des Komplexitätsmanagements bedingen, dass deren genaue Abgrenzung ein schwieriges Unterfangen darstellt (vgl. Gonsior, 2008, S. 237; Meyer, 2007, S. 35; Bliss, 2000, S. 18 f.).

Lammers (2012, S. 116 f.) entwickelt ein zweistufiges Entscheidungsmodell zur Auswahl der drei Basisstrategien (vgl. Abbildung 5).

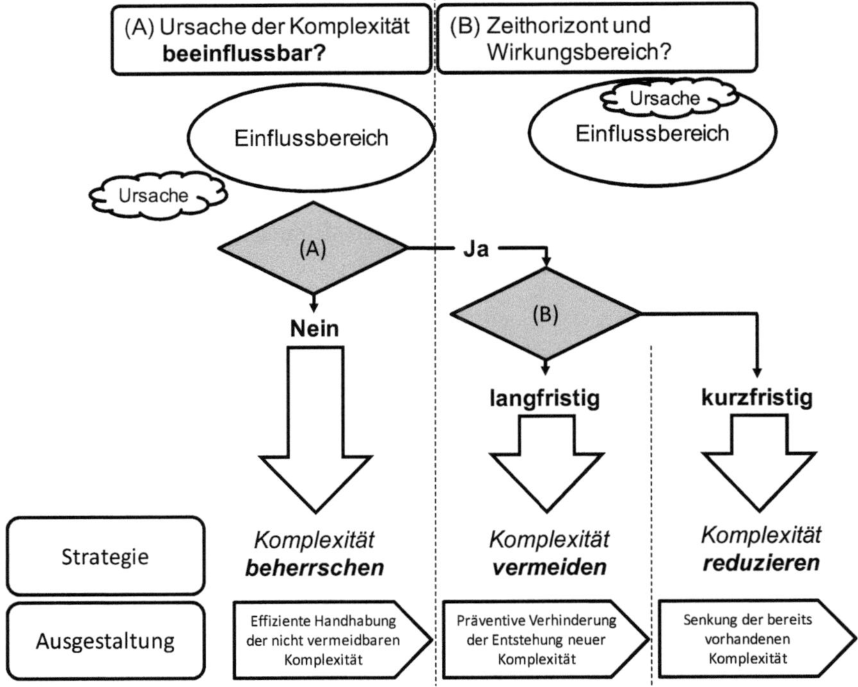

Abbildung 5: Auswahlentscheidung der Strategien des Komplexitätsmanagements

Quelle: in Anlehnung an Lammers (2012, S. 117) und Wildemann (2013, S. 76).

Erstens wird die Frage gestellt, ob die Ursache der betrachteten Komplexität außerhalb des Einflussbereiches des Unternehmens liegt (A). Ist dies der Fall, so fällt die Wahl auf die Strategie der Komplexitätsbeherrschung. Ursachen innerhalb des Einflussbereiches kann dagegen mit einer der Strategien der Reduzierung oder Vermeidung aktiv begegnet werden. Für diese zweite Entscheidungsstufe wird die Frage nach dem Zeithorizont sowie dem Wirkungsbereich einer Maßnahme gestellt (B). Der betrachtete Zeithorizont der Komplexitätsvermeidung ist gegenüber der Reduzierung länger, so dass deren Maßnahmen präventiv eingesetzt werden können.

Aufgrund der Schwierigkeit der Abgrenzung ist auch eine trennscharfe Zuordnung einer konkreten Maßnahme zu einer der drei beschriebenen Strategien in der Praxis häufig nicht eindeutig möglich. Die Modularisierung, die im nachfolgenden Kapitel zunächst detailliert behandelt wird, soll anschließend den Strategien des Komplexitätsmanagements zugeordnet werden (vgl. Kap. 2.3). Damit wird der abstrakte Bezugsrahmen aus Komplexität und Systemtheorie mit dem realen Themenkomplex modularer Produkte in Beziehung gesetzt.

2.2 Modularisierung

> *„In spite of its age, modularity is a splintered concept with a variety of inchoate offshoots [...] when first elucidated, the modularity concept seemed to be simple a straightforward."* STARR (2010, S. 8).

In Übereinstimmung mit dem einleitenden Zitat charakterisiert MACDUFFIE (2013, S. 10) die Literatur über Modularität als vielfältig, unterschiedlich und schwer zu überblicken. Deshalb soll in dieser Arbeit bereits im Vorfeld der betrachtete Bereich wie bei ULRICH UND TUNG (1991, S. 73) eingeschränkt werden, die den Fokus auf die Modularisierung diskreter physischer Produkte legen. Dennoch wird nicht ausgeschlossen, dass die grundlegenden Ideen auch auf andere Produkte übertragen werden könnten (vgl. auch Gonsior, 2008, S. 53 ff.).

Zudem wird unterstellt, dass die untersuchten Produkte eine gewisse Komplexität aufweisen, was eine notwendige Bedingung hinsichtlich der Relevanz und Sinnhaftigkeit einer modularen Gestaltung darstellt (vgl. ähnlich Göpfert, 2009, S. 6; Eitelwein & Weber, 2008, S. 24), wie Abbildung 6 am Beispiel des Zusammenhanges von Produktarchitektur und Initialisierungsaufwand einer Produktvariante verdeutlicht.

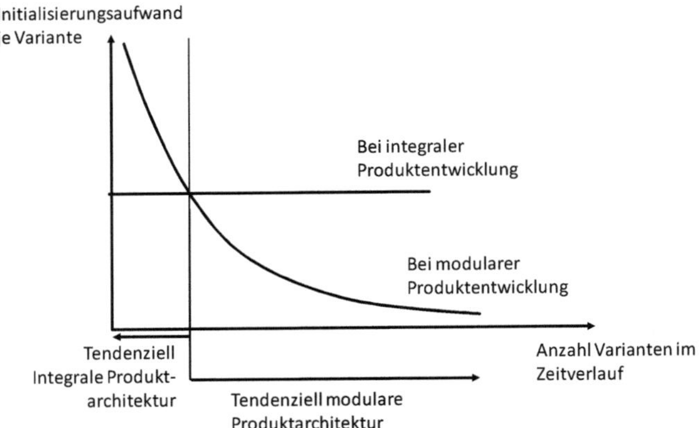

Abbildung 6: Zusammenhang von Produktarchitektur und Initialisierungsaufwand
Quelle: Dehnen (2004, S. 78)

Vor dem Hintergrund dieser Einschränkungen ist der Abschnitt wie folgt strukturiert: Zunächst wird der Zielkonflikt zwischen der Bedienung marktseitiger Anforderungen sowie unternehmensinterner Bestrebungen zur Komplexitätsbegrenzung erläutert. Dann werden wesentliche Begriffe definiert und modulare Produktarchitekturen detailliert beschrieben. Schließlich werden Markteffekte der Modularisierung behandelt.

2.2.1 Zielkonflikt äußerer Differenzierung und interner Standardisierung

Die Betrachtung von Modularisierung erfordert zunächst das Verständnis zentraler Motive und Einflussfaktoren im Unternehmenskontext, die zur Entscheidung für das Entwickeln modularer Produkte führen.

Abbildung 7 zeigt verschiedene Einflussfaktoren auf Produktsysteme, aus denen sich – je nach Ausprägung der einzelnen Faktoren – ein erhebliches Spannungsfeld konfliktärer Ziele ergeben kann.

Der Umgang mit den dargestellten Einflussfaktoren bringt mindestens drei Probleme mit sich. Erstens besteht das Problem einer genauen Zuordnung als externer oder interner Einflussfaktor. So lässt sich beispielsweise die Frage aufwerfen, ob individuelle Kundenwünsche eine Folge technischer Entwicklungen sind oder umgekehrt (vgl. Wohlgemuth, 1999, S. 23; Hoitsch & Lingnau, 1995, S. 390). Deshalb beinhalten einzelne Einflussfaktoren das Potential, beidseitig zu wirken. Zweitens sind die einzelnen Einflussfaktoren nicht frei von Wechselwirkungen. ERICSSON UND ERIXON (1999, S. 11) benennen die reduzierte „Time-to-Market“, die mit der Verkürzung von Produktlebenszyklen einhergeht, als Resultat der Wettbewerbsintensität. Zudem sei der engen Verbindung zwischen der Produktgestaltung und dem Produktionssystem eine hohe Bedeutung beizumessen. Drittens ist die Rolle des Produktlebenszyklus in vielen Fällen nicht eindeutig. So kann die Verkürzung von Produktlebenszyklen einerseits einen erheblichen Vielfaltstreiber darstellen, andererseits aber auch unternehmensseitig dazu eingesetzt werden, den Lebenszyklus eines Produktes zu verlängern, beispielsweise durch neue Produktvarianten oder Releases. Die Betrachtung von Lebenszyklen erfolgt deshalb in einem separaten Abschnitt (vgl. Kap. 2.2.4.3).

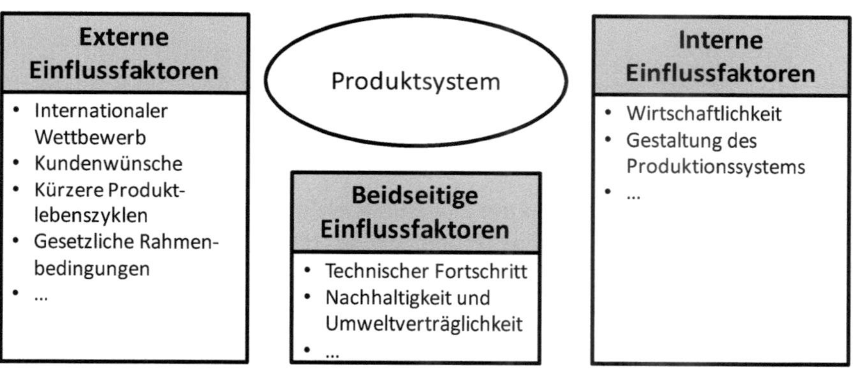

Abbildung 7: Einflussfaktoren auf Produktsysteme
Quelle: in Anlehnung an Wohlgemuth (1999, S. 19); Milling (2011, S. 7).

Aus der Perspektive des Unternehmens wird mit der Differenzierung des Angebots das Motiv verfolgt, die Zahlungsbereitschaft des Kunden möglichst vollständig abzuschöpfen. Durch Leistungsabstufungen wie zum Beispiel unterschiedliche Baugrößen und bestimmte Merkmalsausprägungen kann die Preisgestaltung eines Produktes am Markt dazu verwendet werden, den Umsatz zu erhöhen. Aber auch marktseitig ergibt sich für produzierende Unternehmen häufig die Notwendigkeit, die angebotene Variantenvielfalt zu erhöhen (vgl. Herrmann & Peine, 2007, S. 651 f.). Die immer anspruchsvollere Nachfrage, die leistungsstarke und individuelle Produkte fordert, ist aus Sicht eines Produktsystems gemäß des abstrakten Bezugsrahmens komplexer Systeme der Umwelt zuzurechnen. BLISS (2000, S. 63) verwendet den Begriff „Nachfragekomplexität" für diese Adaption externer Komplexität in das Unternehmen. Zudem werden auch die funktionalen Anforderungen an Produkte zunehmend komplexer. Nach dem Gesetz der erforderlichen Varietät von ASHBY (1985, S. 299 ff.; vgl. Kap. 2.1.2) müsste damit auch das Produkt selbst komplexer werden, um sämtliche funktionalen Anforderungen zu erfüllen.

Da im Wettbewerb einer Erhöhung der externen Komplexität die Notwendigkeit zur internen Kostenminimierung gegenübersteht (vgl. Kersten et al., 2009, S. 1136; Mikkola, 2006, S. 135; Wüpping, 2003, S. 50; Rogers & Bottaci, 1997, S. 147), entsteht ein Zielkonflikt, der das Angebot einer kosteneffektiven Produktvielfalt erfordert. Externe und interne Komplexität eines Unternehmens sind in der Regel positiv korreliert, wobei eine Minimierung der internen Komplexität unter Aufrechterhaltung der externen Komplexität erstrebenswert und möglich ist (vgl. Kersten 2002, S. 6 f.; Rathnow, 1993, S. 9). Zur Lösung des Zielkonfliktes ist somit das Brechen der positiven Korrelation erforderlich (vgl. Abbildung 8).

Abbildung 8: Herausforderung einer begrenzten internen Komplexität

Quelle: in Anlehnung an Kipp & Krause (2008, S. 161); Wüpping (2003, S. 49).

Modularisierung ist als Ansatz zur Lösung des Zielkonfliktes geeignet. Dabei werden komplexe Produkte gezielt in abgegrenzte Module strukturiert, deren Wechselwirkungen so weit wie möglich auf standardisierte Schnittstellen begrenzt sind. Daraus resultiert eine flexible Kombinierbarkeit einzelner Module, so dass eine hohe äußere Produktvielfalt erzeugt werden kann, ohne die innerbetriebliche Komplexität sowie die inneren Vielfalts- und Kostenwirkungen zu sehr zu steigern (vgl. Wüpping, 2003, S. 49 f.; Rathnow, 1993, S. 109). Durch die komplexitätsmindernde Strukturierung von Produkten verringert Modularisierung somit die interne Komplexität, die zur Abbildung der durch Marktanforderungen definierten externen Komplexität erforderlich ist (vgl. Neubaur, 2003, S. 68; Heina, 1999, S. 32; Prillmann, 1996, S. 114; Kaiser, 1995, S. 100).

2.2.2 Begrifflichkeiten: Definitionen und Abgrenzungen

„No wonder that modularity is difficult to define. It is a property of production systems that was used to build the pyramids." STARR (2010, S. 8).

Diese Schwierigkeit einer Definition des Begriffes Modularität kann auch für den Modul- sowie den Modularisierungsbegriff festgestellt werden. Aus einer Analyse der Vielzahl von Auseinandersetzungen mit den Begrifflichkeiten in der Literatur wird deutlich, dass verschiedene Definitionen vorliegen (vgl. Fixson, 2007, S. 85 ff.; Fixson, 2005, S. 350; Gershenson et al., 2003, S. 296 ff.). Insgesamt liegt kein einheitliches Begriffsverständnis vor (vgl. Abdelkafi, 2008, S. 144 f.; Kotabe et al., 2007, S. 84 f.; Koeppen, 2007, S. 10 f.). Deshalb sollen die grundlegenden Begrifflichkeiten für diese Arbeit, ausgehend vom Begriff der Produktarchitektur, nachfolgend definiert und abgegrenzt werden.

2.2.2.1 Produktarchitektur

ERIXON (1998, S. 6) beschreibt die Produktarchitektur als einen Begriff, der vor allem im englischsprachigen Raum und dort synonym zur Produktstruktur verwendet wird. KOPPENHAGEN (2004, S. 19) weist darauf hin, dass in der deutschsprachigen Literatur sowie betrieblichen Praxis oftmals nur die Baustruktur, also der physische Aufbau eines Produktes als Produktstruktur bezeichnet wird. Gegenüber der Baustruktur umfasst die Produktarchitektur zusätzlich die Funktionsstruktur (vgl. Abbildung 9). Zwischen der Funktions- und Baustruktur einer Produktarchitektur liegt eine Transformationsbeziehung vor (vgl. z.B. Junge, 2005, S. 15 f.). Die Abgrenzung von Funktions- und Baustruktur erinnert an die Unterscheidung von funktionaler und struktureller Komplexität (vgl. Abschnitt 2.1.2).

Nachfolgend werden zwei Definitionen aufgezeigt, die beide im Kern auf die Arbeit von ULRICH (1995, S. 419) zurückgehen und in Summe das Verständnis für die vorliegende Arbeit bilden. Erstens definiert FIXSON (2005, S. 346 f.) die Produktarchitektur als ganzheitliche Beschreibung einer Menge von Produktcharakteristika, in welcher die Anzahl und Art der Komponenten[4] sowie die Anzahl und Art der Schnittstellen zwischen diesen Komponenten Berücksichtigung finden. Zweitens beschreiben ULRICH UND EPPINGER (2008, S. 164) die Produktarchitektur als die Zuordnung funktionaler Elemente eines Produktes zu den physischen Blöcken („building blocks") der Baustruktur. Die Hauptfunktion der Produktarchitektur ist dabei die Definition der

---

[4] Nach HÜTTENRAUCH UND BAUM (2008, S. 130) geht der Begriff Komponente auf das lateinische *componendum* („das Zusammenzusetzende") zurück. Eine Komponente sei somit ein Teil, das in übergeordnete Module, Systeme oder Plattformen eingebracht wird.

grundlegenden physischen Blöcke des Produktes in Hinblick auf deren Funktionsweise und deren Schnittstellen gegenüber dem restlichen Produkt.

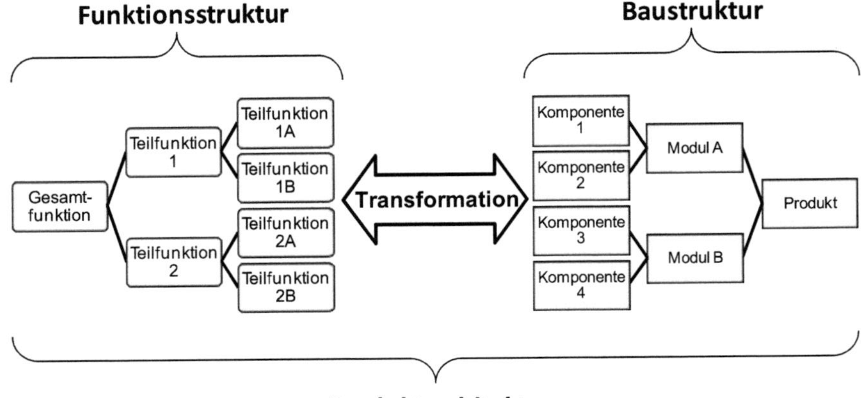

Abbildung 9: Zusammensetzung der Produktarchitektur aus Funktions- und Baustruktur

Quelle: Göpfert (2009, S. 105); Koppenhagen (2004, S. 19); Kersten (2002, S. 61).

2.2.2.2 Modul

Der ursprüngliche „Modul"-Begriff geht auf die Architektur in der klassischen Antike zurück, wo der Modul ein festgesetztes Grundmaß bezeichnet. Zu dieser Einheit wurden andere Teile eines Bauwerks im Verhältnis angegeben und damit die Strukturierung des gesamten Bauwerks vorgenommen (vgl. Germann, 1987, S. 20 f.; Leykauf, 2006, S. 4). Der nahestehende lateinische Begriff modus lässt sich daher als „Maßstab" oder „Maß" übersetzen. Seit dieser Zeit hat sich das Verständnis des Modulbegriffs stark gewandelt und wird heute mit der gezielten Strukturierung von Produktarchitekturen in Subsysteme in Verbindung gebracht.[5] Diese Subsysteme werden auf einer bestimmten Hierarchiestufe als Module bezeichnet.

KOEPPEN (2007, S. 11 f.) differenziert die Begrifflichkeiten, für die der Begriff „Modul" in der Literatur verwendet wird, anhand von zwei Kriterien. Erstens könne unterschieden werden, ob die Entwicklung eines Produktes in die Betrachtung einbezogen wird oder nur das physische Produkt selbst. Zweitens ließen sich verschiedene Kopplungen innerhalb eines physischen Produkts nach geometrischen, funktionalen oder betriebswirtschaftlichen Aspekten unterscheiden. KOEPPEN (2007, S. 12) kommt zu dem Ergebnis, dass theorieorientierte Quellen, die allgemeine Modularisierungs-

[5] Als zentrale Ausgangspunkte für den Beginn des heutigen Begriffsverständnisses werden die Beiträge von SIMON (1962) und STARR (1965) genannt.

methoden entwickeln, mit einer geringeren Begriffsvielfalt auskommen als die Literatur mit anwendungs- und branchenbezogenem Fokus.

In dieser Arbeit sollen Module als diskrete, funktional unterschiedliche Bauteile verstanden werden, deren Wechselwirkungen weitgehend auf standardisierte Schnittstellen begrenzt werden (vgl. zum Beispiel Kersten, 2001, S. 46; Hoffmann, 2000, S. 158; Rathnow, 1993, S. 109).

2.2.2.3 Modularisierung und Modularität

Während Modularität als Eigenschaft der Produktarchitektur einen Zustand charakterisiert, wird mit dem Begriff der Modularisierung der Prozess beschrieben, durch den die Modularität einer Architektur in der Regel erhöht wird (vgl. MacDuffie, 2013, S. 11 und S. 36; Campagnolo & Camuffo, 2010, S. 260).

SANCHEZ UND MAHONEY (1996, S. 65) beschreiben Modularität als eine spezielle Gestaltungsart, die auf der Standardisierung von Komponenten und Schnittstellenspezifikationen basiert. Damit wird das Ziel verfolgt, einen hohen Grad an Unabhängigkeit zwischen den Modulen zu erreichen, damit einzelne Module autonom entwickelt werden können, ohne dass die Gesamtstruktur des Systems beeinflusst wird (vgl. Jacobs et al., 2007, S. 1047; Pil & Cohen, 2006, S. 997; Schilling, 2000, S. 315). Das Entwickeln möglichst unspezifischer Module ermöglicht deren flexible Konfiguration zu einer hohen Anzahl unterschiedlicher Endprodukte mit vielfältigen Funktionen oder Eigenschaften (vgl. Kersten, Möller, et al., 2012, S. 156; Jacobs et al., 2007, S. 1048), aber auch Veränderungen des Produktes im fortgeschrittenen Lebenszyklus (vgl. Ulrich, 1995, S. 426 f.).

Das Bilden von Modulen, also der Vorgang der Modularisierung, kann in verschiedenen Ebenen einer Produkthierarchie erfolgen (vgl. MacDuffie, 2013, S. 36; Campagnolo & Camuffo, 2010, S. 260) und somit von einzelnen Anbaumodulen bis hin zur vollständigen Modularisierung ganzer Produktfamilien gehen (vgl. Leykauf, 2006, S. 148). KOPPENHAGEN (2004, S. 16) definiert Modularisierung als „die zielgerichtete Hierarchisierung eines Systems, so dass Subsysteme entstehen, deren interne Beziehungen stärker ausgeprägt sind als die Beziehungen zwischen den Subsystemen“ (vgl. ähnlich auch Göpfert, 2009, S. 42). Dabei wird häufig auf Erfahrungen aus ähnlichen Vorgängerprodukten sowie Erkenntnisse aus der Praxis zurückgegriffen (vgl. Sekolec, 2005, S. 105).

Die unterschiedlichen Ansätze, anhand derer eine Modularisierung vorgenommen werden kann, sind vielfältig. Die Darstellung der erforderlichen Information erfolgt überwiegend in der Form einer Matrix (vgl. Gershenson et al., 2004, S. 35 f.). Eine häufig verwendete Darstellungsform ist die sogenannte *Design Structure Matrix* (DSM). Mit dieser können Abhängigkeiten zwischen beliebigen Parametern wie beispielsweise Produktkomponenten oder Prozessschritten abgebildet werden (vgl. Browning, 2001, S. 292 ff.; Koppenhagen, 2004, S. 78 ff.). PIL UND COHEN (2006, S. 1004) merken an, dass bis zum Zeitpunkt ihrer Betrachtung noch keine Methode eine breite Akzeptanz erzielen konnte. Deshalb seien an dieser Stelle lediglich drei typische Beispiele genannt, anhand derer eine Modularisierung vorgenommen werden kann:

- PIMMLER UND EPPINGER (1994, S. 4) bewerten zur Ableitung einer modularen Produktarchitektur die Kopplungen zwischen einzelnen Komponenten anhand der Geometrie sowie der drei technischen Kriterien Energiefluss, Stofffluss und Informationsfluss.
- BALDWIN UND CLARK (2000, S. 72 f.) erklären das Vorgehen der Modularisierung anhand einer Unterscheidung von sichtbaren und nicht sichtbaren Informationen für die Entwickler. Zudem werden sechs Moduloperatoren entwickelt, mit denen eine Veränderung des Modularitätsgrades vorgenommen werden kann.
- KOPPENHAGEN (2004, S. 72 ff.) entwickelt mit dem *Modular Engineering* eine matrixbasierte Vorgehensweise, die technisch-funktionale und produktstrategische Beziehungen sowie zusätzlich Kundenanforderungen in die Modulbildung einbezieht.

Eine Kostenbetrachtung als zentrale Zielsetzung dieser Arbeit sollte idealerweise im Zusammenspiel mit möglichst vielen Modularisierungsansätzen verwendbar sein. Darüber hinaus liegen in der Literatur zahlreiche weitere Ansätze zur Verringerung der internen Vielfalt vor. Diese stammen vielfach aus dem Variantenmanagement und können zur Ergänzung einer Modularisierung herangezogen werden. Eine Übersicht solcher Ansätze, die in dieser Arbeit eine Begleiterscheinung darstellen, ist in Anhang I enthalten.

Nachfolgend wird auf mehrere Abgrenzungen von Begrifflichkeiten eingegangen, die für die vorliegende Arbeit von Bedeutung sind und in der Literatur nicht einheitlich vorliegen.

2.2.2.4 Abgrenzung Modul und System

In diesem Abschnitt geht es nicht um abstrakte Systeme im Sinne der Systemtheorie, sondern um funktionale Einheiten innerhalb eines Produktes, die auf einer bestimmten Hierarchieebene der Produktarchitektur als Systeme bezeichnet werden.

Die Begriffe Modul und System werden in der Literatur nicht eindeutig voneinander abgegrenzt (vgl. Gonsior, 2008, S. 49; Ruppert, 2007, S. 26; Wolters, 1995, S. 73).

Während Gonsior (2008, S. 50) eine fließende Grenze zwischen Modulen sowie Systemen beschreibt und deshalb beide Formen als modulare Bausteine gleichwertig behandelt, sieht Wolters (1995, S. 73) Systeme gegenüber Modulen hierarchisch übergeordnet.

Grundsätzlich kann für die Analyse die technische und die organisatorische Ebene unterschieden werden. Auf der technischen Ebene steht bei einem System im Gegensatz zum Modul nicht die physische Kopplung einzelner Komponenten im Vordergrund, sondern die Gesamtfunktion, die das System erfüllen soll (vgl. Ruppert, 2007, S. 26). Als Beispiele in Fahrzeugen lassen sich die Klimaanlage mit der Gesamtfunktion Temperaturregelung sowie das Bremssystem mit der Gesamtfunktion Bremsen heranziehen (vgl. Gonsior, 2008, S. 48; Ruppert, S. 2007, S. 26; Muffato & Roveda, 2002, S. 8). Die funktionale Einheit eines Systems setzt sich bei Produkten aus Komponenten und Modulen zusammen. Die Elemente des Systems müssen nicht zwingend physisch miteinander verbunden sein (vgl. Gonsior, 2008, S. 48; Ruppert, 2007, S. 26; Junge, 2005, S. 15). Vielmehr ist ein System meistens über mehrere Module des Endproduktes verteilt, so dass eine höhere Anzahl Schnittstellen vorliegt (vgl. Gonsior, 2007, S. 49).

Auf der organisatorischen Ebene erfordern Systeme gegenüber Modulen eine engere Zusammenarbeit zwischen dem Endprodukthersteller (OEM) und dessen Zulieferern (vgl. Gonsior, 2008, S. 49; Eitelwein & Weber, 2008, S. 7). Dabei steht die Frage im Vordergrund, ob Module und Systeme beim jeweiligen Zulieferer nur hergestellt, oder auch im Entwicklungsprozess mitgestaltet werden (vgl. Gonsior, 2008, S. 50; Möller, 2002, S. 76). In genau dieser Rollenverteilung zwischen OEM und dessen Zulieferer sieht Wolters (1995, S. 73) den Unterschied zwischen Modulen und hierarchisch übergeordneten Systemen begründet. Während die Entwicklung und Konstruktion eines Moduls durch den OEM erfolgt, werden solche Leistungen für Systeme vom Zulieferer übernommen. Folglich fallen für Systeme die Bereiche Entwicklung, Produktion, Logistik sowie die Koordination weiterer Sublieferanten dem Leistungsspektrum des Zulieferers zu.

In dieser Arbeit soll ein System gegenüber einem Modul übergeordnet verstanden werden, obgleich Ähnlichkeiten im Umgang vorliegen.

2.2.2.5 *Abgrenzung Modulbauweise und Baukasten*

Die Abgrenzung der Begriffe Baukasten und Modulbauweise wird in der Literatur ebenfalls nicht einheitlich vorgenommen. Dies kann erstens darauf zurückgeführt werden, dass beide einander sehr ähnlich sind (vgl. Wohlgemuth, 1999, S. 50 f.; Zich, 1996, S. 40). Zum Teil werden beide Begriffe synonym verwendet (vgl. Sekolec, 2005, S. 61; Gonsior, 2008, S. 43), in der Praxis sogar von einem „Modulbaukasten“ (vgl. Junge, 2005, S. 14) sowie „modularen Baukasten“ (vgl. Schuh et al., 2013, S. 82) gesprochen.

Zweitens wird als Ursache nicht einheitlicher Abgrenzungen die Herkunft der Begriffe herangezogen, da Modularisierung aus dem englischen Sprachgebrauch stammt und direkt übersetzt dem Begriff des Baukastens sehr nahe kommt (vgl. Koppenhagen, 2004, S. 24; Gonsior, 2008, S. 44).

Drittens kann die Schwierigkeit einer genauen Abgrenzung auf die unterschiedlichen Arten von Baukästen zurückgeführt werden, die in der Literatur beschrieben werden. WOHLGEMUTH (1999, S. 43) beschreibt zwei Möglichkeiten, einen Baukasten einerseits nach rein technischen Gestaltungsprinzipien zu entwickeln, andererseits auch das ökonomische Gestaltungsprinzip einzubeziehen. SEKOLEC (2005, S. 59 f.) hingegen fasst die Unterscheidungen verschiedener Baukastenarten mehrerer Autoren anhand von drei Dimensionen mit jeweils zwei Ausprägungen zusammen. So ließen sich (i) Hersteller- und Anwenderbaukästen, (ii) offene und geschlossene Baukästen sowie (iii) strukturgebundene und freie Baukästen unterscheiden.

Nachfolgend wird das resultierende Spektrum divergenter Abgrenzungen aus der Literatur, begrenzt auf wesentliche Auszüge, dargelegt.

KOPPENHAGEN (2004, S. 24) bringt zum Ausdruck, dass die Abgrenzung der Begriffe Baukastensystem, modulares Produktsystem und Produktplattform nicht zielführend sei, da alle diese Systeme Modularität als strukturbeschreibende Eigenschaft besitzen. Zudem könne die Abgrenzung nicht anhand systemtheoretischer Grundlagen begründet werden.

Nach RAPP (1999, S. 52 f.) besteht der Unterschied des Baukastensystems zur Modulbauweise einschränkend darin, dass Schnittstellen nicht zwischen verschiedenen Anbauteilen vorhanden sind, sondern vor allem zwischen den Anbauteilen und einem Grundelement liegen. KOLLER (1998, S. 340) spricht bei Modulen von strukturgebundenen Bausteinen.

PILLER (2006, S. 229) versteht „... die Modularisierung als Grundprinzip, [das] Baukastensystem als konkrete Gestaltung der Produktstruktur.“ DEHNEN (2004, S. 65) sieht Baukastensysteme als stärkste Ausprägung modularer Gestaltungsprinzipien für Produkte.

WILDEMANN (2013, S. 148) beschreibt die Baukasten- als der Modulbauweise übergeordnetes Strukturierungsprinzip. Dieser Ansicht soll in der vorliegenden Arbeit gefolgt werden. Als Gründe sind die Folgenden anzuführen. Bei den Elementen eines Baukastens handelt es sich um standardisierte Teile. Diese Teile können Komponenten oder Module sein, wobei Module wiederum aus Komponenten zusammengesetzt sind. Demnach sind Module in der Regel Subsysteme, bei deren Bildung bereits eine Vorstrukturierung erfolgt ist, in die mehrere Komponenten als Elemente des Baukastens eingeflossen sind. Eine modulare Produktarchitektur begünstigt den Baukasten, dieser kann aber neben Modulen auch andere Teile auf unterschiedlichen Ebenen umfassen. Handelt es sich um einen Modulbaukasten, stellen Module die kleinste betrachtete Einheit dar.

2.2.2.6 Plattformkonzept

Das Plattformkonzept wird überwiegend als Spezialfall der Modularisierung angesehen und liegt vor, wenn Module an einen komplexen Grundkörper angepasst werden (vgl. Wildemann, 2013, S. 153 ff.; Bayer, 2010, S. 80; Junge, 2005, S. 19; Sekolec, 2005, S. 64; Firchau & Franke, 2002, S. 75).[6] Die Standardisierung oder Zusammenfassung derjenigen Komponenten, Schnittstellen und Funktionen, aus denen die Plattform besteht, kann dabei erstens über eine ganze Produktfamilie vereinheitlicht werden (vgl. Rapp, 1999, S. 73; Schuh, 2005, S. 133) und zweitens den Zeithorizont einzelner Produktlebenszyklen überdauern (vgl. Hölttä-Otto & Otto, 2006, S. 49; Schuh, 2005, S. 132).

Erfolgreiche Plattformen können die Lebenszyklen von Produkten, Systemen sowie Modulen verlängern, da eine veränderte Kundennachfrage einfacher bedient werden kann, indem Derivate des ursprünglichen Produktes für spezifische Applikationen entwickelt werden (vgl. Pasche et al., 2011, S. 1146). Durch die strategisch flexible Gestaltung einer Produktplattform muss nicht für jede Produktvariation im Zuge der Einführung einer neuen Variante das gesamte Produkt verändert werden (vgl. Ericsson & Erixon, 1999, S. 5).

Den hohen Kostensenkungs- und Zeiteinsparungspotentialen, die durch Verwendung des Plattformkonzeptes realisiert werden können, stehen nachteilig Flexibilitätseinschränkungen gegenüber (vgl. Junge, 2005, S. 12), da der hohe Standardisierungs-

---

6 Breitere Definitionen des Plattformbegriffes aus der englischsprachigen Literatur umfassen neben dem physischen Produkt auch Technologien, Innovationszyklen, Wissen, Aufbauorganisationen und Prozesse (vgl. Pil & Cohen, 2006, S. 1005; Robertson & Ulrich, 1998, S. 20).

grad, der für die Plattformbildung erforderlich ist, die Kombinierbarkeit der Module einschränkt (vgl. Schuh, 2005, S. 135). So sollten in die Plattform eher diejenigen Produktfunktionen eingebracht werden, für deren Marktbedürfnisse eine hohe zeitliche Stabilität sowie eine geringe Varianz vorliegen (vgl. Junge, 2005, S. 21). Funktionen, die zeitlich weniger stabil sind und hohen Flexibilitätsanforderungen gerecht werden müssen, sollten hingegen eher in modularen Anbauteilen untergebracht oder als Derivate entwickelt werden.[7] Dadurch lassen sich Entwicklungsrisiken gezielt reduzieren (vgl. Pasche et al., 2011, S. 1147).

Auf der Grundlage der Definition und Abgrenzung einiger zentraler Begrifflichkeiten werden nachfolgend modulare Produktarchitekturen sowie die Rolle des Modularitätsgrades untersucht.

2.2.3 Modulare Produktarchitekturen und Modularitätsgrad

Bei der Modularisierung einer Produktarchitektur muss die Frage beantwortet werden, welche Funktionen in ein Modul zusammengefasst werden sollen (vgl. Wohlgemuth, 1999, S. 75). GERSHENSON ET AL. (2004, S. 43) nennen dafür zwei grundsätzliche Wege, um eine modulare Gestaltung zu erzielen. Erstens ließen sich Module anhand von Einzelzielsetzungen ableiten, so dass anschließend Abwägungsentscheidungen zwischen den unterschiedlichen modularen Konfigurationen getroffen werden müssen. Zweitens könne die Modularisierung auf der Basis eines gewichteten Durchschnitts der Einzelzielsetzungen vorgenommen werden.

LANG (2000, S. 31) sieht das Prinzip der Hierarchisierung als Grundlage der Modularisierung. Dabei stehe im Vordergrund, durch Modularisierung Subsysteme zu schaffen, die möglichst unabhängig voneinander sind. Insgesamt besteht in der Literatur Einigkeit darüber, dass die Interaktionen zwischen verschiedenen Funktionen stark innerhalb der Module und schwach zwischen den Modulen ausgeprägt sein sollten (vgl. Guo & Gershenson, 2007, S. 144; Koppenhagen, 2004, S. 15 f.; Ethiraj & Levinthal, 2004, S. 161 mit Bezug auf Baldwin & Clark, 2000, S. 63). Dadurch ist es möglich, Entwicklungsentscheidungen innerhalb eines Moduls losgelöst von den anderen Teilen des Produktes vorzunehmen (vgl. Pil & Cohen, 2006, S. 997).

In der betrieblichen Praxis kann nicht davon ausgegangen werden, dass eine vollständige Kombinierbarkeit einzelner Module erzielbar ist (vgl. Hölttä-Otto & de Weck,

---

7 BLEES (2011, S. 21 ff.) gibt einen Überblick der Literatur zu verschiedenen Methoden der Entwicklung von Produktplattformen.

2007, S. 113; Wohlgemuth, 1999, S. 52). Als Messgröße für die Ausprägung der Modularität in einem System wird deshalb der Modularitätsgrad herangezogen.[8]

Ein Modularitätsgrad von null entspricht einer vollkommen integralen Produktarchitektur. Dabei handelt es sich um ein Produkt, bei dem die einzelnen Teilfunktionen jeweils von mehreren Komponenten übernommen werden. Im Gegensatz dazu wäre ein Grad von eins einem vollständig modularen Produkt zuzuordnen, bei dem eine ideale eins-zu-eins Zuordnung zwischen Funktionen und Komponenten vorliegt (vgl. Ulrich, 1995, S. 422; Abdelkafi, 2008, S. 145; Lau et al., 2011, S. 271). In diesem Fall lägen also sowohl physisch als auch funktional unabhängige Module vor (vgl. Göpfert & Steinbrecher, 2000, S. 3 f.). Abbildung 10 zeigt die beiden beschriebenen Pole. Die Informationen, die eine Produktarchitektur beschreiben, sind in modularen Architekturen zumeist breiter verteilt als in integralen, zudem werden zur vollständigen Beschreibung modularer Architekturen insgesamt mehr Informationen benötigt (vgl. Hölttä-Otto & de Weck, 2007, S. 118).

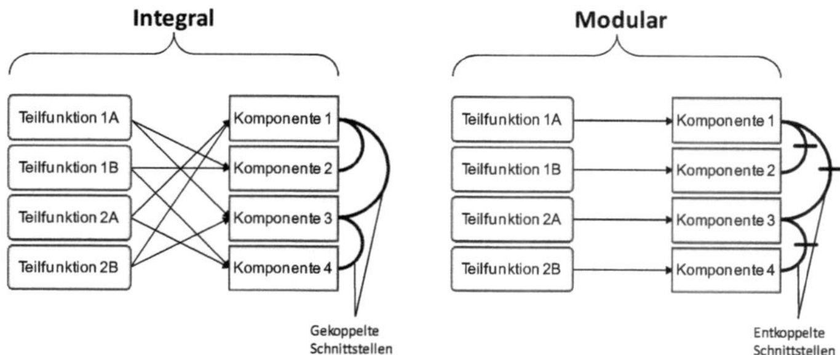

Abbildung 10: Funktionen-Komponenten-Zuordnung in Produktarchitekturen

Quelle: Modifiziert nach Ulrich (1995, S. 421 f.).

In der Praxis ist eine Produktarchitektur in den wenigsten Fällen vollständig integral oder modular. Vielmehr besteht zwischen den beiden Extremen ein kontinuierliches Spektrum, innerhalb dessen praktische Architekturen eine spezifische Ausprägung einnehmen (vgl. Kersten et al., 2011, S. 18; Ulrich & Eppinger, 2008, S. 166; Mikkola, 2006, S. 129 f.; Gershenson et al., 2004, S. 37; Schilling, 2000, S. 312).

Blees (2011, S. 49) beschreibt die Tendenz, dass reale Produkte trotz des graduellen Charakters von Modularität mehr in Richtung einer modularen oder einer integralen Architektur gestaltet werden sollten. Da die meisten Produktkomponenten in mehr oder weniger hohem Maße trennbar und spezifiziert sind, kann jeder Produkt-

[8] Der Begriff Modularisierungsgrad wird zwar häufig synonym zum Modularitätsgrad verwendet, verwässert aber streng genommen die Tatsache, dass die Modularisierung eine Vorgehensweise und die Modularität einen Zustand beschreibt.

architektur in irgendeiner Form ein Modularitätsgrad zugewiesen werden (vgl. Lau et al., 2011, S. 271; Junge, 2005, S. 16; Schilling, 2000, S. 312). Erschwerend kommt aber hinzu, dass der Modularitätsgrad auf den verschiedenen Hierarchieebenen innerhalb einer einzelnen Produktarchitektur variieren kann (vgl. MacDuffie, 2013, S. 36; Zettl, 2009, S. 28; Fixson, 2005, S. 356; Gershenson et al., 2004, S. 36; Muffato & Roveda, 2002, S. 6).

Zusammenfassend kann die Definition des Modularitätsgrades durch vier zentrale Merkmale beschrieben werden (vgl. Campagnolo & Camuffo, 2010, S. 260): Erstens ist der Modularitätsgrad abhängig von der Art des Systems, das zu untersuchen ist. Zweitens variiert dieser bei verschiedenen Analyseebenen des Untersuchungsobjektes. Drittens muss er innerhalb des Spektrums zwischen einer vollkommen integralen und einer vollkommen modularen Struktur gemessen werden. Viertens kann sich der Modularitätsgrad im Zeitverlauf ändern, wenn die Gestaltung des gesamten Produktes verändert wird.

2.2.3.1 Vor- und Nachteile modularer Produktarchitekturen

Die Vor- und Nachteile modularer Produktarchitekturen sind zahlreich und werden in der Literatur häufig auf verschiedenen Ebenen dargestellt. Für detaillierte Übersichten sei deshalb auf die Literatur verwiesen (vgl. z.B. Göpfert, 2009, S. 122 ff.; Eitelwein & Weber, 2008, S. 13; Ericsson & Erixon, 1999, S. 17 f.).

Die Vorteile sollen an dieser Stelle nur auf einige wesentliche konzentriert anhand der drei Kriterien Flexibilität, Risiko und Zeit, aufgeführt werden (vgl. Tabelle 2).

PILLER (2006, S. 233) weist darauf hin, dass mit der Modularisierung einer Produktarchitektur durchaus auch Nachteile verbunden sind. LANG (2000, S. 179 ff.) bezeichnet solche nachteiligen Aspekte als Integraltreiber, was als Gegensatz zu den etablierten Modultreibern von ERIXON (1998, S. 78) aufzufassen ist. DEHNEN (2004, S. 77 f.) zeigt Grenzen der Modularisierung auf, die in eine ähnliche Richtung gehen wie die nachfolgend beschriebenen Nachteile.

Häufig ist die Frage, ob eine Wirkung vorteilhaft oder nachteilig ist, von der konkreten Ausprägung einer Eigenschaft abhängig. Beispielsweise kann der Vorteil der Austauschbarkeit im ungünstigsten Fall auch zum Nachteil werden. GÖPFERT (2009, S. 125) betont, dass die Austauschbarkeit ganzer Module für die Reparatur nicht immer vorteilhaft ist. Oft begrenzt sich die Austauschbarkeit bei modularen Architekturen auf die kompletten Module, während ein Austausch von einzelnen Teilkomponenten innerhalb der Module nicht vorgesehen ist. Ist jedoch lediglich eine dieser Teilkomponenten defekt, entstehen unverhältnismäßig hohe Kosten, wenn der Austausch des kompletten Moduls vorgenommen wird.

Ein weiterer Nachteil ist, dass durch die modulare Gestaltung einer Produktarchitektur in vielen Fällen das Leistungsoptimum vernachlässigt wird. Vor allem globale Produkteigenschaften, bezogen auf ein Fahrzeug beispielsweise Geräusche und Vibrationen, lassen sich häufig in integralen Architekturen leichter optimieren (vgl. MacDuffie, 2013, S. 22; Ulrich & Eppinger, 2008, S. 169; Hölttä-Otto & de Weck, 2007, S. 114; Ethiraj & Levinthal, 2004, S. 164; Muffato & Roveda, 2002, S. 10; Lang, 2000, S. 183 f.; Ulrich, 1995, S. 432). Unter Rückgriff auf den abstrakten Bezugsrahmen kann dies durch das Phänomen der Emergenz für die Modularisierung begründet werden: Globale Eigenschaften wären im Sinne der Komplexitätsdefinition von LAMMERS (2012, S. 19 f.) emergente Eigenschaften, die sich nicht durch einzelne Subsysteme, sondern erst durch deren Zusammenwirken ergeben (vgl. auch Kersten, 2002, S. 68). SOSA ET AL. (2007, S. 1120 f.) nennen als weitere emergente Eigenschaften am Beispiel einer Flugzeugturbine die Aerodynamik sowie den Treibstoffverbrauch.[9]

Tabelle 2: Vorteile modularer Produktarchitekturen

Vorteil	**Literaturquelle**
Flexibilität	
- Erhöhte Flexibilität bei Anpassungen der Endprodukte an veränderte Anforderungen	Zettl (2009), S. 15 Ulrich & Eppinger (2008), S. 167 ff.
- Vereinfachte Produkt- und Modulupdates	Hüttenrauch & Baum (2008), S. 164
- Hohe Montage- und Demontagegerechtigkeit	Saleh (2005), S. 847 Schilling (2000), S. 320
Risiko	
- Verbesserte Möglichkeiten der Technologiekombination	Lang (2000), S. 137 ff. Schilling (2000), S. 323
- Begrenzung von Entwicklungsrisiken	Baldwin & Clark (1997), S. 157
Zeit	
- Verbesserte "Time-to-Market"	Guo & Gershenson (2007), S. 144
- Verringerte Beschaffung- und Durchlaufzeiten	Sanchez (1999), S. 97 Ulrich (1995), S. 429
- Vereinfachte Handhabung von Nachfragezyklen und Unsicherheiten	

9 SOSA ET AL. (2007, S. 1120 f.) integrieren solche Eigenschaften sowie Leistungsanforderungen auf der Produkt- oder Systemebene in virtuelle separate Elemente, die anschließend wie ein physisches Element behandelt werden.

Bezogen auf eine modulare Produktarchitektur bedingt die Komplexität der erforderlichen Funktionsstruktur die Anzahl der Module sowie die Wechselwirkungen zwischen diesen Modulen. Aus diesen Wechselwirkungen resultieren Anforderungen an die Schnittstellen, die im nachfolgenden Abschnitt behandelt werden.

2.2.3.2 Schnittstellen

Schnittstellen lassen sich bezogen auf das abstrakte Verständnis aus der Systemtheorie als Relationen zwischen einzelnen Subsystemen zur gezielten Überwindung von Systemgrenzen auffassen (vgl. Luhmann 1994, S. 53 ff.). Damit wird die Grundidee der Modularisierung gefördert „Inseln der Komplexität" zu schaffen (Göpfert & Steinbrecher, 2000, S. 3). Interaktionen zwischen abgegrenzten Modulen werden dabei auf einen definierten Umfang beschränkt, der durch die Relationen in der Form einer standardisierten Schnittstelle abgebildet wird.

WILDEMANN (2013, S. 142) zeigt das Schaffen von Schnittstellen für Produkt-, Prozess- und Organisationsarchitekturen auf. EITELWEIN UND WEBER (2008, S. 9) gehen einen Schritt weiter und nennen Schnittstellen in Produkt-, Prozess- und Supply Chain Architekturen. In dieser Arbeit sind vorwiegend Produktschnittstellen von Bedeutung.

WOHLGEMUTH (1999, S. 13) unterscheidet systeminterne und systemübergreifende Schnittstellen. Während systemübergreifende Schnittstellen als Verbindung zur Systemumgebung fungieren und damit die Systemgrenze überschreiten, befinden sich systeminterne Schnittstellen innerhalb des abgegrenzten Systems. Diese Unterteilung wird zur Strukturierung der verbleibenden Teile dieses Abschnitts herangezogen. Zunächst werden Produktschnittstellen innerhalb einer Produktarchitektur, dann unternehmensübergreifende Produktschnittstellen auf Industrie- bzw. Branchenebene behandelt.

Schnittstellen innerhalb einer Produktarchitektur

FIXSON UND PARK (2008, S. 1301) definieren eine Schnittstelle als die Interaktion zwischen zwei Komponenten. In einer modularen Architektur ermöglichen standardisierte Schnittstellen eine lose Kopplung der Komponenten (vgl. Jacobs et al., 2007, S. 1047). Dies lässt sich auf die wegweisende Aussage von ULRICH UND TUNG (1991, S. 73) zurückführen, dass zwischen der Funktions- und der Baustruktur eine gewisse Ähnlichkeit vorliegen sollte, wenn die Zuordnung von Funktionen zu Komponenten das Ziel verfolgt, die Interaktionen zwischen den Modulen zu minimieren.

Werden die Charakteristika von Schnittstellen zwischen Modulen detailliert betrachtet, lassen sich drei Hauptattribute ableiten (vgl. Fixson, 2005, S. 357 ff.): Erstens die Stärke der Kopplung, zweitens die Schnittstellenstandardisierung sowie drittens die Reversibilität der Schnittstelle. Bei der Reversibilität handelt es sich um die Möglichkeit, die Schnittstelle zwischen zwei Modulen wieder zu trennen (vgl. Fixson & Park, 2008, S. 1300; vgl. auch Wohlgemuth, 1999, S. 75). So lassen sich elektronische Schnittstellen, die durch Steckverbindungen vorgenommen werden, zumeist einfacher wieder trennen als mechanische Verbindungen, wie beispielsweise Pass- oder Fügestellen (vgl. ähnlich Fixson, 2005, S. 348 f.).

Die Definition der Schnittstellen sollte so früh wie möglich im Entwicklungsprozess erfolgen. Nach Sanchez (1999, S. 99) erfordert diese frühe Definition in der Praxis häufig die Trennung von Technologieentwicklung und Produktentwicklung. Eine modulare Produktgestaltung, die vollständig spezifizierte und standardisierte Schnittstellen zwischen den Modulen vorweisen kann, bevor die Entwicklung der einzelnen Module beginnt, definiert vollständig das erforderliche Ergebnis des Modulentwicklungsprozesses und erleichtert dadurch ein höheres Maß an Auslagerung solcher Entwicklungsumfänge (vgl. Sanchez, 1999, S. 100).

Lang (2000, S. 182) bezeichnet Schnittstellen als Leistungsengpässe. Sollen Module in verschiedenen Endprodukten eingesetzt werden, so müssen deren Schnittstellen häufig auf die höchsten Anforderungen ausgelegt werden, damit ihre Funktion gewährleistet werden kann (vgl. auch Dehnen, 2004, S. 77). Die höchsten Anforderungen resultieren nicht selten in multifunktionalen Schnittstellen, die für eine Vielzahl durchschnittlicher Anwendungen überdimensioniert sind.

Unternehmensübergreifende Schnittstellen auf Industrie- bzw. Branchenebene

Die Ausgestaltung von Schnittstellen erfolgt in der Praxis sehr unterschiedlich, da verschiedene Akteure involviert sein können. Im Vordergrund steht hier die Frage, „... ob die Firmen selbst über [...] die Schnittstellen der bei ihnen produzierten Güter entscheiden können oder ob sie weitgehend nur gemäß Vorgaben von Zulieferern, Kunden oder Dritten (Verbände, Gesetzgeber) agieren“ (Eitelwein & Weber, 2008, S. 9; vgl. auch Wohlgemuth, 1999, S. 75).

Eitelwein und Weber (2008, S. 9) kommen in ihrer Untersuchung zu dem Ergebnis, dass „...bezüglich [...] der Schnittstellen eine sehr deutliche Kundenorientierung in allen Branchen“ erkennbar sei. Dabei spielt auch die Größe sowie die damit verbundene Marktmacht einzelner Unternehmen eine Rolle. Zudem unterliegen unternehmensübergreifende Standardisierungen von Schnittstellen zum Teil positiven Netzwerkexternalitäten (vgl. Sanchez, 1999, S. 101; Ulrich, 1995, S. 431).

In jungen Branchen mit einer hohen Wachstums- sowie Innovationsrate sind häufig weniger Standards bezüglich der Schnittstellen etabliert. Dies kann dazu führen, dass bei Entwicklungsbeginn eines neuen Produktes noch nicht alle Schnittstellen bekannt oder absehbar sind. Anders verhält es sich in gesetzten Branchen wie beispielsweise der Computer- oder Automobilindustrie. So prognostizieren HÜTTENRAUCH UND BAUM (2008, S. 137) für die Autoindustrie, dass Endprodukthersteller (OEM) in naher Zukunft die Schnittstellenkoordination als Hauptaufgabe wahrnehmen müssten (vgl. auch Gonsior, 2008, S. 48). Zudem sehen JACOBS ET AL. (2007, S. 1051 f.) Schnittstellen als Basis, um die herum eine „einheitliche Sprache" entwickelt werden könne. Durch eine einheitliche Sprache ließen sich Kommunikationsbarrieren zwischen dem OEM und dessen Lieferanten abbauen.

Aber auch im Zeitverlauf sind standardisierte Schnittstellen von Vorteil: Ein Unternehmen kann seinen Kunden dadurch eine Vorwärts- und Rückwärtskompatibilität der Produkte über mehrere nachfolgende Produktarchitekturen gewährleisten (vgl. Sanchez, 1999, S. 106). Die Bedeutung dieses Vorteils wird durch die Überlagerung von Modullebenszyklen, die im anschließenden Abschnitt untersucht werden, noch verdeutlicht.

2.2.3.3 Überlagerung verschiedener Lebenszyklen

Das im Zeitverlauf zunehmend intensivere Zusammenspiel zwischen mechanischen und elektronischen Produktkomponenten führt dazu, dass sich verschiedene Technologie- und Innovationszyklen mit dem Lebenszyklus eines Produktes sowie dessen Modulen überlagern. Die Ausprägung dieser Dynamik variiert in unterschiedlichen Branchen. Beispielsweise sehen LAU ET AL. (2011, S. 276) die Elektronikindustrie als diejenige mit der höchsten Geschwindigkeit an, in der die Produktentwicklung häufig vom Grad der Modularität des Produktes beeinflusst wird. Der Anteil von Elektronikkomponenten am gesamten Produkt, der in der Vergangenheit kontinuierlich gestiegen ist, erfordert aus Kostensicht eine losgelöste Optimierung der Technologie- und Innovationszyklen gegenüber den mechanischen Komponenten.

Modularisierung ermöglicht das Zusammenfassen derjenigen Funktionen (Funktionsstruktur) in einem Modul (physische Baustruktur), die dem gleichen Technologie- bzw. Innovationszyklus unterliegen (vgl. Abbildung 11).

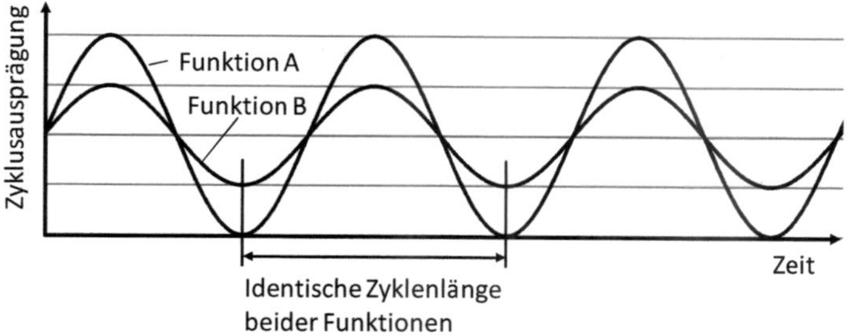

Abbildung 11: Überlagerung von Lebenszyklen begünstigt durch Modularisierung

Dadurch wird der Austausch von Modulen mit unterschiedlichen Lebenszyklen vereinfacht, da nicht das gesamte Produkt ersetzt werden muss, wenn lediglich einzelne Komponenten dem fortgeschrittenen Stand der Technik angepasst werden sollen (vgl. Ulrich, 1995, S. 426 f.; Sanchez, 1999, S. 98; Müller, 2001, S. 52; Muffato & Roveda, 2002, S. 10). Die Abkopplung des Lebenszyklus eines Moduls vom Lebenszyklus des Endproduktes wäre für eine Plattform nicht möglich, da diese in geringerem Maße einer kontinuierlichen Entwicklung unterliegt (vgl. Hüttenrauch & Baum, 2008, S. 135; Wohlgemuth, 1999, S. 12). GARUD UND KUMARASWAMY (1995) kommen zu dem Schluss, dass sowohl für den Kunden als auch für den Produzenten die Aufrüstung und Aufwertung ihrer Technologien durch Modularität vereinfacht wird.

ULRICH (1995, S. 426) beschreibt zwei Möglichkeiten für Unternehmen, ein Produkt durch Modularisierung im Laufe seines Lebenszyklus in vorteilhafter Weise zu verändern. Erstens besteht die Möglichkeit, ein Modul in einer Produktarchitektur über dessen ursprünglichen Modullebenszyklus hinaus einzuplanen. Beispielsweise lässt sich in einer Werkzeugmaschine ein abgegrenztes Modul besser und schneller austauschen als ein integral verbautes Verschleißteil. Zweitens kann ein Produkt aufgewertet werden. Sofern im Rahmen der Folgeproduktgeneration neue Technologien oder Innovationen entwickelt werden, lassen sich Produkte durch den Tausch der bereits eingebauten Module gegen die neuwertige Version des jeweiligen Moduls wieder auf den „Stand der Technik“ bringen (vgl. Schilling, 2000, S. 327; Mikkola, 2006, S. 133; vgl. auch Pasche et al., 2011, S. 1156 mit Bezug auf Plattformen). Dadurch wird die Aktualität des Produktes wiederhergestellt und der Produktlebenszyklus kann insgesamt verlängert werden.

2.2.4 Markteffekte

Die Betrachtung von Markteffekten soll in dieser Arbeit auf industrielle Erzeugnisse begrenzt werden. PILLER (2006, S. 42 ff.) sieht eine Heterogenisierung der Nachfrage im Industriegüterbereich. Da es sich bei industriellen Erzeugnissen überwiegend um Investitionsgüter handelt, sind diese zunächst von Konsumgütern abzugrenzen.

Eine Betrachtung des Produktlebenszyklus macht deutlich, dass Konsumgüter in der Regel über keinerlei After-Sales Phase verfügen. Vorgänge wie Demontage und Recycling, die durch Modularität einer Produktarchitektur begünstigt werden, sind für Konsumgüter deshalb kaum von Vorteil. Für die vorliegende Arbeit sei davon ausgegangen, dass Aspekten wie Wartung und Instandhaltung bei industriellen Erzeugnissen eine höhere Bedeutung als bei anderen Produkten zuzusprechen ist. Insgesamt haben Investitionsgüter in der Regel einen wesentlich längeren Lebenszyklus als Konsumgüter (vgl. Vollmuth, 2011, S. 67).

Ferner kann die Abgrenzung anhand der Nachfrager vorgenommen werden. Bei Konsumgütern sind dies überwiegend Privatpersonen, während Nachfrager von Investitionsgütern zumeist Unternehmen sind (vgl. Meffert et al., 2012, S. 50). Einer weiteren Unterscheidungsmöglichkeit folgend sind Konsumgüter für den Gebrauch durch den Endkunden vorgesehen, Investitionsgüter hingegen dienen der Schaffung weiterer Werte (vgl. Lang, 2000, S. 172). Aus diesem Grund steht die Funktionserfüllung bei Investitionsgütern im Vordergrund.

Je höher eine Funktion in der funktionalen Hierarchie einer Produktstruktur angeordnet ist, desto näher befindet sie sich an einem tatsächlichen Kundenbedürfnis. Für Kunden sowie Anwender steht zumeist im Vordergrund, dass eine Funktion oder eine Eigenschaft bereitgestellt wird, nicht aber notwendigerweise wie sie durch eine technische Lösung in niedrigeren Hierarchieebenen bereitgestellt wird (vgl. Fixson, 2005, S. 353; Schilling, 2000, S. 320 sowie ähnlich Muffato & Roveda, 2002, S. 6).

In weitgehender Übereinstimmung damit definiert LANG (2000, S. 171 ff.) die Auswirkung von Kundenanforderungen auf die modulare Produktgestaltung in mehreren Ebenen (vgl. Abbildung 12). Grundlage ist die Funktionserfüllung, die sich durch die Kombination von Funktionsmodulen umsetzen lässt. Darauf aufbauend können verschiedene Funktionsausprägungen durch Varianz in den Funktionsmodulen abgebildet werden. Funktionsunabhängige Forderungen auf der nächsthöheren Ebene stellen eine mögliche Einschränkung der Freiheit für die Gestaltung von Modulen dar. Die Kundenanforderung nach Zusatzleistungen auf der obersten Ebene lässt sich durch modulare Zusatzpakete erzielen, die bei der Produktgestaltung beispielsweise in Form optionaler Anbaumodule realisiert werden können.

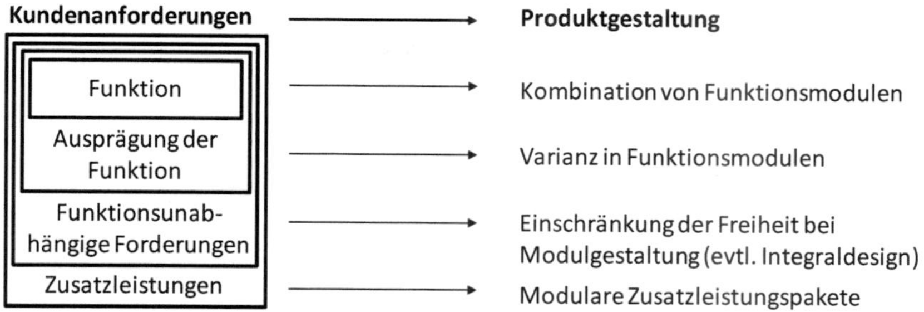

Abbildung 12: Auswirkung von Kundenanforderungen auf die modulare Produktgestaltung Quelle: Lang (2000, S. 173).

Aus der Perspektive eines Anwenders lassen sich zwei Arten von Modularität unterscheiden. Bei der ersten Art ist der Nachfrager in der Lage, die Modularität zu erkennen. Bei der zweiten Art ist die Modularität für den Nachfrager nicht erkennbar (vgl. Piller, 2006, S 229; Schilling, 2000, S. 319; Wohlgemuth, 1999, S. 95). LAU ET AL. (2011, S. 281) führen eine solche Unterscheidung dahingehend fort, dass diejenigen Produktkomponenten, auf die der Kunde am meisten Wert legt, möglichst differenziert angeboten werden sollten. Andere Produktkomponenten, die für den Kunden weniger relevant und sichtbar sind, sollten standardisiert werden.

Weiter argumentieren LAU ET AL. (2011, S. 280), dass Kunden ein Produkt in den wenigsten Fällen kaufen, weil es einen modularen Aufbau hat. Vielmehr suche der Kunde ein Produkt, das ihm einen Nutzen bietet. Deshalb liegt zumeist keine direkte Wertschätzung für Modularisierung vor. Lediglich deren positive Effekte wie beispielsweise Flexibilität, Kundenservice und Produktvielfalt werden bei der Kaufentscheidung berücksichtigt (vgl. Starr, 2010, S. 12; Lau et al., 2011, S. 280; Kap. 2.2.4.1). BALDWIN UND CLARK (2000, S. 136) sehen eine Zahlungsbereitschaft des Kunden, wenn durch die erhöhte Anzahl an Optionen, die ein modulares Produkt ermöglicht, dessen individuelle Bedürfnisse besser erfüllt werden. Der Kundennutzen werde vor allem dann erhöht, wenn heterogene Kundenbedürfnisse vorliegen oder zukünftige Kundenbedürfnisse unsicher sind (vgl. auch Schilling, 2000, S. 317).

2.3 Integration der Modularisierung in das Komplexitätsmanagement

Modularisierung kann anhand verschiedener Kriterien in das Komplexitätsmanagement integriert werden. Nachfolgend wird die Einordnung anhand der Definitionsbestandteile von Komplexität und Systemtheorie sowie anhand der Basisstrategien des Komplexitätsmanagements aufgezeigt.

Die Einordnung der Modularisierung in den Bezugsrahmen aus Komplexität, Systemtheorie und deren gemeinsame Synthese komplexer Systeme kann durch die Verwendung definitorischer Bestandteile erfolgen, deren analoge Begriffe trennscharf zugeordnet werden können (vgl. Abbildung 13).

Darüber hinaus besteht die zweite Möglichkeit einer Einordnung der Modularisierung in eine der drei Basisstrategien Vermeidung, Reduzierung und Beherrschung (vgl. Abschnitt 2.2.4.1). Diese Einordnung wird in der Literatur nicht einheitlich vorgenommen (vgl. Tabelle 3). Sofern die Einordnung vor unterschiedlichen Hintergründen vorgenommen wird, sind diese in der Tabelle kursiv hinter der jeweiligen Quelle dargestellt.

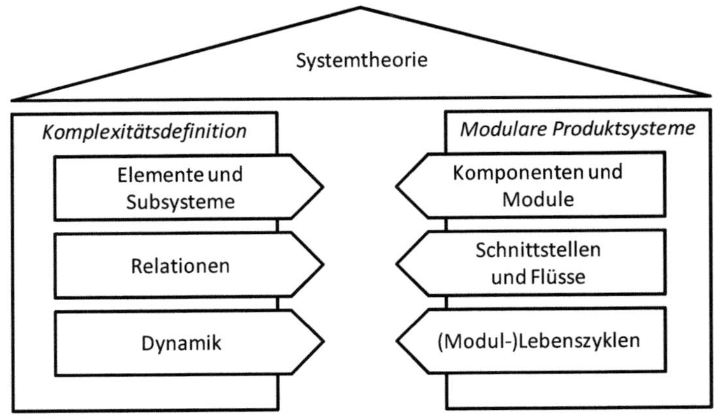

Abbildung 13: Einordnung modularer Produktsysteme in den Bezugsrahmen
Quelle: in Anlehnung an Lammers (2012, S. 45).

In dieser Arbeit wird Modularisierung als Konzept mit Eigenschaften aus mehreren der drei Strategien verstanden. Dabei dominieren Elemente der Komplexitätsvermeidung aufgrund der präventiven Anwendung von Modularisierung in der Produktentwicklung sowie der Komplexitätsbeherrschung, da durch die Modularisierung einer Produktarchitektur eine breite Marktvielfalt mit einer begrenzten Innenkomplexität abgebildet werden kann.

Die Herausforderung einer Integration der Modularisierung in das Komplexitätsmanagement liegt darüber hinaus in der Anpassung der eingangs aufgezeigten Komplexitätsdefinition. Da es sich bei modularen Produktsystemen gemäß dieser Definition nicht um äußerst komplexe Systeme handelt (vgl. Kap. 2.1.2), kann eine Vereinfachung vorgenommen werden, die auf die unterschiedliche Rolle der Dynamik zurückzuführen ist. Gegenüber äußerst komplexen Systemen ist der Zeithorizont als Bestandteil der Dynamik hier in der Größenordnung der Technologie- und Lebenszyklen eines Produktes oder eines Moduls verankert. So führt die Modularisierung eines Produktsystems zu verschiedenen Überschneidungen der Lebenszyklen einzelner Module in einem Produkt oder in einer Produktfamilie (vgl. Kap. 2.2.3.3). MACDUFFIE (2013, S. 10) stellt dazu fest, dass Modularisierung eine Dynamik verursacht, die eine Produktarchitektur sowohl von einer Integration weg, als auch wieder dorthin zurück bewegen könne.

Tabelle 3: Modularisierung als Teil der Strategien des Komplexitätsmanagements

Strategie	Literaturquelle
Vermeidung	Lau et al. (2011), S. 270 mit Bezug auf Baldwin & Clark (2000) Kersten et al. (2004), S. 214 Hungenberg (2000), S. 550
Reduzierung	Ericsson & Erixon (1999), S. 5 Wohlgemuth (1999), S. 14 (*Schnittstellen*) Picot & Freudenberg (1998), S. 71 (*Organisatorisch)* Ulrich & Probst (1995), S. 63
Beherrschung	Bayer (2010), S. 77 ff. (*Variantenbeherrschung*) Koeppen (2007), S. 18 Göpfert & Steinbrecher (2000), S. 3
Mehrere der drei Strategien	Wildemann (2013), S. 143 (Vermeidung und Beherrschung) sowie S. 147 (Reduzierung; *Baukasten*) Kramp (2011), S.181 (*Modularisierung von Prozessen*) Gonsior (2008), S. 245 ff. (Vermeidung und Beherrschung) Piller (2006), S.195 (Vermeidung), S. 232 (Reduzierung)

2.4 Kosten

Im Folgenden werden kurz die erforderlichen Grundlagen und Unterscheidungsmöglichkeiten von Kosten beschrieben (Kap. 2.4.1). Diese Begriffsabgrenzungen leiten die anschließenden Betrachtungsumfänge zeitabhängiger Kosten (Kap. 2.4.2), Komplexitätskosten (Kap. 2.4.3) sowie Treibern der Kostenintransparenz im Unternehmen (Kap. 2.4.4) ein.

2.4.1 Grundlegende Abgrenzungen

Nach dem wertmäßigen Ansatz werden *Kosten* als der „bewertete [..] Verzehr, welcher zur Erreichung [..; eines] Sachziels benötigt wird" (Brühl, 2009, S. 56), verstanden. Da die innerbetriebliche Unterscheidung und Bewertung von Kosten keinen direkten gesetzlichen Vorschriften unterworfen ist (vgl. Baum, 2011, S. 8), liegen verschiedene Kriterien zur Systematisierung von Kosten vor, die auch kombiniert werden können. Unterschieden werden Kosten ...

- gemäß ihrer Abhängigkeit von der Produktionsmenge in *variable* und *fixe* Kosten, wobei es sich bei letzteren auch um sprungfixe Kosten handeln kann (vgl. Baumann, 2011, S. 101 f.; Baum, 2011, S. 16 f.);
- hinsichtlich ihrer Zuordnung zu Einzelprodukten in *Einzelkosten* (direkte Kosten), die bei unregelmäßigem Auftreten auch als *Sondereinzelkosten* bezeichnet werden, sowie Gemeinkosten (indirekte Kosten). *Gemeinkosten* werden oftmals durch unterstützende Prozesse verursacht und müssen möglichst verursachungsgerecht auf die einzelnen Produkte verteilt werden (vgl. Baumann, 2011, S. 82 f.; Brühl, 2009, S. 124).

Als *Gesamtkosten* wird die Summe aller anfallenden Kosten bezeichnet. Werden diese Gesamtkosten durch die Produktionsmenge geteilt, so ergibt der resultierende Quotient die *Stückkosten*. Diese Fallen bei der Herstellung einer Mengeneinheit an. Auch ist eine Unterscheidung in variable und fixe Gesamt-, bzw. Stückkosten möglich.

Als *Herstellkosten* werden alle Kosten bezeichnet, die bei der Herstellung eines Gutes anfallen.[10] Werden die Herstellkosten um Verwaltungs- und Vertriebskosten ergänzt, ergeben sich die *Selbstkosten*, d.h. die Gesamtkosten, die bei der Leistungserstellung und -vermarktung angefallen sind (vgl. Baum, 2011, S. 21). Diese berechnen sich für Produktionsbetriebe nach folgendem Schema (Tabelle 4):

Die sogenannten *Opportunitätskosten* stellen keine Kosten gemäß der beschriebenen Definition dar, sondern sind die entgangenen Erlöse bzw. der entgangene Nutzen aufgrund nicht verfolgter Möglichkeiten (vgl. Baum, 2011, S. 14 f.). Bei Entscheidungen zwischen Investitionsalternativen stellen so die Gewinne, die mit Alternative A erzielt werden können, gleichzeitig Opportunitätskosten für Alternative B dar, da diese bei einer Investition in B verloren gingen.

Zudem werden in der Literatur sogenannte *sunk costs* (engl.: „versenkte Kosten"), oder auch *irreversible Kosten*, beschrieben. Hierbei handelt es sich um Positionen, die bereits durch vergangene Entscheidungen festgelegt und nicht mehr zurückzunehmen sind (vgl. Brühl, 2009, S. 491). Da diese Summen bereits „verloren" sind, sollten sie für aktuelle Entscheidungen nicht weiter berücksichtigt werden.

Des Weiteren sind *Transaktionskosten* zu definieren. Hierbei handelt es sich um alle Kosten, die bei der Abwicklung von Transaktionen, das heißt der Übertragung von Gütern, Dienstleistungen und Informationen, zwischen wirtschaftlichen Parteien entstehen (vgl. Möller, 2002, S. 93 f.). Diese Kosten werden von der Transaktionshäufigkeit sowie -unsicherheit beeinflusst. Die Transaktionskostentheorie besagt, dass

---

[10] Die Berechnung der Herstellkosten lehnt sich zumeist an die gesetzlichen Vorgaben zur Berechnung der Herstellungskosten für das externe Rechnungswesen nach §255 HGB an.

Unternehmen nur dann eine Existenzberechtigung haben, wenn sie in ihren internen Leistungsprozessen geringere Transaktionskosten aufweisen, als dies bei einer Koordination über den externen Markt der Fall wäre (vgl. Connelly et al., 2011, S. 87). Daraus kann abgeleitet werden, dass eine hohe Spezifität des betroffenen Gutes eher eine unternehmensinterne Organisation erfordert. Für unspezifische Bezugsobjekte hingegen bietet sich zum Erreichen einer hohen Effizienz eher die Koordination über den Markt an.

Tabelle 4: Berechnung der Selbstkosten eines Produktionsunternehmens
Quelle: Fischer et al. (2012, S. 246); Brühl (2007, S. 123 f.).

	Materialeinzelkosten
+	Materialgemeinkosten
=	**Materialkosten**
	Fertigungseinzelkosten (Fertigungslöhne)
+	Fertigungsgemeinkosten
+	Sondereinzelkosten der Fertigung
=	**Fertigungskosten**
	Materialkosten
+	Fertigungskosten
=	**Herstellkosten**
+	Vertriebsgemeinkosten
+	Sondereinzelkosten des Vertriebes
+	Verwaltungsgemeinkosten
=	**Selbstkosten**

2.4.2 Zeitabhängige Kosten

Der umfangreiche Zeithorizont, der für eine vollständige Betrachtung modularer Produkte von Bedeutung ist, erfordert eine zeitabhängige Einordnung von Kosten. Im vorliegenden Abschnitt werden dazu Lebenszykluskosten sowie der Zeitwert des Geldes behandelt.

2.4.2.1 Lebenszykluskosten

Eine Möglichkeit zur zeitlichen Einordnung von Kosten ist deren Betrachtung anhand des gesamten Produktlebenszyklus. RATHNOW (1993, S. 20) unterteilt den Lebenszyklus eines Produktes in Entstehungszyklus, Marktzyklus und Entsorgungszyklus. In jeder dieser Phasen werden potentielle Kostenquellen durch eine steigende Produktvielfalt identifiziert. Um nachhaltige Unternehmensentscheidungen sicherzustellen, sollte eine Kostenbetrachtung deshalb über den gesamten Lebenszyklus hinweg erfolgen. BARRINGER (2003, S. 9) formuliert diesen Grundgedanken der Lebenszykluskosten wie folgt: „Life Cycle Costs include cradle to grave costs."

Bei der Betrachtung von Lebenszykluskosten ist die Unterscheidung von einmaligen und laufenden Kosten naheliegend. So sollten nicht nur die einmaligen Herstellkosten, sondern auch wiederkehrende Folgekosten eines Produktes in Entscheidungen über die Gestaltung eines Produktes einfließen. Abbildung 14 zeigt diese Unterscheidung einmaliger und laufender Kosten. Durch die Unterscheidung wird zum Beispiel berücksichtigt, dass sich Betriebskosten, die während der Betriebsphase des Produktes kontinuierlich entstehen, jederzeit ändern können. So sind für ein alterndes Produkt höhere Wartungskosten zu vermuten. Somit ergibt sich zwischen den Anschaffungs- und Folgekosten einer einzelnen Produkteinheit häufig ein Trade-Off.

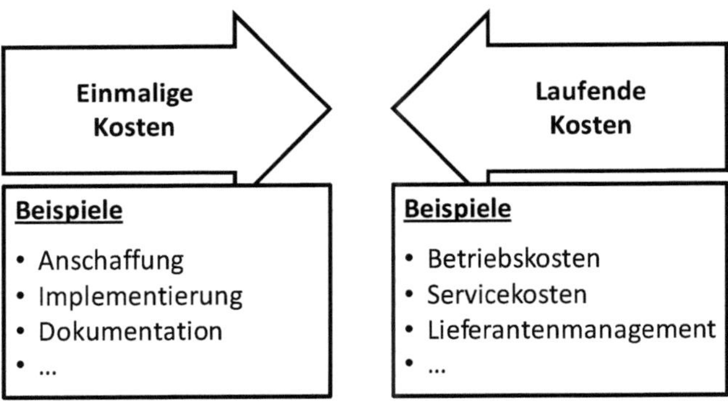

Abbildung 14: Unterscheidung einmaliger und laufender Kosten
Quelle: Beispiele nach VDMA (2006).

Je weiter in die Zukunft laufende Folgekosten prognostiziert werden sollen, desto ungenauer ist die Kalkulation (vgl. Deimel et al., 2006, S. 465). Entscheidungen, die die Produktarchitektur betreffen, sind in der Regel langfristig und strategisch. Der zusätzliche Aufwand in den frühen Phasen der Produktentstehung, der für eine modulare Produktarchitektur erforderlich ist, steht einer deutlich späteren Entfaltung positiver Kostenwirkungen im Lebenszyklus gegenüber. Diese späteren Kostenwirkungen sind zudem in den frühen Phasen kaum verlässlich abschätzbar (vgl. Pasche et al., 2011, S. 1146 und S. 1157). Steht der Vergleich alternativer Produktarchitekturen im Vordergrund, können aufgrund gleicher Annahmen und Rahmenbedingungen dennoch belastbare Prognosen erzielt werden.

2.4.2.2 Zeitwert des Geldes

Ein weiterer Aspekt der zeitabhängigen Betrachtung von Kosten ist der Zeitwert des Geldes. Für den Vergleich von Kostenwirkungen, die zu unterschiedlichen Zeitpunkten auftreten, soll als beste Näherung auf ein Instrument aus der Investitionsrechnung zurückgegriffen werden. In der Investitionsrechnung werden zukünftige Ein- und Auszahlungen mit einem unternehmensspezifischen Zinssatz diskontiert und damit vergleichbar gemacht (vgl. z.B. Fischer et al., 2012, S. 276; Brealey et al., 2009, S. 88; Brühl, 2009, S. 72 f.; Junge, 2005, S. 163 f.). Wird eine solche Diskontierung auf Kosten übertragen, kommt der Wahl des unternehmensspezifischen Zinssatzes eine hohe Bedeutung zu. Je nachdem, wie hoch dieser gewählt wird, sind die zukünftig anfallenden Kosten für eine gegenwärtige Betrachtung gewichtet (vgl. Fixson, 2002, S. 103).

Die Zeitpunkte, zu denen die einzelnen Kostenwirkungen eintreten, sind kaum verallgemeinerbar, da die zeitlichen Abläufe in verschiedenen Unternehmen oder Branchen stark differenzieren. So ist die Betrachtung des Zeitwertes des Geldes bei Produkten mit sehr kurzen Entwicklungszeiten weniger wichtig als in Branchen, in denen Entwicklungszeiten von mehreren Jahren die Regel sind. Auch der Zeitraum, über den die betroffenen Produkte am Markt angeboten werden, ist von Bedeutung (vgl. Fixson, 2006, S. 314). In einer Branche, in der die Produkte nur wenige Jahre oder sogar nur Monate auf dem Markt sind (z.B. in bestimmten Teilen der Elektronikindustrie), ist der Zeitwert des Geldes von vergleichsweise geringer Bedeutung. Hingegen spielt der Unterschied zwischen dem Nominal- und dem abgezinsten Wert der Kostenwirkungen bei Produkten, die über Jahrzehnte angeboten werden (z.B. in der Flugzeugindustrie), eine sehr große Rolle. Für die vorliegende Arbeit wird deshalb die Annahme getroffen, dass die Entwicklungszeit modularer Produktarchitekturen sowie deren Verbleib im Markt gegenüber integralen Produkten höher ist und deshalb dem Zeitwert des Geldes eine Bedeutung zukommt.

Neben der zeitlichen Abhängigkeit von Kosten wird in der Literatur die Komplexität als weitere Dimensionen beschrieben, anhand derer Kosten analysiert werden können. Die Bedeutung von Komplexität wurde im zweiten Kapitel als übergeordneter Bezugsrahmen der Modularisierung von Produktsystemen herausgearbeitet. Die damit verbundenen Komplexitätskosten werden nachfolgend behandelt.

2.4.3 Komplexitätskosten

Das Verständnis des Begriffes Komplexitätskosten hat sich im Zeitverlauf ausgehend von einer Verortung im Zusammenhang des Variantenmanagements bis hin zu unternehmensübergreifenden Ansätzen weiterentwickelt. HERRMANN UND PEINE

(2007, S. 655) definieren Komplexitätskosten als „die direkten und indirekten Aufwendungen, die durch den Auswuchs der unternehmensinternen Komplexität verursacht…" werden. Dieser Definition ähnlich verstehen HOMBURG UND DAUM (1997, S. 333) unter Komplexitätskosten „… solche Kosten, die im Unternehmen kausal durch die Vielfalt des Produktions- und Vermarktungsprozesses verursacht werden." In diese Richtung gehen auch ADAM UND ROLLBERG (1995, S. 668), die zudem eine Problematik darin sehen, Komplexitätskosten zu bestimmten Produkten, Abnehmern oder Märkten zuzuordnen. ADAM UND JOHANNWILLE (1998, S. 12) beschreiben Komplexitätskosten als Gemeinkosten, die vorwiegend in indirekten, steuernden Bereichen anfallen.

Wenn Komplexität schwer messbar ist (vgl. Kap. 2.1.3.2), so liegt die Vermutung nahe, dass auch das Messen und Bewerten von Komplexitätskosten Schwierigkeiten unterliegt. OLBRICH UND BATTENFELD (2000, S. 5) umgehen die Schwierigkeit, Komplexitätskosten absolut zu bewerten, durch eine relative Betrachtung. Sie definieren Komplexitätskosten „…relativ zu einem Ausgangskomplexitätsgrad." So seien Komplexitätskosten „… in Bezug auf eine bereits bestehende Komplexität [..] die zusätzlichen Kosten, die aufgrund der Bewältigung einer erhöhten Komplexität entstehen." In diese Richtung geht auch die Komplexitätskostenbetrachtung von BOHNE (1998, S. 157 ff.). Dessen Zero-Base Analyse definiert die Komplexitätskosten relativ, bezogen auf einen Ausgangskomplexitätsgrad.

Obgleich also verschiedene Definitionsumfänge vorliegen, hat sich eine Kategorisierung von Komplexitätskosten durchgesetzt, die in Abbildung 15 dargestellt ist.

Für die direkten Komplexitätskosten wird die im Rahmen der Lebenszykluskosten beschriebene Unterscheidung in einmalige und laufende Kosten aufgegriffen. Bei den indirekten Komplexitätskosten handelt es sich vorwiegend um Opportunitätskosten. Solche Kosten entstehen, wenn Ressourcen zur Bewältigung der Komplexität aufgewendet werden, die an anderer Stelle einen höheren Wirkungsgrad erzielen könnten (vgl. Homburg & Daum, 1997, S. 334). Ob Opportunitätskosten wirklich wie in der Literatur beschrieben exponentiell mit der Produktvielfalt wachsen, von der sie verursacht werden (vgl. Schuh, 2005, S. 46 mit Bezug auf Homburg & Daum, 1997, S. 334), wurde bislang nicht hinreichend empirisch untersucht, so dass sich die vorliegende Arbeit von der Gültigkeit dieser Aussage distanzieren soll.

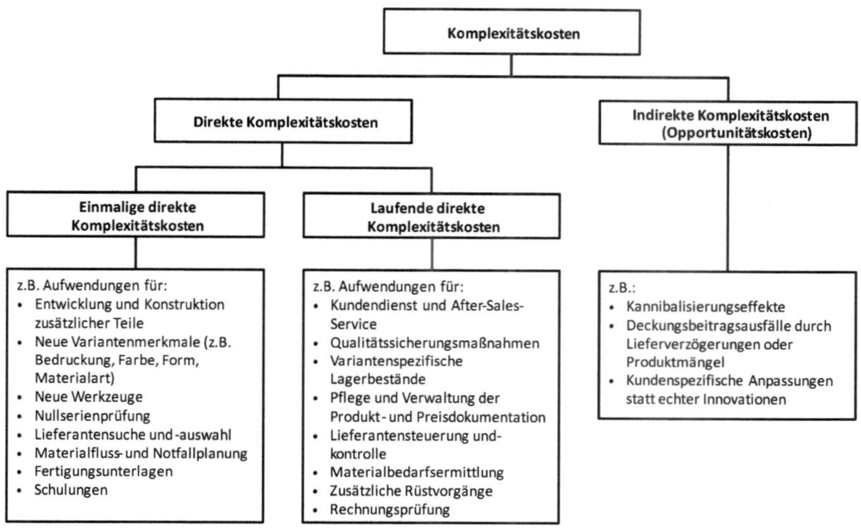

Abbildung 15: Kategorisierung von Komplexitätskosten
Quelle: Homburg & Daum (1997, S. 334) und Giessmann (2010, S. 39).

2.4.3.1 *Eigenschaften von Komplexitätskosten*

Der Umgang mit Komplexitätskosten stellt Unternehmen vor eine große Herausforderung. Dies ist insbesondere auf vier Eigenschaften von Komplexitätskosten zurückzuführen (vgl. Rathnow, 1993, S. 23 ff.), die deren Handhabbarkeit erschweren. Diese werden nachfolgend einzeln beschrieben.

Funktionsübergreifende Wirkung

Komplexitätskosten entstehen in einzelnen Funktionsbereichen eines Unternehmens und treten in den unterschiedlichsten Formen auf (vgl. Homburg & Daum, 1997, S. 334). Die Auswirkungen von Komplexität hingegen wirken auf nahezu sämtliche Unternehmensfunktionen. RATHNOW (1993, S. 23) sieht die Zersplitterung der erheblichen Gesamtwirkung von Komplexitätskosten auf einzelne Kostenstellen als begünstigenden Faktor für „... einen schleichenden Aufbau der Innenkomplexität.." Mit anderen Worten sind Komplexitätskosten in ihrer Gesamtheit für die Kostenmanagementsysteme eines Unternehmens weitestgehend unsichtbar (vgl. Homburg & Daum, 1997, S. 334). Für eine Vermeidung von Kosten, die durch Komplexität verursacht werden, sind somit funktions- oder sogar geschäftsbereichsübergreifende Maßnahmen erforderlich (vgl. Röh, 2011, S. 6).

Zeitverzögertes Auftreten der Kostenwirkungen

Komplexitätskosten können unmittelbar oder zeitlich verzögert entstehen (vgl. Giessmann, 2010, S. 39; Adam & Johannwille, 1998, S. 12; Kestel, 1995, S. 33 ff.). Durch diesen latenten Charakter wird in vielen Unternehmen Intransparenz verursacht (vgl. Homburg & Daum, 1997, S. 334).

Wesentliche Teile der späteren Kosten im Produktionssystem werden bereits bei der Produktentwicklung festgelegt. In der Literatur werden Größenordnungen von über 70% genannt (vgl. Ericsson & Erixon, 1999, S. 14; Fixson, 2006, S. 310). Ein Beispiel für das zeitliche Auseinanderfallen von Kostenfestlegung und Auftreten der Kostenwirkungen ist die Entscheidung für eine bestimmte Produktarchitektur. Diese strategische Entscheidung wird in einer sehr frühen Phase der Produktentstehung getroffen. Die Auswirkungen dieser Entscheidung treten erst erheblich später und in allen der Produktkonzeption nachgelagerten Phasen auf (vgl. Kersten, Möller, et al., 2012, S. 157; Pasche et al., 2011, S. 1156 und S. 1159). Werden solche Auswirkungen nicht schon bei den frühen Entscheidungen berücksichtigt, resultieren für das Unternehmen negative Effekte. Ab einer gewissen Mehrbelastung der vorhandenen Kapazitäten durch Komplexität entsteht das Erfordernis zusätzlicher personeller Ressourcen sowie Betriebsmittel. Neben der zeitverzögerten Auswirkung einer gestiegenen Komplexität wird somit auch ein sprunghafter Aufbau zusätzlicher Kosten verursacht (vgl. auch Adam & Johannwille, 1998, S. 12; Rathnow, 1993, S. 25).

Asymmetrisch dynamisches Verhalten

Das Auftragen der Kosten über der verursachenden Komplexität ergibt eine Kostenfunktion, die nicht linear ansteigt (vgl. Adam & Johannwille, 1998, S. 13; Koeppen, 2007, S. 15). RATHNOW (1993, S. 25 f.) spricht in diesem Zusammenhang von einem „asymmetrisch dynamischen Verhalten“. Bezogen auf die Eigenschaften von komplexen Systemen sind solche Kosteneffekte folglich der Irreversibilität und der Nichtlinearität zuzuordnen (vgl. Kap. 2.1.3.1).

Diese Eigenschaft von Komplexitätskosten lässt sich vor allem auf Kostenremanenz zurückführen (vgl. Adam & Johannwille, 1998, S. 12; Dalhöfer, 2009, S. 30 f.; Koeppen, 2007, S. 17). Durch diesen, auch synonym als Hysterese bezeichneten Effekt gehen Kosten bei rückläufiger Komplexität im Unternehmen nicht in gleicher Höhe zurück wie sie zuvor angestiegen sind, sondern bleiben oberhalb ihres Ausgangsniveaus (vgl. Abbildung 16).

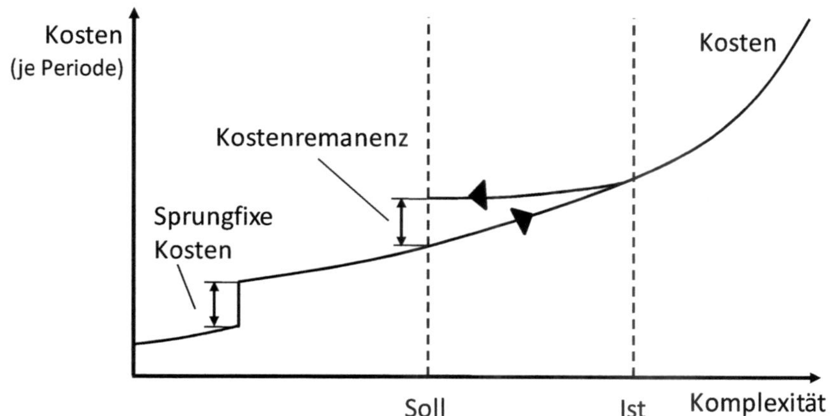

Abbildung 16: Kostenremanenz bei Komplexitätsreduktion
Quelle: in Anlehnung an Kestel (1995, S. 35); Rathnow (1993, S. 26).

Ursächlich für solche Kostenremanenz können sprungfixe Kosten sein. Werden beispielsweise in Folge einer Zunahme der Variantenanzahl Investitionen in Fertigungsanlagen vorgenommen, sind die Ausgaben häufig irreversibel. Das höhere Kostenniveau lässt sich nur schwer wieder abbauen (vgl. Hichert, 1986, S. 673 f.; Kestel, 1995, S. 34). Deshalb sind komplexitätsvermeidende Handlungen zu einem frühen Zeitpunkt häufig vorteilhafter als eine spätere Komplexitätsreduzierung (vgl. Koeppen, 2007, S. 17; Adam & Johannwille, 1998, S. 12).

Auseinanderfallen von Komplexitätsverursachung und Kostenanfall

Innerhalb einer Unternehmensorganisation wird die Kostenverursachung häufig an einer anderen Stelle verantwortet, als diese Kosten ihre Wirkung entfalten (vgl. bspw. Herrmann & Peine, 2007, S. 660; Kersten, 2002, S. 10 f.; Kersten, 2001, S. 38; Hungenberg, 2000, S. 542; Ericsson & Erixon, 1999, S. 11; Rathnow, 1993, S. 26 f.; Goetze, 1992, S. 87 f.). Gegenüber dem bereits beschriebenen zeitlichen Auseinanderfallen liegt somit auch ein organisatorisches Auseinanderfallen vor.

Die vorteilhaften Wirkungen der Modularisierung entfalten sich vor allem in der Produktion sowie in der After-Sales Phase (vgl. Gonsior, 2008, S. 247). Sind hier in erster Linie indirekte Bereiche sowie Gemeinkosten betroffen, sind die Kostenwirkungen nur bedingt messbar. RATHNOW (1993, S. 27) beschreibt ferner, dass durch das Optimieren der Kostensituation in einzelnen Bereichen die gesamtwirtschaftliche Situation des Unternehmens verschlechtert werden kann. Zwischen einzelnen Abteilungen sind häufig konfliktäre Ziele festzustellen. Beispielsweise wird Komplexität durch Vielfalt, vor allem in Form von Endproduktvarianten, in der Regel von der Entwicklung oder vom Vertrieb induziert (vgl. Rathnow, 1993, S. 26). NEUBAUR (2003, S. 6) sieht die Ursachen einer überzogenen Vielfalt innerhalb des Produktspektrums im mangelhaft koordinierten Zusammenspiel verschiedener Unternehmensbereiche und Entscheidungsträger. Eine modulare Produktarchitektur bedeutet in den frühen Entstehungsphasen häufig einen Mehraufwand für die Entwicklung. Werden Entscheidungen ohne eine Berücksichtigung des tatsächlichen Kostenanfalles in den anderen Unternehmensbereichen getroffen, ist eine modulare Produktarchitektur anhand der isolierten Kostenbetrachtung möglicherweise unwirtschaftlich. Dennoch könnte das Unternehmen gesamtwirtschaftlich davon profitieren.

2.4.3.2 Komplexitätskostenmanagement

Komplexitätskosten führen langfristig zu einem ansteigenden Kostenniveau und sind – wie anhand ihrer Eigenschaften verdeutlicht wurde – schwer zu handhaben. Deshalb soll in diesem Abschnitt ein Beitrag zum Management solcher Kosten gegeben werden.

Nach BOHNE (1998, S. 19) verfolgt das Komplexitätskostenmanagement die Zielsetzung, „die Gefährdung der erfolgswirtschaftlichen Stabilität durch komplexitätsinduzierte [..] Kostenprogressionen zu begrenzen." Das übergeordnete erfolgswirtschaftliche Gesamtziel des Komplexitätskostenmanagements sei dabei die „Beeinflussung des Komplexitätsniveaus in Richtung auf das unbekannte theoretische Gesamtoptimum" (vgl. Bohne, 1998, S. 84).

KOEPPEN (2007, S. 15) nennt zwei Möglichkeiten, um die Kosten von Komplexität zu senken (vgl. Abbildung 17). Erstens könne auf einer bestehenden Kostenfunktion das Komplexitätsniveau reduziert werden (A→B). Bezogen auf die Basisstrategien des Komplexitätsmanagements (vgl. Kap. 2.1.4.1) käme dies der Strategie des Reduzierens von Komplexität am nächsten. Zweitens ließe sich bei einem konstanten Komplexitätsniveau die Kostenkurve verändern (A→C). Eine solche Vorgehensweise käme der Basisstrategie des Beherrschens am nächsten. Dennoch handelt es sich bei einer solchen Darstellung lediglich um den qualitativen Verlauf einer Kostenfunktion, da Kosten für Komplexität im Unternehmen häufig nicht quantitativ bestimmt werden können (vgl. Homburg & Daum, 1997, S. 334).

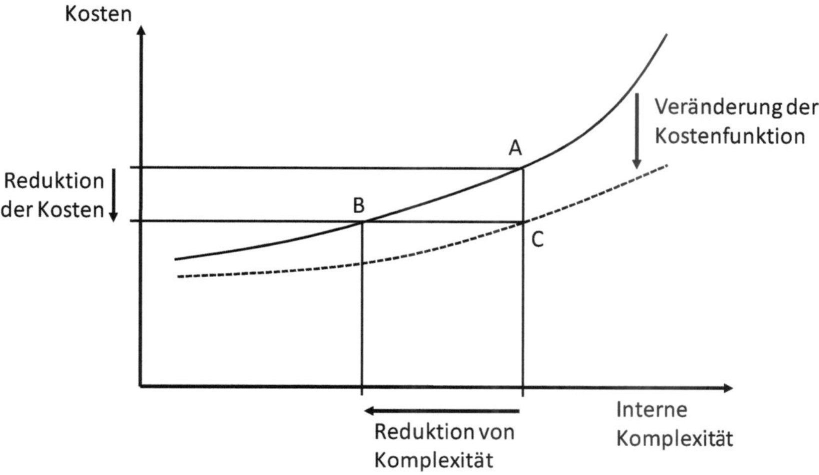

Abbildung 17: Beeinflussungsmöglichkeiten von Kosten der Komplexität

Quelle: in Anlehnung an Koeppen (2007, S. 16) mit Bezug auf Rathnow (1993, S. 167).

Für das Management von Komplexitätskosten ist eine verursachungsgerechte Erfassung und Verrechnung von Einzel- und Gemeinkosten unabdingbar. Vor allem im Gemeinkostenbereich stehen Unternehmen damit vor einer großen Herausforderung, da häufig keine Kostentransparenz vorliegt (vgl. Adam & Johannwille, 1998, S. 12 ff.). Mehrere einzelne Treiber dieser verbreiteten Kostenintransparenz werden nachfolgend beschrieben.

2.4.4 Treiber der Kostenintransparenz

Kostenintransparenz kann in einem Unternehmen auf verschiedene Ursachen zurückzuführen sein. Im Rahmen dieser Arbeit sollen das Ansteigen der Gemeinkosten durch Vielfalt (Abschnitt 2.4.4.1), das Problem der Quersubventionierung von Exoten durch Standardprodukte (Abschnitt 2.4.4.2), die nicht verursachungsgerechte Abbildung von Kosten in Ansätzen des Kostenmanagements (Abschnitt 2.4.4.3) sowie die unzureichende Berücksichtigung von Kosten in Modularisierungsansätzen (Abschnitt 2.4.4.4) im Einzelnen betrachtet werden.

2.4.4.1 Das Ansteigen des Gemeinkostenanteils

Wird die äußere, am Markt angebotene Vielfalt unverändert innerhalb des Unternehmens abgebildet, steigen durch die größere Komplexität der Abläufe die Koordinationskosten und damit vor allem die Gemeinkosten (vgl. Schulte, 1991, S. 20;

Horváth et al., 1993, S. 208; Ramdas, 2003, S. 89 f.; Fischer et al., 2003, S. 4 ff.). Der höhere Gemeinkostenanteil kann erstens in Form von Fixkosten auftreten (vgl. Adam & Rollberg, 1995, S. 668) sowie zweitens bei einzelnen Tätigkeiten nicht von der physischen Ausbringungsmenge, sondern von der Anzahl der Transaktionen abhängen (vgl. Pfohl & Stölzle, 1991, S. 1288).

Wenn eine differenzierte Zurechnung der auftretenden Kosten zu den Einzel- und Gemeinkosten nicht erfolgt, dann steigt die Kostenintransparenz. Diese Steigerung hat zur Folge, dass ein Informationsdefizit für Entscheidungen entsteht und die Vielfalt weiter erhöht wird, weil der Gemeinkostenanteil vor allem in den indirekten Unternehmensbereichen unterschätzt wird (vgl. Eversheim et al., 1989, S. 57 f.; Kestel, 1995, S. 33; Rosenberg, 2002, S. 237).[11] Da eine steigende Anzahl gemeinkostentreibender Prozesse in den operativen Abläufen zumeist keine Steigerung der Wertschöpfung für den Kunden hervorbringt, steht den überproportional ansteigenden Kosten nur ein unterproportionales Wachstum der Erlöse gegenüber (vgl. Coenenberg & Prillmann, 1995, S. 1239). Die gesamtwirtschaftliche Situation des Unternehmens wird somit verschlechtert.

2.4.4.2 *Das Problem der Quersubventionierung*

Des Weiteren führt ein hoher Gemeinkostenanteil dazu, dass bei einer herkömmlichen Kostenrechnung Exoten durch Standardprodukte quersubventioniert werden. Bereits ADAM UND ROLLBERG (1995, S. 668) weisen darauf hin, dass die traditionelle Zuschlagskalkulation bei der Verrechnung komplexitätsbedingter Gemeinkosten „[w]eder die Produktkomplexität noch die Variantenvielfalt bzw. die Flexibilität der Anlagen […] als relevante Faktoren für die Kostenverteilung“ berücksichtigt. Der Anstieg der Gemeinkosten bei einer Ausweitung des Produktspektrums wird durch herkömmliche Kostenrechnungsverfahren nur verzerrt abgebildet (vgl. Heina, 1999, S. 16; Coenenberg & Fischer, 1991, S. 23 f.). Im Unternehmen hat dies zur Folge, dass Standardprodukte zu teuer kalkuliert werden. Exoten hingegen werden zu günstig kalkuliert, da sie trotz ihres geringen Herstellungsvolumens für eine Vielzahl zusätzlicher Prozesse und Transaktionen verantwortlich sind. Bei der Verrechnung der komplexitätsbedingten Gemeinkosten übernehmen diese Exoten dann nur einen Bruchteil der von ihnen verursachten Kosten, da diese proportional zur Höhe überwiegend wertabhängiger Bezugsgrößen (z.B. Umsatz, Fertigungseinzellöhne, Materialeinzelkosten) verrechnet werden (vgl. Adam & Rollberg, 1995, S. 668). Diese Quersubventionierung verursacht Wettbewerbsnachteile im primären Leistungs-

[11] KESTEL (1995, S. 32) nennt als Beispiel geringer Kostentransparenz die Kosten für Transporte und Lager zwischen einzelnen Bearbeitungsstationen in Fertigung und Montage, die häufig als Produktionsgemein- und nicht als Logistikkosten zugerechnet werden.

bereich der Standardprodukte, da diese teurer angeboten werden, als es ihre tatsächlichen Herstellkosten erforderten (vgl. Coenenberg & Fischer, 1991, S. 23; Adam & Rollberg, 1995, S. 668; Eversheim & Caesar, 1991, S. 535).

2.4.4.3 Nicht verursachungsgerechte Abbildung von Kosten im Kostenmanagement

Durch eine Modularisierung werden direkte Kosten aus dem Produktions- und Montagebereich in indirekte Bereiche wie beispielsweise die Entwicklung verlagert. Da eine Modularisierung nicht nur ein einzelnes Endprodukt sondern übergreifend verschiedene Endprodukte betrifft, ist eine verursachungsgerechte Verrechnung der Gemeinkosten im Entwicklungsbereich umso schwieriger. Zudem weisen modularisierte Produkte höhere Einzelkosten auf, sobald sie auf Komponenten zurückgreifen, die im Zuge einer Standardisierung überdimensioniert wurden.

Um für ein Unternehmen vorteilhaft zu sein, müssten durch die Modularisierung insgesamt Kosten eingespart werden. Die erzielbare Senkung von Gemein- und Komplexitätskosten in ihrer Gesamtheit ist aber für klassische Kostenrechnungsansätze weitgehend unsichtbar (vgl. Homburg & Daum, 1997, S. 334). Deshalb fällt es schwer, die Vorteilhaftigkeit der Modularisierung im Unternehmen zu belegen.

Ansätze des Kostenmanagements weisen in Bezug auf eine verursachungsgerechte Verrechnung von anfallenden Kosten verschiedene Defizite auf. Eine Behandlung dieses Sachverhalts ist in der Literatur bereits an zahlreichen Stellen geführt worden (vgl. zum Beispiel Sedlmeier et al., 2013, S. 6 ff. und S. 31; Bayer, 2010, S. 113; Horváth & Mayer, 2011, S. 8; Hungenberg, 2000, S. 546 ff.; Bohne, 1998, S. 132 ff.; Adam & Johannwille 1998, S. 14 ff.). Die Darstellung an dieser Stelle soll deshalb nur eine generelle Tendenz verdeutlichen: Je größer die erzielbare Kostentransparenz in der Praxisanwendung, desto höher ist der erforderliche Aufwand bei der Erhebung sowie der Auswertung von erforderlichen Daten. An dem einen Randpunkt dieses Spektrums liegt die traditionelle Zuschlagskalkulation. Diese wird in der Unternehmenspraxis verbreitet angewendet, ermöglicht aber keine verursachungsgerechte Gemeinkostenverrechnung. Der andere Randpunkt wird durch Ansätze der Prozesskostenrechnung dargestellt. Diese ermöglichen eine deutlich höhere Kostentransparenz, sind aber gleichzeitig so aufwendig, dass sie in der Unternehmenspraxis bis auf wenige Ausnahmen nicht angewendet werden.

2.4.4.4 *Unzureichende Berücksichtigung von Kosten in Modularisierungsansätzen*

Ein weiterer Treiber der Kostenintransparenz in Unternehmen ist die unzureichende Abbildung von Kosteninformationen in Modularisierungsansätzen. SEDLMEIER ET AL. (2013, S. 32) kommen in einer Analyse von zehn verschiedenen Modularisierungsansätzen zu dem Schluss, dass keiner dieser Ansätze über eine umfassende Berücksichtigung von Kosten verfügt. Zu einer vergleichbaren Einschätzung kommen auch GERSHENSON ET AL. (2004, S. 43), die das Einbeziehen von Kosten in den Modularisierungsprozess als überraschend selten beschreiben, obwohl Modularisierungsansätze sehr systematisch aufgebaut sind. Als möglicher Grund soll an dieser Stelle erneut die Verortung der Kostenwirkungen der Modularisierung im Schnittstellenbereich zwischen Ingenieurwissenschaften und der Betriebswirtschaft angeführt werden.

3 Stand der Forschung: Kostenwirkungen der Modularisierung

Aufbauend auf den theoretischen Grundlagen wird die Strukturierung des Stands der Forschung zur Aufarbeitung der Kostenwirkungen der Modularisierung in diesem Kapitel wie folgt vorgenommen: Zunächst wird auf das Zusammenspiel von Produktmodularität und Kosten eingegangen (Kap. 3.1). Im Anschluss werden die Messung des Modularitätsgrades behandelt (Kap. 3.2) sowie Rahmenbedingungen der Modularisierung aufgezeigt (Kap. 3.3).

3.1 Produktmodularität und Kosten

"Not all researchers agree that product modularity leads to cost reductions." JACOBS ET AL. (2007, S. 1049).

Wie das einleitende Zitat verdeutlicht, werden in der Literatur durchaus unterschiedliche Ansichten über den Zusammenhang von Produktmodularität und Kosten vertreten. Als möglicher Grund dafür sei die Feststellung von GERSHENSON ET AL. (2003, S. 308) angeführt, dass zwischen den Implikationen verschiedener Definitionen des Modularitätsbegriffes sowie der Messung und Validierung von erwarteten Nutzen- und Kostenwirkungen ein Mangel an Vergleichbarkeit vorliege.

Eine wesentliche Schwierigkeit, die bei der Analyse der Kostenwirkungen der Modularisierung überwunden werden muss, ist die Tatsache, dass die größten Kostenhebel in den hohen Ebenen der Produkthierarchie beeinflusst werden können, in denen aber gleichzeitig das vorliegende Wissen über die vorherrschenden Kosteneffekte am geringsten ist (vgl. Abbildung 18).

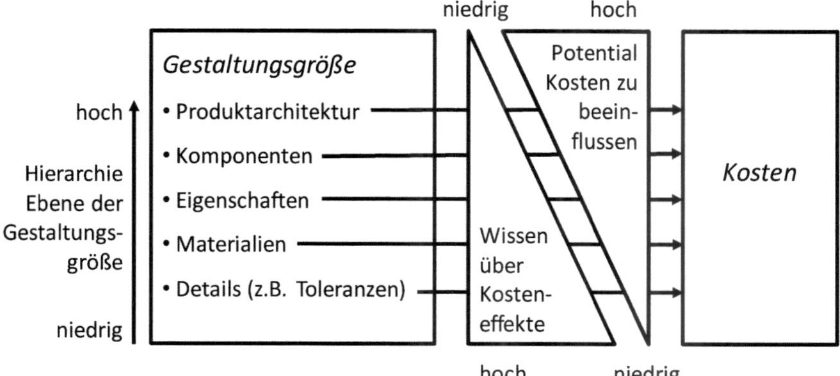

Abbildung 18: Produktarchitektur Entscheidungen und Kosten

Quelle: Fixson (2006, S. 308), Übers. d. Verf.

Eine exakte Aussage über die Kostenwirkungen der Modularisierung lässt sich häufig nur im Hinblick auf ein spezifisches Produkt und unter Berücksichtigung aller situationsspezifischen Einflüsse treffen. FIXSON (2002, S. 56) argumentiert, dass zunächst einzelne Beziehungen zwischen Effekten analysiert und verstanden werden sollten. Deshalb werden nachfolgend generelle Zusammenhänge der Kostenwirkungen behandelt. Im ersten Abschnitt dieses Unterkapitels werden Modularisierungseffekte anhand von Leistungsgrößen eines Unternehmens behandelt (Kap. 3.1.1). Der zweite Abschnitt geht auf Economies of Modularity ein (Kap. 3.1.2). Schließlich werden im dritten Abschnitt U-förmige Kostenfunktionen identifiziert, die aus der Überlagerung einzelner Kostenwirkungen resultieren (Kap. 3.1.3).

3.1.1 Modularisierungseffekte anhand von Leistungsgrößen eines Unternehmens

3.1.1.1 Ableitung von Leistungsgrößen

Um Betrachtungen der Modularisierung aus der Literatur heranzuziehen, ist es zunächst erforderlich, deren jeweilige Zielsetzung nachzuvollziehen. Dafür wird nachfolgend untersucht, welchen Leistungsgrößen im Unternehmenskontext eine Bedeutung durch einzelne Literaturquellen beigemessen wird. In Tabelle 5 sind Leistungsgrößen aus der Literatur dargestellt.

Aus der Untersuchung der acht Literaturquellen resultieren Hinweise auf drei Aspekte. Erstens weisen die Quellen unterschiedliche Betrachtungsumfänge auf. So liegt den von GONSIOR (2008, S. 237) abgeleiteten Unternehmenszielen eine beschaffungsspezifische Betrachtung der Modularisierung zu Grunde. MUFFATO UND ROVEDA (2002, S. 2) hingegen beziehen ihre Leistungsgrößen auf die Produktentwicklung von Plattformen. Gemeinsam haben alle Quellen, dass sie dem thematischen Betrachtungsfeld der Modularisierung zugerechnet werden können. Zweitens wird aus der Analyse deutlich, dass für inhaltlich gleiche Leistungsgrößen unterschiedliche Benennungen in der Literatur verwendet werden. Beispielsweise weisen die Größen „Flexibilität“ und „strategische Flexibilität“ eine hohe Ähnlichkeit auf. Solche ähnlichen Leistungsgrößen werden zu einer zusammengefasst, wobei die jeweiligen Ergänzungen in Tabelle 5 in Klammern mit aufgeführt sind. Drittens sind Interdependenzen zwischen einzelnen Leistungsgrößen zu berücksichtigen. FIXSON (2006, S. 306) erläutert die vorherrschende Bedeutung der Kosten im Vergleich zur Qualität wie folgt: Für modulare Produkte sei die Frage zu stellen, welchen Qualitätsbeitrag ein Modul leistet. Sofern keinerlei Qualitätsbedeutung eines Teils vorliegt, seien Kosten häufig die alleinige Entscheidungsvariable. In einzelnen Fällen können aus den Interdependenzen Zielkonflikte entstehen. Beispielsweise ist denkbar, dass eine höhere Flexibilität höhere Kosten verursacht.

Tabelle 5: Leistungsgrößen eines Unternehmens aus der Literatur

		Leistungsgröße								
		Kosten	(Strategische) Flexibilität	Markterfolg	(Durchlauf) Zeit	Risiko	Qualität	Vielfalt	(Operative) Performance	Finanzieller Erfolg
Literaturquelle	Eitelwein & Weber (2008, S. 17)		X	X					X	X
	Saleh (2005, S. 849)	X	X			X			X	
	Muffato & Roveda (2002, S. 2)	X			X		X	X	X	
	Junge (2005, S. 84 ff.)	X	X		X		X		X	
	Gonsior (2008, S. 237)	X	X			X	X			
	Jacobs et al. (2007, S. 1046 f.)	X	X		X		X			
	Kersten et al. (2011, S. 24 f.)	X	X		X	X	X			
	Patel & Jayaram (2014, S. 39)	X					X		X	X

In dieser Arbeit werden neben den Kosten die Leistungsgrößen Zeit, Qualität, Flexibilität und Risiko für die weitere Analyse verwendet. Diese sind entweder direkt auf Kosten zurückführen oder aber lassen sich durch Kosten beschreiben (vgl. Abbildung 19). Je länger die einzelnen Pfeile in der Abbildung dargestellt sind, desto schwieriger ist tendenziell die Zurückführung auf Kosten.

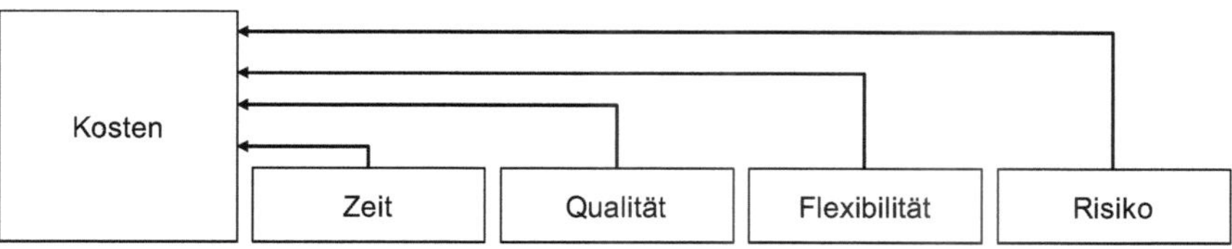

Abbildung 19: Leistungsgrößen eines Unternehmens
Quelle: Kersten, Möller, et al. (2012, S. 157).

3.1.1.2 *Strukturierte Zuordnung von Einzeleffekten zu den Leistungsgrößen*

Vor dem Hintergrund der Auswahl von insgesamt fünf Leistungsgrößen, sollen unter diesen jeweils einzelne Modularisierungseffekte subsumiert werden, um daraus ein Gesamtbild der Kostenwirkungen der Modularisierung abzuleiten.

Dafür werden die einzelnen Effekte anhand von drei Dimensionen mit jeweils zwei Ausprägungen in insgesamt acht Blöcke klassifiziert, die Abbildung 20 zeigt.

Die erste Dimension unterscheidet einmalige und laufende Effekte. Diese Unterscheidung wurde bereits für den Umgang mit Lebenszyklus- sowie Komplexitätskosten aufgezeigt und begründet (vgl. Kap. 2.4.2.1 sowie Kap. 2.4.3).

Die zweite Dimension unterscheidet direkte und indirekte Effekte.[12] In der Literatur werden unter dieser Unterscheidung durchaus unterschiedliche Sachverhalte verstanden: JACOBS ET AL. (2007, S. 1047) beschreiben direkte Effekte als solche, die im eigenen Unternehmen auftreten. Indirekte Effekte hingegen werden durch Integrationsstrategien wie Lieferantenintegration, Entwicklungsintegration sowie Fertigungsintegration für das eigene Unternehmen operationalisiert. KERSTEN ET AL. (2011, S. 23) hingegen verstehen unter indirekten Effekten solche, die nur indirekt durch die Produktmodularisierung beeinflusst werden. Dieses Verständnis wird bei den weiteren Ausführungen zu Grunde gelegt.

Die dritte Dimension teilt die Effekte in quantifizierbare sowie nicht quantifizierbare. So beschreibt KOHLHASE (1997, S. 46) das Entstehen direkt-monetärer Kosteneffekte, wenn eine Mehrfachverwendung von Komponenten oder Modulen unterhalb der Endproduktebene dazu führt, dass sich Prozesse in der Auftragsabwicklung wiederholen. Beispiele nicht quantifizierbarer Wirkungen hingegen sind eine Zeitersparnis bei der Auftragsabwicklung, eine höhere Produktqualität sowie eine verminderte Flexibilität, wenn spezifische Kundenwünsche realisiert werden sollen (vgl. Kohlhase, 1997, S. 45 f.). In vielen Fällen bedeutet nicht quantifizierbar, dass eine Wirkung im Unternehmen nicht messbar ist.

Durch die Zurückführung auf Kosten werden aus den Modularisierungseffekten somit Kostenwirkungen. Für eine praxisorientierte Analyse ist den Blöcken mit direkten und quantifizierbaren Effekten eine hohe Bedeutung zuzusprechen. Viele der Kostenwirkungen in diesen Blöcken lassen sich durch Kennzahlen ausdrücken. Durch eine Berechnung dieser Kennzahlen wird eine konkrete Aussage darüber ermöglicht, welche Kostenwirkungen der Modularisierung für ein betrachtetes Produkt vorliegen.

---

[12] Mit direkten und indirekten Effekten soll an dieser Stelle keinerlei Aussage darüber getroffen werden, ob die Effekte ihre Wirkung durch (direkte) Einzel- oder (indirekte) Gemeinkosten entfalten (vgl. Kap. 2.4.1).

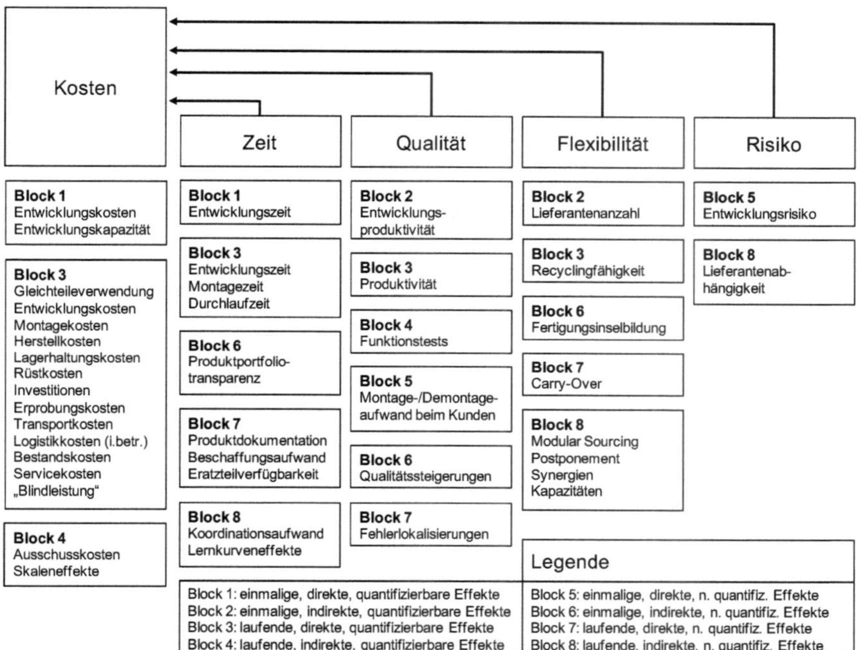

Abbildung 20: Strukturierte Allokation von Kostenwirkungen der Modularisierung
Quelle: Kersten, Möller, et al. (2012, S. 157, Übers. d. Verf.).

3.1.2 Economies of Modularity

Neben der Betrachtung der Modularisierung anhand von einzelnen Leistungsgrößen haben sich in der Literatur weitere Einzelmechanismen herauskristallisiert, die zum Verständnis der Kostenwirkungen beitragen. Um diese einzuleiten, soll zunächst die Bedeutung der Kostenstruktur verdeutlicht werden.

FIXSON (2005, S. 348) merkt an, dass Kosteneffekte für Produktarchitekturen in der Praxis davon abhängig sind, welches Verhältnis zwischen fixen und variablen Kosten in der Kostenstruktur vorliegt. So stehen beispielsweise positive Skaleneffekte, die aus einer verbesserten Fixkostenumlage auf eine hohe Stückzahl des produzierten Gutes resultieren, den Kostenaufwendungen einer potentiellen Überdimensionierung gegenüber, die erforderlich sein kann, wenn ein Modul in verschiedenen Endprodukten verbaut werden soll und deshalb auf dem Niveau der maximalen Anforderungen standardisiert wird. Deshalb sehen THYSSEN ET AL. (2006, S. 253) die variablen Stückkosten eines vereinheitlichten Moduls in den meisten Fällen oberhalb der variablen Stückkosten derjenigen produktspezifischen Module, die substituiert werden. Folglich müssen die positiven Effekte der Standardisierung den Kosten genau dieser Standardisierung gegenübergestellt werden (vgl. auch Ulrich, 1995, S. 431; Wohlgemuth, 1999, S. 37).[13]

In der Literatur besteht weitgehend Einigkeit darüber, dass die fundamentalen Mechanismen zur Kostenreduktion durch Modularität auf Lernkurven-, Skalen- und Verbundeffekte zurückgeführt werden können (vgl. Pasche et al., 2011, S. 1147; Jacobs et al., 2007, S. 1048 f.; Reichwald et al., 2006, S. 168; Gershenson et al., 2003, S. 305; Baldwin & Clark, 2000, S. 90). Diese Bestandteile der Economies of Modularity werden nachfolgend einzeln behandelt.

3.1.2.1 Erfahrungs- und Lernkurveneffekte

Mit jeder Verdopplung der kumulierten Ausbringungsmenge sinkt auf der Produktionsseite die ursprüngliche Einsatzmenge eines definierten Faktors auf einen Bestandteil ihres ursprünglichen Wertes (vgl. Laarmann, 2005, S. 24). Derartige Erfahrungs- und Lernkurveneffekte treten auf, wenn durch die wiederholte Handhabung gleicher Elemente die Stückkosten eines Produktes im Zeitverlauf sinken (vgl. Boas, 2008, S. 42 ff.; Herrmann & Peine, 2007, S. 656; Ergenzinger, 2006, S. 73). Während die Erfahrungskurve in der Regel auf marktseitigen Preisentwicklungen basiert, wird die Lernkurve aus produktionsseitigen Größen gebildet. Der grundlegenden Wirkungsweise beider Ansätze wird eine hohe Ähnlichkeit insbesondere bei deren mathematischer Abbildung zugesprochen (vgl. Laarmann, 2005, S. 13).

Bezogen auf den Zielkonflikt zwischen äußerer und innerer Komplexität (vgl. Kapitel 2.2.1) wird die positive Wirkung derartiger Degressionseffekte verhindert, wenn die äußere Komplexität eines Unternehmens in gleichem Umfang durch die innere Komplexität abgebildet wird. WILDEMANN (1990, S. 617 f.) kommt in einer empirischen Untersuchung zu dem Ergebnis, dass eine Verdoppelung der Variantenanzahl bei herkömmlichen Fertigungstechnologien eine Steigerung der Stückkosten um 20 bis 30 Prozent bewirkt. In solchen Fällen entsteht durch den Umfang vielfaltsinduzierter Wirkungen ein inverser Erfahrungskurveneffekt (vgl. Rathnow, 1993, S. 28 ff.; Kestel, 1995, S. 43 ff.).

Für die Betrachtung modularer Produkte hingegen dürfte sich ein differenzierteres Bild ergeben. Dieses ist auf die Abgrenzung von marktseitigen (Erfahrungskurve) sowie produktionsseitigen (Lernkurve) Größen zurückzuführen (vgl. Laarmann, 2005, S. 12 f.). Bezogen auf den Zielkonflikt zwischen äußerer und innerer Komplexität sind

[13] Erschwerend kommt dabei hinzu, dass bestimmte Kosten in verschiedenen Unternehmen nicht einheitlich verrechnet werden. So könne nicht davon ausgegangen werden, dass beispielsweise Rüstkosten immer den variablen Kosten zugerechnet werden (vgl. Thyssen et al., 2006, S. 253).

diese Größen jeweils einem der beiden Randpunkte zuzuordnen (vgl. Abbildung 21). Da durch Modularisierung die positive Korrelation zwischen äußerer und innerer Komplexität aufgebrochen werden kann (vgl. Kap. 2.2.1), müssen die etablierten Konzepte der Erfahrungs- und Lernkurve aus der Literatur für die Betrachtung modularer Produkte erweitert werden. Von einem gemeinsamen Verhalten der Erfahrungs- und Lernkurve für modulare Produkte kann somit nicht ausgegangen werden. Eine umfassende Betrachtung zu diesem Sachverhalt liegt bislang nicht in der Literatur vor.

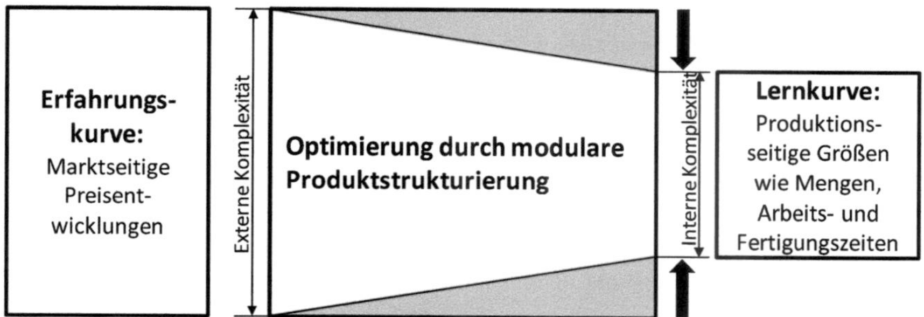

Abbildung 21: Abgrenzung von Erfahrungs- und Lernkurve

Da in der vorliegenden Arbeit der Schwerpunkt auf einer Betrachtung aus Unternehmenssicht liegt, wird die Lernkurve als Abbildung der unternehmensinternen Perspektive nachfolgend in den Vordergrund gestellt.

HANSMANN (2006, S. 138) beschreibt Lerneffekte als „... das Ergebnis der besseren und schnelleren Verrichtung von Arbeitsgängen durch die Arbeitenden, wenn der Produktionsprozess aus der Anlaufphase in die durch Wiederholung der Arbeitsgänge gekennzeichnete Normalphase übergeht.“ Eine bessere Beherrschung des Produktionsprozesses aufgrund einer zunehmenden kumulierten Produktionsmenge führt zu einer sinkenden Ausschussquote sowie zu einer steigenden Produktivität. Bei modularen Produkten finden diese Effekte unterhalb der Endproduktebene statt. In den betroffenen Produktionsbereichen resultiert aus den größeren hergestellten Stückzahlen eine Spezialisierung der Arbeitskräfte, aber auch die Standardisierung und Spezialisierung von Prozessabläufen (vgl. Reichwald et al., 2006, S. 168; Gershenson et al., 2003, S. 305). Die Implementierung leistungsfähigerer Prozesse führt in der Regel zu geringeren variablen Kosten und höheren Fixkosten. Deshalb müssen solche Prozesse bewusst an höhere Stückzahlen angepasst werden, damit eine Kostendegression erzielt werden kann (vgl. Kohlhase, 1997, S. 49). Das effizientere Ausnutzen von Produktionstechnologien in der Komponentenfertigung lässt sich beispielsweise auf eine Reduzierung der Anzahl der Werkzeuge und Vorrichtungen oder eine Anpassung der Verfahren und Arbeitsmittel zur Prozessdurchführung zurückführen (vgl. Ulrich & Tung, 1991, S. 75; Wohlgemuth, 1999, S. 89; Kohlhase, 1997, S. 49).

Im Bereich der Entwicklung kann durch modulare Produktarchitekturen ein systematisches Ausprobieren („trial-and-error") ermöglicht werden, wodurch Lerneffekte sowohl auf der Modulebene als auch auf der Ebene des gesamten Produktes erzielt werden können (vgl. Lau et al., 2011, S. 273 mit Bezug auf Baldwin & Clark, 2000 sowie Sanchez, 1999). Insgesamt können Entwicklungsressourcen und Kapitalaufwendungen schneller amortisiert werden, wenn durch eine Gleichteileverwendung eine größere Stückzahl hergestellt wird (vgl. Ulrich & Tung, 1991, S. 75).

HANSMANN (2006, S. 138) weist einschränkend darauf hin, dass die Hypothese der Lernkurve nur dann richtig sei, „... wenn die kumulierte Produktionsmenge alle anderen Kosteneinflussgrößen so dominiert, dass diese ohne große Fehler vernachlässigt werden können ...". Die Existenz anderer Kosteneinflussgrößen ließe nur eine heuristische Anwendung des Konzeptes zu, aus der lediglich eine tendenzielle Abnahme der Stückkosten bei einer zunehmenden kumulierten Produktionsmenge resultiert.

3.1.2.2 Economies of Scale

Durch Modularität können standardisierte Module in verschiedenen Endprodukten sowie Endproduktvarianten innerhalb des gesamten Produktspektrums eingesetzt werden. Diese Standardisierung resultiert aus der gezielten Eindeutigkeit der Zuordnung von Funktionen zu Komponenten sowie aus der Reduktion der Interaktionen zwischen einer Komponente und den restlichen Bestandteilen des Produktes (vgl. Ulrich & Tung, 1991, S. 75). Durch diese erhöhte Verwendbarkeit werden höhere Stückzahlen unterhalb der Endproduktebene auf der Modul- und Komponentenebene hergestellt (vgl. Jacobs et al., 2007, S. 1048 f.; Thyssen et al., 2006, S. 253; Reichwald et al., 2006, S. 168; Gershenson et al., 2003, S. 305; Aviv & Federgruen, 2001, S. 579; Ulrich, 1995, S. 431). Die Skaleneffekte werden somit von der Endproduktebene auf die untergeordneten Ebenen der Produkthierarchie verlagert, so dass Economies of Scale aus den Bestandteilen der Produkte und weniger aus den Endprodukten selbst generiert werden.[14]

Aus organisatorischer Sicht lassen sich daraus zwei Wirkungsumfänge ableiten. Erstens finden Degressionseffekte vorwiegend in den Vorstufen der Produktion statt, wenn durch die Bildung standardisierter Module eine größere Anzahl gleicher Teile

[14] Von der grundlegenden Wirkweise liegt eine hohe Ähnlichkeit zu Konzepten der Gleichteileverwendung vor (vgl. Labro, 2004, S. 362 für eine Übersicht der Literatur).

hergestellt wird. Durch erhöhte Losgrößen in der Komponenten- und Modulfertigung entfallen kostenaufwändige Rüstvorgänge, aber auch die innerbetriebliche Logistik sowie das Erfordernis einer breiten Lagerhaltung werden verringert. Zweitens kann dies bedeuten, dass die Vorteile aus Skaleneffekten für modulare Produkte nicht mehr beim Endprodukthersteller auftreten, sondern bei dessen vorgelagerten Lieferanten (vgl. auch Ulrich & Tung, 1991, S. 75; Gonsior, 2008, S. 247). Dadurch können im Bereich der Beschaffung günstigere Einkaufskonditionen aufgrund höherer Bestellmengen erzielt werden (vgl. Kohlhase, 1997, S. 47).

Tabelle 6 zeigt zwei verschiedene Arten stückzahlinduzierter Kostendegression. Bei beiden Effekten sinkt der Anteil der Fixkosten an den Stückkosten mit einer Zunahme der kumulierten Produktionsmenge, so dass ein hyperbolischer Verlauf der Gesamtstückkostenkurve resultiert (vgl. Wohlgemuth, 1999, S. 37). Während bei der Auflagendegression Sondereinzelkosten über den Zeitraum des gesamten Produktlebenszyklus betrachtet werden, handelt es sich bei der Losgrößendegression um die Abbildung regelmäßig anfallender Kosten (vgl. Kohlhase, 1997, S. 48).

Tabelle 6: Stückzahlinduzierte Kostendegression
Quelle: in Anlehnung an Kohlhase (1997), S. 47

Bezeichnung	Ursache	Beispiel
Losgrößendegression	Losfixe Kosten werden auf die Stückzahl des Loses umgelegt	Angebotserstellung Arbeitsvorbereitung Rüstkosten Bestellkosten
Auflagendegression	Auflagenfixe Kosten werden auf die Stückzahl der Auflage umgelegt	Konstruktionskosten Modellkosten Vorrichtungskosten Werkzeugkosten

Der grundsätzliche Sachverhalt der Kostendegression wird nachfolgend anhand des qualitativ dargestellten Beispiels in Abbildung 22 veranschaulicht. Zunächst sei die Annahme getroffen, dass für alle Module und Komponenten die gleiche Degressionskurve Gültigkeit besitzt. In Fall A werden ein Standardgetriebe und ein Hybridgetriebe separat in integraler Bauweise produziert. In Fall B handelt es sich um ein modulares Getriebekonzept, bei dem das Standardgetriebe über eine Schnittstelle mit einem Anschlussmodul zu einem Hybridgetriebe ergänzt werden kann. Dadurch kann das Standardgetriebe in größerer Stückzahl hergestellt werden.

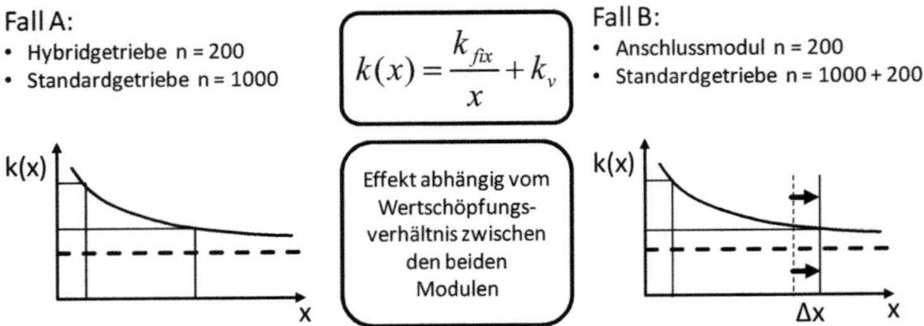

Abbildung 22: Skaleneffekte anhand eines Getriebebeispiels

Im vorliegenden Beispiel findet dieser Effekt der erhöhten Stückzahl (Δx) allerdings im Bereich des sehr flachen Verlaufs der Degressionskurve statt. Die erzielbare Kostensenkung fällt deshalb gering aus. Der flache Kurvenverlauf verdeutlicht die Konvergenz des Kurvenverlaufes gegen das mit einer gestrichelten Linie dargestellte Kostenniveau. Fall B wäre als Produktarchitektur zu bevorzugen, wenn der erzielte Degressionseffekt die Kosten der zusätzlich zu gestaltenden Schnittstelle übersteigt.

Darüber hinaus ist bei modularen Produkten die Fallunterscheidung eines sowie mehrerer Endprodukte vorzunehmen. Abbildung 23 zeigt für beide Fälle die Verwendung gleicher Module (A;B;C). Die Degressionskurven einzelner Module überlagern sich, so dass deren Aggregation einen neuen Kurvenverlauf für das Endprodukt (P) hervorbringt.

Eine horizontale Aggregation ist vorzunehmen, wenn mehrere parallele Arbeitsplätze einer Produktionsstufe betrachtet werden. Eine vertikale Aggregation hingegen ermöglicht die Zusammenfassung aufeinanderfolgender Produktionsstufen (vgl. Henfling, 1978, S. 86 ff.). Für ein modulares Endprodukt ist somit zu unterscheiden, ob mehrere identische Module oder aber unterschiedliche Module darin verbaut werden.

Aus der mathematischen Abbildung der Aggregation einzelner Degressionskurven resultiert bereits im Fall eines Endproduktes ein nicht stetiger Zusammenhang. ERGENZINGER (2006, S. 108) beschreibt das Resultat eines gebrochenen Linienzuges. Die Kurve folgt zwar noch annähernd einem hyperbolischen Verlauf, weist aber Sprünge auf, wenn mehrere Kurven einzelner Module aggregiert werden.

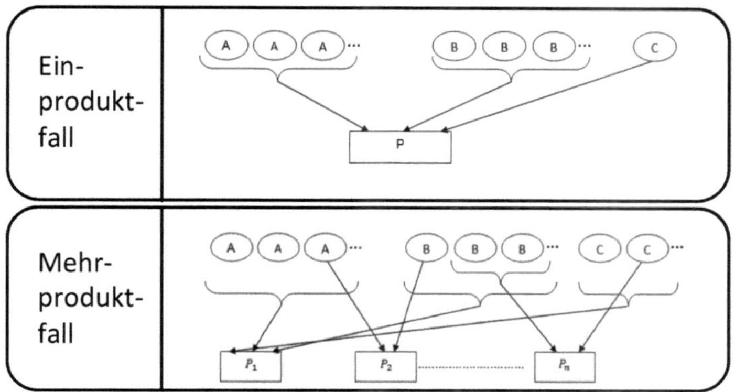

Abbildung 23: Skaleneffekte im Mehrproduktfall

Obgleich eine theoretische Betrachtung von Degressionseffekten weitestgehend vorteilhaft erscheinen mag, resultieren in der Praxis auch nicht zu unterschätzende Nebeneffekte: So stellen die erheblich höheren Stückzahlen unterhalb der Hierarchieebene des Endproduktes für den Endprodukthersteller in vielen Fällen ein nicht zu unterschätzendes Risiko dar (vgl. Wyman, 2012, S. 22). Beispielsweise betreffen systemkritische Fehler eines einzelnen Teils in einem solchen Fall eine Vielzahl verschiedener Endprodukte (vgl. Seiwert et al., 2012, S. 49).

3.1.2.3 Economies of Scope

Bei Economies of Scope handelt es sich um Verbundeffekte, die von einem Unternehmen ausgenutzt werden können, wenn der gleiche Modultyp in verschiedenen Endprodukten verbaut wird.

Eine Senkung der Stückkosten durch Verbundeffekte resultiert häufig aus dem Zurückgreifen auf gemeinsame Ressourcenpools, die erst durch eine zunehmende Produktvielfalt ausgelastet werden (vgl. Reichwald et al., 2006, S. 168 f.; Mikkola, 2006, S. 128; Herrmann & Peine, 2007, S. 659). Zudem kann im Produktionsbereich durch eine Hierarchisierung des Fertigungsprozesses eine höhere Spezialisierung auf bestimmte Modultypen erzielt werden (vgl. Lang, 2000, S. 178). Wesentliche Effekte können auch im Bereich der erforderlichen Bestände erzielt werden. Wird eine geringere Anzahl standardisierter Module in den Endprodukten verbaut, so sind weniger Lagerplätze erforderlich. Dadurch können letztlich auch Risiken, die von der schwankenden Nachfrage nach einzelnen Endprodukten verursacht werden, reduziert werden (vgl. Jacobs et al., 2007, S. 1048 f.; Aviv & Federgruen, 2001, S. 579).

Neben den beschriebenen positiven Wirkungen können Verbundeffekte auch negativ auf ein Unternehmen wirken: SCHUH ET AL. (2010, S. 474) sehen Verbundwirkungen nicht nur in der (produktionsseitigen) Kosten- sondern auch in der (marktseitigen) Nutzendimension. So seien die „...Kosten- [und] Nutzenwirkungen eines Produkt keineswegs unabhängig von den Kosten und Nutzen der übrigen Produkte ...“ Im äußersten Fall können daraus marktseitig Kannibalisierungseffekte resultieren (vgl. Robertson & Ulrich, 1998, S. 21; Ericsson & Erixon, 1999, S. 4; Mikkola, 2006, S. 130).

3.1.3 U-förmige Kostenfunktionen

In der Literatur sind zahlreiche Hinweise vorhanden, dass durch die Überlagerung einzelner Kosteneffekte, die zur Vorbereitung dieses Abschnitts erläutert wurden, eine Kostenfunktion mit U-förmigen Verlauf entsteht. Analytisch beschrieben bedeutet U-förmig, dass innerhalb eines bestimmten Intervalls von Werten ein abnehmender Funktionsverlauf für die niedrigen Werte im Intervall vorliegt sowie ein zunehmender Funktionsverlauf für die hohen Werte. Dabei weist die Funktion einen Extremwert auf, der innerhalb des Intervalls sowie zwischen den Wertebereichen mit abnehmendem und zunehmendem Funktionsverlauf liegt (vgl. Lind & Mehlum, 2010, S. 110 f.). Der Extremwert stellt für die vorliegende Untersuchung das Optimum dar, da sich an dieser Stelle der niedrigste Punkt der Kostenfunktion befindet. Zur Einordnung dieser Aussage sei zudem die Erkenntnis aus dem Theorieteil in Erinnerung gerufen, dass ein solches Optimum im Zeitverlauf nicht als stabil angenommen werden kann (vgl. Kap. 2.1.2).

Bei den einzelnen Beispielen U-förmiger Kostenfunktionen in der Literatur werden unterschiedliche Betrachtungsdimensionen und -umfänge zu Grunde gelegt. Zudem wird Modularität nicht in allen Fällen explizit als Einflussgröße betrachtet. Nachfolgend werden verschiedene Beispiele aus der Literatur aufgezeigt, die auch für den Zusammenhang zwischen Modularität und Kosten auf das Vorliegen einer U-förmigen Kostenfunktion hindeuten.

BOHNE (1998, S. 54 ff.) beschreibt komplexitätsinduzierte Kostenprogressionen. Er trägt die Stückkosten über dem Komplexitätsniveau auf und unterscheidet zwei Kurvenverläufe für Führungskosten und Ausführungskosten. Führungskosten umfassen Kosten aus der dispositiven Komplexität. Bei einem hohen Komplexitätsniveau steigen Planungs-, Steuerungs- und Kontrollprozesse sowie deren Kosten nicht nur vielfaltsproportional an, sondern progressiv (vgl. Bohne, 1998, S. 56). Beim zweiten Kurvenverlauf der Ausführungskosten werden die Kosten der elementaren Komplexität beschrieben. Ein Anstieg des Komplexitätsniveaus führt zuerst zu einer komplexitätsbedingten Verringerung von Stückkostendegressionseffekten. Bei hoher Komplexität werden die Stückkostendegressionseffekte überkompensiert, so dass insgesamt eine Stückkostenprogression resultiert (vgl. Bohne, 1998, S. 55). Die Kurve der Ausführungskosten allein weist bereits einen U-förmigen Verlauf auf. Durch Aggregation mit den Führungskosten läge eine umso höhere Kostenprogression im Bereich eines hohen Komplexitätsniveaus vor, so dass der U-förmige Kurvenverlauf noch stärker herausgestellt würde. Durch die Einordnung der Modularisierung in den übergeordneten Bezugsrahmen der Komplexität kann dieser U-förmige Kurvenverlauf für die vorliegende Untersuchung auf die Kostenwirkungen der Modularisierung übertragen werden.

KAISER (1995) und LANG (2000) beschreiben jeweils Kosteneffekte, deren Überlagerung zu einer U-förmigen Kostenfunktion führt. Abbildung 24 zeigt diesen Zusammenhang qualitativ.

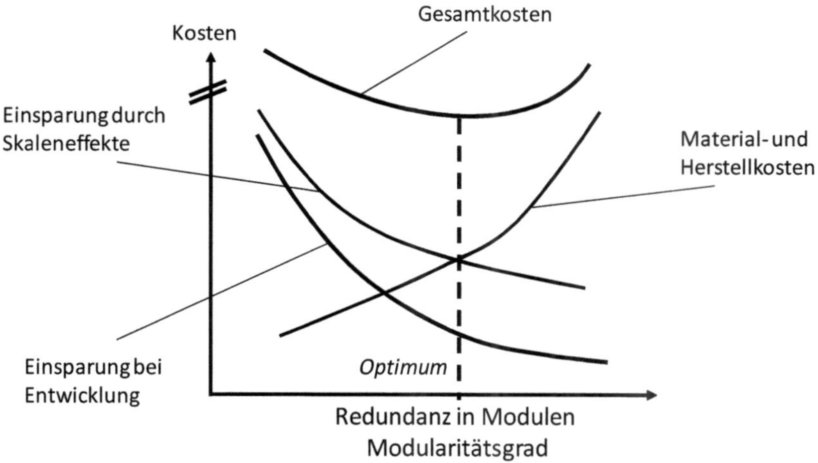

Abbildung 24: Theoretische Ableitung eines Kostenoptimums

Quelle: in Anlehnung an Lang (2000, S. 181).

Die Ausführungen beider Autoren haben einen Kostenzusammenhang mit abnehmendem Verlauf gemeinsam, der mengenabhängig ist. Der Unterschied beider Quellen liegt darin, dass KAISER (1995) eine Betrachtung der Stückkosten vornimmt, wie dies auch bei BOHNE (1998) erfolgt ist. LANG (2000, S. 181 f.) hingegen bezieht das von der Modularisierung betroffene Produktprogramm in die Betrachtung mit ein. Er trägt lediglich drei einzelne Zusammenhänge auf mit dem Hinweis, dass zwischen den Kosten, die aus den Einzeleffekten resultieren, abzuwägen sei. Die Kosten werden dabei über der Redundanz in Modulen aufgetragen. Die Überlagerung der drei Einzeleffekte würde einen U-förmigen Kurvenverlauf ergeben.

ETHIRAJ UND LEVINTHAL (2004, S. 161) untersuchen die Modularisierung komplexer Systeme auf der Basis eines Simulationsmodells. Das Ergebnis der Untersuchung sowohl auf der Produkt- als auch auf der Unternehmensebene ist, dass ein Modularitätsgrad oberhalb des Optimums („overmodularized") zu höheren Leistungseinschränkungen führt als eine Abweichung vom Optimum nach unten („undermodularized"). Somit wird erstens ein asymmetrischer Zusammenhang unterstellt, zweitens resultiert die grundlegende Annahme, dass Ausschweifungen in die Randbereiche vollkommen integraler wie auch vollkommen modularer Produktarchitekturen zu Leistungseinschränkungen führen. Aus der zweiten Annahme sei die Schlussfolgerung gezogen, dass solche Leistungseinschränkungen in den Randbereichen auch einen Einfluss auf die Kosten haben.

GUO UND GERSHENSON (2007, S. 155) beschreiben im Rahmen ihrer Untersuchung des Zusammenhangs zwischen Modularität und Kosten, dass Kostenreduktionen wahrscheinlicher durch anfängliche Modularisierungsaktivitäten erzielt werden können als durch fortgeschrittene Aktivitäten, bei denen die bereits vorhandene Modularität einer Produktarchitektur erhöht werden soll. Aus dieser Aussage kann auf einen fallenden Verlauf der Kostenfunktion im Bereich unterhalb des Modularitätsoptimums geschlossen werden, in dem Produktarchitekturen eine geringere Modularität aufweisen.

FIXSON (2006, S. 319) trägt die Produktstückkosten gegenüber der gesamten Anzahl von Modulen auf, aus denen ein Produkt besteht. Dabei wird jeweils ein Kurvenverlauf für die abnehmenden Fertigungs- sowie die ansteigenden Montagekosten abgebildet. Da beide Kurven einen gegensätzlichen Verlauf aufweisen, würde deren Aggregation einen U-förmigen Kurvenverlauf für die Stückkosten ergeben.

HOHNEN ET AL. (2013, S. 747) leiten eine qualitative Darstellung eines U-förmigen Kostenverlaufes ab, die den Einfluss von Modularität auf die Gesamtkosten abbildet. Die Messung von Kostenänderungen durch Variation des Modularitätsgrades erfolgt hier auf einer relativen Basis, da die Autoren eine Bestimmung der absoluten Produktkosten im Kontext von Modularität als nicht notwendig erachten. Die Analyse relativer Kosten wird auch von GERSHENSON ET AL. (2004, S. 45) beschrieben, die eine solche Anwendung vorwiegend für Fälle empfehlen, bei denen ein Vergleich verschiedener alternativer Lösungen einer Produktarchitektur im Vordergrund steht.

Über die bereits beschriebenen U-förmigen Kostenfunktionen hinaus konnten zudem zwei Literaturquellen identifiziert werden, die einen umgekehrt U-förmigen Verlauf für andere Erfolgsgrößen eines Unternehmens beschreiben. In diesen Fällen befindet sich der Extremwert am höchsten Punkt der Kurve, so dass das U nach unten geöffnet ist. Erstens zeigen LAU ET AL. (2011, S. 279) das Ergebnis, dass Modularität einen quadratischen Effekt auf die Innovationsfähigkeit von Produkten eines Unternehmens hat. Die Argumentation von LAU ET AL. (2011, S. 279 f.) zur Erklärung einer möglichen Übermodularisierung beinhaltet, dass Modularität ab dem Überschreiten einer gewissen Grenze keine Verbesserungen mehr begünstigt, sondern in die entgegengesetzte Richtung wirkt.[15] Diese Erkenntnis ließe sich auch auf die Steigung und den Verlauf einer Kostenkurve mit einem U-förmigen Verlauf übertragen. Zweitens ermitteln PATEL UND JAYARAM (2014, S. 42 ff.) einen umgekehrt U-förmigen Verlauf für den Zusammenhang von Produktvielfalt und operativer Performance. Dieses Ergebnis ist auf eine empirische Studie mit einer Stichprobe von 141 untersuchten jungen Unternehmen zurückzuführen.[16] Eine Zurückführung der Leistungsgröße der operativen Performance auf Kosten würde womöglich eine ähnliche Aussage hervorbringen wie den eingangs dargestellten U-förmigen Kurvenverlauf von KAISER (1995, S. 105).

Zusammenfassend konnten in der Literatur zahlreiche Hinweise auf die Hypothese identifiziert werden, dass durch Modularisierung die Kosten entlang eines U-förmigen Zusammenhangs optimiert werden können. Der Extremwert der Kostenfunktion stellt somit einen optimalen Modularitätsgrad aus Kostensicht dar. Bei der Entwicklung neuer Produkte sollte der Modularitätsgrad in Richtung des Modularitätsoptimums verändert werden, wenn eine Kostenoptimierung im Vordergrund steht.

3.2 Indikatoren zur Messung des Modularitätsgrades

Wenn also die Kosten durch Modularisierung entlang eines U-förmigen Verlaufes der Kostenfunktion optimiert werden können, entsteht für ein Unternehmen zunächst die Notwendigkeit, eine Bestimmung des gegenwärtigen Modularitätsgrades seiner Produkte vorzunehmen. SOSA ET AL. (2007, S. 1118) sehen das Erfordernis einer Messung von Modularität implizit durch SALEH (2005, S. 850) hervorgehoben. Hingegen argumentieren GERSHENSON ET AL. (2004, S. 37), dass die Kenntnis des genauen Modularitätsgrades häufig nur dann wichtig sei, wenn erstens inkrementelle Designveränderungen vorgenommen werden, deren Effekt auf die Modularität zur Diskussion steht oder wenn zweitens die Modularität als Basis für Entscheidungen herangezogen wird.

15 Als Erklärung führen LAU ET AL. (2011, S. 274 und S. 279) an, dass bei einem zu hohen Modularitätsgrad die Interaktionen zwischen Entwicklern über Modulgrenzen hinaus begrenzt werden, was eine Einschränkung der Wissensteilung zwischen einzelnen Modulteams herbeiführt.

16 Für diesen Beitrag aus der Literatur sei einschränkend darauf hingewiesen, dass sich die untersuchten Produkte vom Betrachtungsbereich der vorliegenden Arbeit unterscheiden und zudem eine Stichprobe sehr heterogener Unternehmen untersucht wird.

Beim Messen von Modularität muss die Möglichkeit verschiedener Analyseebenen berücksichtigt werden. Nach ERICSSON UND ERIXON (1999, S. 18) können für die Betrachtung einer Produktarchitektur drei Ebenen unterschieden werden: die Ebene des gesamten Produktspektrums, die Einzelproduktebene sowie die Komponentenebene. Zwischen diesen Ebenen bestehen durchaus Interdependenzen. Wird beispielsweise eine Komponente abgeschafft, sind davon alle Produkte, in denen diese Komponente zuvor verwendet wurde, betroffen. Wird aber ein Produkt abgeschafft, besteht weiterhin die Möglichkeit, dass eine Komponente des Produktes fortbesteht, da sie auch in anderen Produkten verbaut wird.

Darüber hinaus wird Modularität von anderen Autoren auf Produkt-, System-, Subsystem-, Modul- und Komponentenebene beschrieben (vgl. Sosa et al., 2007, S. 1119; Mikkola, 2006, S. 129; Ethiraj & Levinthal, 2004, S. 172; Gershenson et al., 2004, S. 36; sowie mit Bezug auf Plattformen Muffato & Roveda, 2002, S. 6; Kalligeros et al., 2006, S. 15). Im vorliegenden Abschnitt wird die Bestimmung des Modularitätsgrades anhand verschiedener Indikatoren aufgezeigt, die aber keine Einheitlichkeit hinsichtlich der herangezogenen Analyseebene aufweisen, was bei deren Anwendung berücksichtigt werden muss. Ein Indikator wird dabei als eine Messgröße verstanden, die nicht notwendigerweise quantitative Informationen hervorbringt. Ein Indikator dient der Bewertung von Zuständen, die nicht direkt durch Annäherung messbar sind.[17] Im Folgenden wird ein Satz solcher Indikatoren untersucht, die im Rahmen einer umfassenden Literaturrecherche identifiziert wurden. Zur Strukturierung der nachfolgenden Darstellung werden qualitative und quantitative Indikatoren unterschieden.

3.2.1 Qualitative Indikatoren

3.2.1.1 Kopplungsintensität

Ein Indikator ist die Kopplungsintensität von Modulen innerhalb einer Produktarchitektur. Bei einer hohen Kopplungsintensität sollte ein niedriger Modularitätsgrad angenommen werden. Zur Bestimmung der Kopplungsintensität werden neben der Geometrie die drei Flüsse Materialfluss, Informationsfluss und Energiefluss analysiert (vgl. Pimmler & Eppinger, 1994, S. 4; Gershenson et al., 2004, S. 40 f.; Fixson, 2005, S. 357 ff.). Jede dieser Dimensionen wird subjektiv auf einer fünfstufigen Skala bewertet (vgl. Tabelle 7). Das Bewertungsspektrum reicht dabei von minus zwei (nachteilig) über null (indifferent) bis hin zu plus zwei (erforderlich).

[17] In der Literatur gibt es kein einheitliches Verständnis eines Indikators. Der Begriff geht auf das lateinische Wort *„indicare“* zurück, was direkt mit „etwas anzeigen“ zu übersetzen ist. Bisherige Anwendungen von Indikatoren sind vor allem aus den Naturwissenschaften bekannt, wo sie z.B. als Hilfsmittel zum Anzeigen von Zuständen eines betrachteten Systems herangezogen werden.

Tabelle 7: Kopplungsintensität

Quelle: Sosa et al. (2007, S. 1123); Pimmler & Eppinger (1994, S. 4).

Abgrenzung	Wert	Beschreibung
Erforderlich	+2	Notwendig für die Funktionalität
Erwünscht	+1	Vorteilhaft für die Funktionalität
Indifferent	0	Ohne Einfluss
Unerwünscht	-1	Negativer Einfluss auf die Funktionalität
Nachteilig	-2	Völlige Behinderung der Funktionalität

3.2.1.2 Erkennbarkeit von Modulgrenzen

Eine hohe Erkennbarkeit der Grenzen einer Komponente oder eines Moduls kann als Eigenschaft einer modularen Produktarchitektur verstanden werden (vgl. Mikkola, 2006, S. 131) und folglich auch als Indikator fungieren. Produkte mit einem hohen Modularitätsgrad erleichtern die Feststellung der Grenzen von Komponenten und Modulen. In einer integralen Produktarchitektur sind diese Grenzen hingegen schwerer zu erkennen, da eine höhere Kopplungsintensität vorliegt. Zudem deutet eine Standardisierung verwendeter Module, die sich über mehrere Endprodukte hinweg erstreckt, auf einen höheren Modularitätsgrad hin (vgl. Mikkola, 2006, S. 132). Die Analyseebene zur Bewertung dieses Indikators kann in einem Spektrum variiert werden, das von einer Montagebaugruppe über ein System bis hin zu einer gesamten Produktarchitektur reicht. Deshalb handelt es sich bei diesem qualitativen Indikator um eine Größe, deren Erhebung einen spezifischen Kontext erfordert und für die Verwendung in diesem Kontext skaliert werden muss.

3.2.1.3 Reversibilität von Schnittstellen

Das Erfordernis, eine Schnittstelle im Lebenszyklus eines Produktes zu trennen, kann zum Beispiel auf die von ULRICH (1995, S. 427) beschriebenen Produktänderungen durch Aufrüstung, Nachrüstung, Anpassung, Abnutzung, Aufzehrung und Wiederverwendung zurückgeführt werden (vgl. auch Ulrich & Eppinger, 2008, S. 167 f.; Fixson, 2005, S. 359). Nach FIXSON UND PARK (2008, S. 1301) hängt die Reversibilität einer Schnittstelle vom Aufwand ab, der erforderlich ist, um die Kopplung physisch zu trennen sowie von der Anordnung der Schnittstelle innerhalb der Produktarchitektur. Demzufolge sind jeder Schnittstelle zwei qualitative Werte zuzuweisen, um diesen Indikator zu bestimmen. Jedem der beiden Werte liegt eine dreistufige Skala zugrunde. Erstens wird die Trennung einer Schnittstelle zwischen eins (leicht) und drei (schwierig) bewertet. Zweitens wird die Tiefe der Schnittstelle innerhalb der gesamten Produktarchitektur bestimmt, von eins (oberflächlich) bis drei (tief) (vgl. Fixson, 2002, S. 75). Damit wird der prozentuale Anteil aller Produktkomponenten, die für die Trennung der Schnittstelle vorab entfernt werden müssen, berücksichtigt (vgl. Fixson, 2005, S. 359 f.). Je höher die Reversibilität, dargestellt durch eine einfache Trennbarkeit und eine oberflächliche Integration innerhalb der Produktarchitektur, desto höher ist der unterstellte Modularitätsgrad. Soll beispielsweise das Subsystem einer Baugruppe, die aus mehreren Modulen besteht und deshalb mehrere Schnittstellen aufweist, analysiert werden, so kann aus den Werten der einzelnen Schnittstellen das arithmetische oder ein kontextbezogen gewichtetes Mittel berechnet und anschließend verwendet werden.

3.2.1.4 *Standardisierung von Schnittstellen*

Der Grad, in welchem Schnittstellen standardisiert und spezifiziert werden, determiniert die Kompatibilität zwischen Komponenten und somit auch den Modularitätsgrad (vgl. Mikkola, 2006, S. 133). Obwohl die Standardisierung von Schnittstellen als ein wichtiger Indikator für die Messung und Bewertung des Modularitätsgrades gilt, liegen in der Literatur bislang keinerlei etablierte Bewertungsmethoden vor. FIXSON UND PARK (2008, S. 1300) nennen die Standardisierung als eine Schnittstelleneigenschaft. Eine hohe Standardisierung von Schnittstellen bedeutet, dass eine Komponente mit einer Vielzahl von verschiedenen alternativen Komponenten kombiniert werden kann. Die Standardisierung von Schnittstellen kann sowohl innerhalb einer Produktarchitektur vorgenommen als auch übergreifend auf eine gesamte Produktfamilie ausgeweitet werden. FIXSON (2002, S. 78; 2005, S. 357) berücksichtigt zudem die Fragestellung, wie die Standardisierung einer Schnittstelle aus der Perspektive einer Komponente erfolgt ist, damit deren Beitrag zur gesamten Produktarchitektur deutlich wird.

3.2.1.5 *Modularitätstyp*

Die Entstehung der Modularitätstypen beginnt bei ULRICH UND TUNG (1991, S. 77 f.) mit der Unterscheidung der fünf Typen Component-swapping, Component-sharing, Fabricate-to-fit, Bus und Sectional (vgl. Abbildung 25).

In späteren Artikeln werden die ersten drei dieser Typen unter der Bezeichnung Slot-Architektur konsolidiert (vgl. Ulrich, 1995, S. 424 ff.; Ulrich & Eppinger, 2008, S. 166 f.). Neben einer integralen Produktarchitektur werden somit noch die drei Typen modularer Produktarchitekturen Slot, Bus und Sectional unterschieden. Diese unterscheiden sich in der Weise, in der die Interaktionen zwischen den Modulen organisiert sind (vgl. Ulrich & Eppinger, S. 2008, S. 166):

- In einer *Slot-Architektur* sind die Module über unterschiedliche Schnittstellen miteinander verbunden. Ein Beispiel wäre das Radiomodul in einem Fahrzeug, welches zwar gegen andere Radios austauschbar ist, aber eine eigene Schnittstelle besitzt.
- Bei einem Produkt mit *Bus-Architektur* sind alle Module über identische Schnittstellen an ein gemeinsames Grundelement angeschlossen. Die Dachreling eines Autos beispielsweise ermöglicht das Anbringen unterschiedlicher Ergänzungsmodule.
- Bei der *Sectional-Architektur* besitzen alle Module dieselben Schnittstellen und können daher miteinander kombiniert werden. Ein gemeinsames Grundelement ist jedoch gegenüber der Bus-Architektur nicht vorhanden. Dieses Prinzip findet beispielsweise in Rohrsystemen, aber auch bei Lego-Steinen Anwendung.

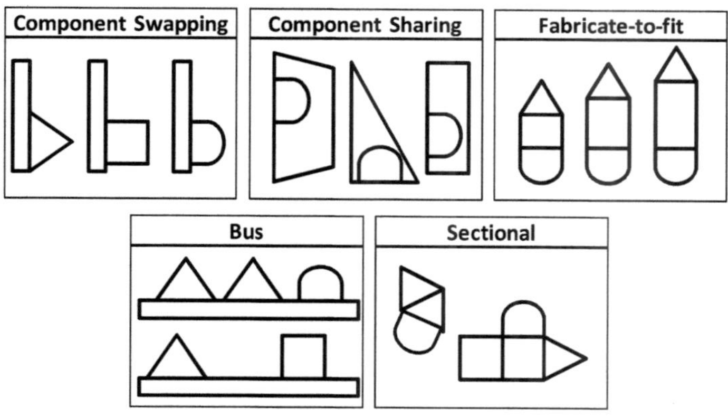

Abbildung 25: Modularitätstypen
Quelle: Ulrich und Tung (1991, S. 77).

ULRICH (1995, S. 424) weist darauf hin, dass seine Typologie idealisierte Produkte beschreibt. Zudem hängen die Eigenschaften sowie die Zuordnung zu einem Modularitätstyp davon ab, ob ein ganzes Endprodukt oder lediglich einzelne Komponenten betrachtet werden. In Einklang mit dieser Aussage zeigt FIXSON (2005, S. 360), dass die Verwendung der Begrifflichkeiten sowie die Zuordnung nicht immer trennscharf möglich sind.

SALVADOR ET AL. (2002, S. 558 ff.) ergänzen die Klassifizierung von ULRICH (1995) um den Typ der Combinatorial Modularity, bei dem es sich um eine spezifische Form der Slot Modularität handelt.

Obwohl die Definition von Modularitätstypen keinen zahlenförmigen Modularitätsgrad hervorbringt, dürfte eine Sectional-Architektur in der Tendenz über eine höhere

Modularität verfügen als eine Bus-Architektur. Zudem sind Architekturen des Typs Combinatorial als ein Randpunkt des durch den Typ Slot-Modularität aufgespannten Spektrums in der Regel modularer als solche des anderen Randpunktes einer Component-Swapping-Modularität (vgl. Salvador et al., 2002, S. 560).

Eine prinzipiell sehr ähnliche Einteilung von Modularitätstypen entwickelt PILLER (2006, S. 229 f.). Diese ist aber im Vergleich zur Einteilung nach ULRICH UND TUNG (1991) bzw. ULRICH (1995) weniger verbreitet und soll deshalb im Folgenden zu Gunsten der bereits beschriebenen Modularitätstypen nicht weiter berücksichtigt werden.

3.2.1.6 Product-Architecture Map

FIXSON (2005, S. 351 ff.) baut auf der Arbeit von ULRICH (1995) auf und erweitert diese. Das resultierende Verfahren beschreibt statt eines Modularitätsgrades den Vergleich vollständiger Produktarchitekturen. Dabei werden für jede Produktfunktion mehrere Kennwerte bestimmt und grafisch dargestellt. Dies sind erstens die Anzahl der Komponenten, die an der Erfüllung dieser Funktion beteiligt sind. Zweitens wird die Anzahl der Funktionen bestimmt, an denen genau diese Komponenten beteiligt sind. Für einen hohen Modularitätsgrad liegen beide Werte sehr nahe an der Eins. Drittens wird für die Schnittstellen dieser Komponenten je ein Wert für die Intensität, Reversibilität und Standardisierung der Kopplung festgestellt. Ein hoher Wert in dieser auf der vertikalen Achse aufgetragenen Dimension verdeutlicht eine hohe Entkopplung der Schnittstellen. Das Ergebnis der Bewertung ist eine dreidimensionale „Product architecture map“, wie in Abbildung 26 dargestellt. Anhand dieser Darstellung können Gemeinsamkeiten und Unterschiede verschiedener Produktarchitekturen direkt visuell erfasst werden.

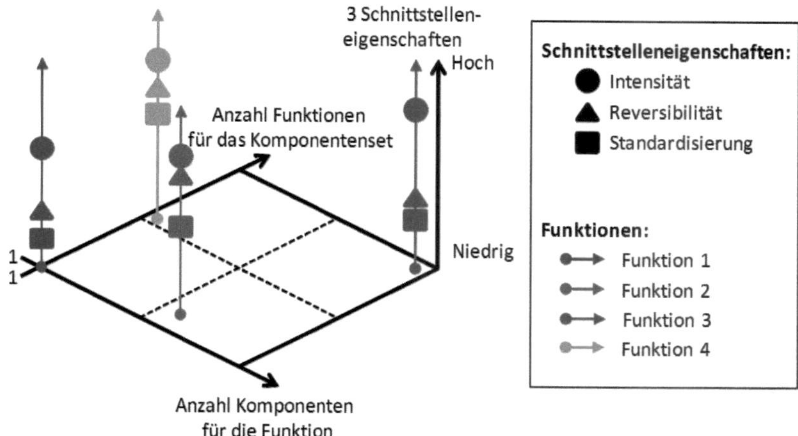

Abbildung 26: Product Architecture Map
Quelle: Fixson (2005, S. 362).

3.2.2 Quantitative Indikatoren

Neben den dargestellten qualitativen Indikatoren werden in der Literatur auch verschiedene Möglichkeiten beschrieben, den Modularitätsgrad mit quantitativen Messgrößen zu bestimmen.

3.2.2.1 Funktionen-Komponenten Quotient

Der Funktionen-Komponenten Quotient greift als Indikator die bereits von ULRICH (1995, S. 422) formulierte Regel auf, dass bei der Idealvorstellung eines vollkommen modularen Produktes eine eins-zu-eins Zuordnung von Funktionen zu physischen Komponenten vorliegt (vgl. Hölttä et al., 2005, S. 7 f.). Dies ermöglicht die Definition eines Funktionen-Komponenten Verhältnisses, bei dem die Anzahl der Funktionen (N_f) durch die Anzahl der Komponenten (N_k) geteilt wird (vgl. Formel 3.i).

$$Q_{f,k} = \frac{N_f}{N_k} \tag{3.i}$$

Ein berechneter Quotient nahe Eins deutet auf eine modulare Produktarchitektur hin. Wenn das Verhältnis nahe Null liegt, ist von einem geringen Modularitätsgrad auszugehen. ISHII ET AL. (1995) verwenden diese Messgröße mit der Zielsetzung, die Anzahl der Funktionen je Komponente zu minimieren.

3.2.2.2 Kopplungsverhältnis und Kopplungsgrad

Der zweite Indikator weist einen hohen Bezug zum qualitativen Indikator der Kopplungsintensität auf (vgl. Kap. 3.2.1.1). In der Literatur werden zwei Möglichkeiten für eine quantitative Bestimmung der Kopplung beschrieben.

Erstens besteht die Möglichkeit ein Kopplungsverhältnis zu berechnen. Dazu wird die Anzahl äußerer Abhängigkeiten (N_a) durch die Anzahl innerer Abhängigkeiten (N_i) aller Module in einer Produktarchitektur geteilt (vgl. Formel 3.ii).

$$K = \frac{N_a}{N_i} \tag{3.ii}$$

Je geringer dieses Verhältnis ist, desto stärker sind die gegenseitigen Abhängigkeiten innerhalb eines Moduls konzentriert. Die Kopplungen zwischen den Modulen sind demzufolge eher gering. Je integraler eine zu untersuchende Produktarchitektur gestaltet ist, desto höher ist das Kopplungsverhältnis.

Die zweite Möglichkeit ist die Bestimmung des Kopplungsgrades nach der Vorgehensweise von MIKKOLA (2006, S. 134 ff.). Sie beschreibt, dass für jede Stufe der Dekomposition einer Produktarchitektur ein entsprechender Kopplungsgrad vorhanden ist. Beispielsweise lassen sich die drei Analyseebenen System, Subsystem sowie Modul unterscheiden. Der Kopplungsgrad auf einer einzelnen Analyseebene wird berechnet, indem die Anzahl der Schnittstellen, an denen Kopplungen vorliegen, durch die Summe der Komponenten geteilt wird. Um einen solchen Kopplungsgrad δ für eine gesamte Produktarchitektur zu ermitteln, werden die Einzelwerte jeder analysierten Ebene aufaddiert (vgl. Formel 3.iii).

$$\delta = \delta_{System} + \delta_{Subsystem} + \delta_{Module} \tag{3.iii}$$

3.2.2.3 Anzahl der Module

Ein Indikator, der auf den ersten Blick für die Messung des Modularitätsgrades offensichtlich erscheinen mag, ist die Anzahl der Module. ERICSSON UND ERIXON (1999, S. 37) spezifizieren diese Anzahl bezogen auf die Durchlaufzeit in der Montage. HÖLTTÄ-OTTO UND DE WECK (2007, S. 114) stellen allgemein fest, dass modulare Produktarchitekturen zu einer höheren Anzahl von Komponenten tendieren als integrale Architekturen. Wenn diese Messgröße als Indikator einbezogen werden soll, ist deren Skalierung in zielführender Weise vorzunehmen. Die Zielsetzung einer modularen Produktarchitektur ist nicht, ein Produkt in eine möglichst hohe Anzahl Module zu zerlegen, sondern eine angemessene Anzahl entkoppelter Module zu definieren. Die Entscheidung über die Verknüpfung der Modulanzahl mit dem Modularitätsgrad sollte deshalb fallspezifisch getroffen werden.

3.2.2.4 Modularization Function (Mikkola, 2006)

MIKKOLA (2006, S. 135 f.) entwickelt ein mathematisches Modell, die Modularization Function (Modularitätsfunktion), um den Modularitätsgrad in einer Produktarchitektur zu messen. Dabei werden für Komponenten und Schnittstellen der Kopplungsgrad sowie die Substituierbarkeit bewertet. Der Kopplungsgrad wurde bereits als quantitativer Einzelindikator dargestellt.

Komponenten werden in dem Modell in Standardkomponenten und solche, die neu für das Unternehmen sind (new to the firm, NTF), unterschieden. Die Summe aus beiden ergibt die gesamte Anzahl Komponenten *N*. Die Schnittstellen *k* fließen sowohl in die Bestimmung des Kopplungsgrades *δ*, als auch des Substituierbarkeitsfaktors *s* ein. Für die Berechnung der Modularitätsfunktion *M* (vgl. Formel 3.iv) werden zunächst alle bereits genannten Bestandteile erfasst.

$$M(n_{NTF}) = e^{-n_{NTF}^2/2Ns\delta} \qquad (3.iv)$$

Mit:

$M(n_{NTF})$: Modularitätsfunktion

n_{NTF} : Anzahl neuer Komponenten für das Unternehmen

N : Gesamte Anzahl Komponenten

k : Schnittstellen

δ : Kopplungsgrad, abhängig von N,k

s : Substituierbarkeitsfaktor, abhängig von n_{NTF}, k

Komponenten, die neu für das Unternehmen sind und übergreifend in verschiedenen Produktfamilien verwendet werden, verfügen gegenüber solchen Komponenten, die nur in einer spezifischen Produktfamilie eingesetzt werden, über einen höheren Substituierbarkeitsfaktor *s*. Damit einhergehend liegt auch ein höherer Modularitätsgrad vor. Insgesamt variiert die Modularitätsfunktion *M* exponentiell mit der Anzahl der Komponenten, die neu für das Unternehmen sind. Je niedriger die Anzahl der neuen Komponenten ist, desto höher ist der unterstellte Modularitätsgrad. Eine vollständige modulare Produktarchitektur (*M* = 1) besäße demnach keine neuen Komponenten.

3.2.2.5 Singular Value Modularity Index (Hölttä-Otto & De Weck, 2007)

HÖLTTÄ-OTTO UND DE WECK (2007, S. 117 ff.) entwickeln mit dem Singular Value Modularity Index (SMI) einen quantitativen Indikator. Das Ziel dabei ist es, den Modularitätsgrad eines Produktsystems anhand dessen innerer Konnektivitätsstruktur zu quantifizieren. Die Bewertung der Modularität basiert auf der Berechnung der Singulärwerte einer (binären) Design Structure Matrix (DSM). Diese DSM beschreibt die gegenseitigen Verbindungen der einzelnen Komponenten. Einträge mit dem Wert null in der Matrix bedeuten keine Verbindung, eins beschreibt die Verbundenheit zweier Elemente. Jede in der Matrix dargestellte Verbindung wird auf Basis der verschiedenen Flüsse gemäß PIMMLER UND EPPINGER (1994, S. 4) abgeleitet und baut somit auf dem beschriebenen qualitativen Indikator der Kopplungsintensität auf.

Die Berechnungen des SMI basieren auf der Verfallsrate der Singulärwerte der DSM. Die Autoren treffen die Annahme, dass alle Singulärwerte exponentiell verfallen, wobei der Verfall in modularen Systemen langsamer erfolgt als in integralen Systemen. In der Berechnung wird die Abweichung der tatsächlichen von der exponentiellen Verfallsstruktur für jeden Singulärwert minimiert (vgl. Formel 3.v).

$$SMI = \frac{1}{N} \arg\min_{\alpha} \sum_{i=1}^{N} \left| \frac{\sigma_i}{\sigma_1} - e^{-[i-1]/\alpha} \right| \tag{3.v}$$

Mit:

N : Anzahl Komponenten

σ_i : i-te Singulärwert der binären DSM

Die Berechnung erfolgt somit unabhängig von der Sortierung der DSM sowie davon, wie die subjektiv gezogenen Modulgrenzen definiert sind. Die resultierenden Werte des SMI reichen von null bis eins, je höher der Index ist, desto höher ist der Modularitätsgrad des Systems. Da der SMI eine dimensionslose Größe ist, können auch die Werte von Systemen unterschiedlicher Größer verglichen werden.

3.2.2.6 *Modularity Metric (Guo & Gershenson, 2007)*

Einen weiteren quantitativen Indikator zur Messung des Modularitätsgrades entwickeln GUO UND GERSHENSON (2007, S. 145 ff.) auf Basis einer Produkt-DSM. Das Ziel der Autoren ist es, die Beziehung zwischen der Produktmodularität und den jeweiligen Kosten zu analysieren. Dieser Betrachtung liegt eine Messmethode zugrunde, mit der die Modularität rechnerisch bestimmt werden kann. Dabei wird der Modularitätsgrad anhand der Formel 3.vi berechnet.

$$Mod. = \frac{1}{M} \left(\sum_{k=1}^{M} \frac{\sum_{i=n_k}^{m_k} \sum_{j=n_k}^{m_k} R_{ij}}{(m_k - n_k + 1)^2} - \sum_{k=1}^{M} \frac{\sum_{i=n_k}^{m_k} \left(\sum_{j=1}^{n_k - 1} R_{ij} + \sum_{j=m_k+1}^{N} R_{ij} \right)}{(m_k - n_k + 1)(N - m_k + n_k - 1)} \right) \tag{3.vi}$$

Mit:

M : Anzahl der Module im Produkt

N : Anzahl der Komponenten im Produkte

n_k : Index der ersten Komponente im k-ten Modul

m_k : Index der letzten Komponente im k-ten Modul

R_{ij} : Wert in Zeile i, Reihe j in der DSM

Im Anschluss wird das Verhältnis der Modularität zu den Kosten in den Phasen Fertigung, Montage sowie Auslauf aus dem Markt betrachtet. Diese Untersuchung erfolgt auf Basis einer Produkt-DSM. Die Komponenten werden nach den unterschiedlichen Sichtweisen zusammengestellt, wobei die Kosten und die Beziehungen der Komponenten zueinander analysiert werden. Das Fazit der Untersuchung ist, dass nur sehr große Veränderungen des Modularitätsgrades signifikante Auswirkungen auf die Kosten haben.

3.2.2.7 Netzwerkbasierter Ansatz (Sosa et al., 2007)

SOSA ET AL. (2007) messen Modularität auf der Komponentenebene. Dabei werden komplexe Produkte als ein Netzwerk von Komponenten betrachtet, zwischen denen technische Verbindungen oder Schnittstellen vorliegen. Das Netzwerk jeder Komponente, definiert durch die Verbindungen zu allen anderen Komponenten in dem Produkt, wird analysiert. Die Modularität einer Komponente wird definiert als die Höhe der Unabhängigkeit einer Komponente gegenüber den anderen Komponenten innerhalb eines Produktes.

Die Autoren entwickeln die drei Messgrößen Gradmodularität („Degree modularity"), Distanzmodularität („Distance modularity") und Brückenmodularität („Bridge modularity"). Diese drei Messgrößen werden von den Autoren als komplementär zueinander angesehen (vgl. Sosa et al., 2007, S. 1122). Die Gradmodularität ist negativ proportional zu Anzahl und Grad der Anhängigkeiten mit den unmittelbar angrenzenden Komponenten (vgl. Sosa et al., 2007, S. 1121 und S. 1128). Die höchste Gradmodularität tritt auf, wenn eine Komponente mit keiner anderen Komponente im Produkt verbunden ist. Mit der Distanzmodularität wird bestimmt, wie weit eine Komponente von anderen Komponenten entfernt ist. Je größer diese Distanz, desto modularer ist die betrachtete Komponente. Brückenmodularität schließlich dient der Analyse, inwieweit eine Komponente eine Brückenfunktion zwischen anderen Komponenten ausübt. Je mehr eine Brückenfunktion vorliegt, desto weniger modular ist die Komponente. Der Umgang mit allen drei Messgrößen wird in dem Beitrag beispielhaft anhand einer Flugzeugturbine quantifiziert. Darüber hinaus wird gezeigt, wie die Beziehung zwischen Komponentenmodularität und anderen Leistungsgrößen sowie Lebenszyklusattributen einzelner Produktkomponenten mit dem Ansatz zu untersuchen sind.

Nachdem zahlreiche qualitative und quantitative Indikatoren aufgezeigt wurden, anhand derer der Modularitätsgrad einer Produktarchitektur bestimmt werden kann, soll nachfolgend auf die Rahmenbedingungen der Modularisierung als letzter Teil des Stands der Forschung eingegangen werden.

3.3 Rahmenbedingungen der Modularisierung

In diesem Abschnitt sollen als Vorbereitung auf die empirische Erhebung des Stands der Praxis erstens die Ergebnisse branchenspezifischer Forschung aufgearbeitet werden. Zweitens werden Möglichkeiten zur Gliederung der Wertschöpfung untersucht, um verschiedene Perspektiven zu identifizieren, anhand derer anschließend der Stand der Praxis ermittelt werden kann.

3.3.1 Branchenspezifische Forschung

Die Anwendung von Modularisierung variiert vom Umfang zwischen verschiedenen Branchen, aber auch zwischen verschiedenen Unternehmen innerhalb von Branchen (vgl. McDermott et al., 2013, S. 1). Eine Übersicht bereits betrachteter Industriezweige gibt FIXSON (2007, S. 106 ff.) mit einer systematischen Literaturrecherche. Aus dieser Quelle wie auch aus deren Ergänzung und Fortschreibung mit neueren Veröffentlichungen wird deutlich, dass bisherige Untersuchungen im Themenfeld der Modularisierung ihren Fokus vorwiegend auf die Branchen Automobil oder Computer richten (vgl. auch MacDuffie, 2013; Kotabe et al., 2007; Ruppert, 2007; Junge, 2005; Sanchez, 1999, S. 94 f.). MACDUFFIE (2013, S. 35) beschreibt diese Branchen als polare Typen. Insbesondere für Computer stellt er eine Überverwendung als verallgemeinerbare Analogie fest. Den beiden polaren Typen stehen zahlreiche Branchen gegenüber, in denen Modularisierungskonzepte bislang deutlich weniger etabliert sind. Zur Einordnung weiterer Branchen kann in einem ersten Schritt die Frage gestellt werden, ob eine betrachtete Industrie anhand ihrer Produkte eher zu Automobilen oder eher zu Computern eine Ähnlichkeit aufweist.

Im Vergleich mit den beiden Industriezweigen Automobil und Computer scheint die Antriebstechnik weniger weit fortgeschritten bei der Entwicklung und der Umsetzung modularer Produktarchitekturen. Als Definition für die vorliegende Arbeit umfasst die Branche der Antriebstechnik Unternehmen, die technische Systeme zur Erzeugung von Bewegung mittels Kraftübertragung entwickeln und herstellen (vgl. Kallenbach & Bögelsack, 1991, S. 10 f.; Albers, 2008, S. 247 ff.). Die Art des im Antriebsstrang verwendeten Antriebs ist nicht festgelegt, vielmehr werden auch Schwerpunkte auf die Energieversorgung und die Ansteuerung der verschiedenen Antriebselemente gelegt (vgl. Kallenbach & Bögelsack, 1991, S. 15).

In der Literatur werden bislang nur sehr vereinzelt konkrete Beispiele modularer Produkte in der Antriebstechnik beschrieben. Zwei solcher Beispiele werden nachfolgend behandelt.

Das erste Beispiel ist auf Produktebene der modulare Kupplungskopf „one4", der im Jahr 2006 vom Unternehmen Voith Turbo in den Markt eingeführt wurde. Gegenüber

Vorgängerprodukten besteht dieser Kupplungskopf nicht mehr aus einem einzigen Gussteil, sondern verfügt über eine separate kupplungstypspezifische Frontplatte, die durch eine Schraubverbindung mit dem einheitlichen Kupplungskörper zu vielfältigen Applikationen kombiniert werden kann (vgl. Speiser & Costard, 2006). Wesentliche Kostenvorteile der Modularisierung resultieren bei diesem Produkt durch die vereinfachte Austauschbarkeit und Erweiterbarkeit, aber auch durch die erhöhte Anzahl von Kombinationsmöglichkeiten in Entwicklung und Produktion. Der einheitliche Kupplungskörper wurde mit der Einführung des „one4" zum Standardbauteil, das in einer größeren Stückzahl kostengünstiger hergestellt werden kann. Auch im After-Sales Bereich ist der modulare Produktaufbau für Voith Turbo vorteilhaft. Die Wartungszeiten und -kosten können deutlich gesenkt werden, da bei Beschädigungen lediglich das Frontplattenmodul getauscht werden muss (vgl. Speiser & Costard, 2006; Speiser, 2008).

Das zweite Beispiel ist der von WÜPPING (2003, S. 50) beschriebene Antriebsbaukasten der Firma Lenze. Die Baukastenebene befindet sich gegenüber dem ersten Beispiel auf einer höheren Hierarchieebene der Produktarchitektur. Innerhalb dieses Baukastens kann eine geringe Variantenanzahl von Basisgetrieben mit jeweils einer hohen Anzahl antriebs- und abtriebsseitiger Komponenten kundenspezifisch kombiniert werden. Hinsichtlich der produzierten Stückzahl steigt dadurch die Wiederholhäufigkeit, da insbesondere die Basisgetriebe in höherem Maße standardisiert sind. WÜPPING (2003, S. 50) führt hierzu aus, dass Individualität und niedrige Kosten der angebotenen Produkte für Unternehmen des Maschinen- und Anlagenbaus nicht in einem Widerspruch zueinander stehen müssten.

Im weiteren Sinne ist die Antriebstechnik dem Maschinen- und Anlagenbau zuzurechnen, den EITELWEIN UND WEBER (2008, S. 25) als die komplexeste der in ihrer Studie betrachteten Branchen charakterisieren. Die Autoren kommen zu dem Schluss, dass in allen analysierten Erfolgskategorien diejenigen Unternehmen die erfolgreichsten sind, deren Produkte im Vergleich zu ihren Wettbewerbern modularer aufgestellt sind. Deshalb liegt die Schlussfolgerung nahe, dass im Bereich der Antriebstechnik durch eine höhere Durchdringung von Modularisierungskonzepten erhebliche Potentiale ausgeschöpft werden können. Das Ausschöpfen solcher Potentiale erfordert, dass durch eine Abgrenzung gegenüber den beiden Branchenpolen der Automobil- sowie der Computerindustrie strukturelle Spezifika der Antriebstechnik aufgezeigt werden, aber auch Defizite, die zu überwinden sind, damit der Weg für modulare Produkte geebnet werden kann.

Als Resultat der bereits erfolgten Ausführungen dieser Arbeit kann ein Einfluss durch zwei strukturelle Spezifika unterstellt werden. Erstens ist zu vermuten, dass die Größe eines Unternehmens von Bedeutung ist, da beispielsweise ein gewisser Produktionsoutput erforderlich ist, um die positiven monetären Effekte modularer Produktkonzepte im Produktionsbereich hinreichend ausnutzen zu können. Auch im Bereich der Antriebstechnik kann zum gegenwärtigen Zeitpunkt lediglich in sehr großen Unternehmen eine Durchdringung von Modularisierungskonzepten festgestellt werden. Zweitens liegt die Vermutung nahe, dass der Bezug zum Endkunden ein Unterscheidungskriterium gegenüber den beiden polaren Branchen darstellt. Wie bei der Betrachtung der Markteffekte aufgezeigt (vgl. Kapitel 2.2.4), unterscheiden sich Konsum- und Investitionsgüter erheblich. Produkte der Antriebstechnik sind weitestgehend industriellen Erzeugnissen zuzurechnen. Je nachdem, an welcher Stelle in der Wertschöpfung sich ein Unternehmen befindet, liegt möglicherweise keinerlei Bezug zum Endkunden vor.

Die Betrachtung hat verdeutlicht, dass es von Bedeutung ist, an welcher Stelle in der Wertschöpfung sich ein Unternehmen befindet. Deshalb wird nachfolgend zur Vorbereitung der empirischen Untersuchung des Stands der Praxis in der Antriebstechnik eine ausführliche Betrachtung von Strukturierungsmöglichkeiten der Wertschöpfung vorgenommen.

3.3.2 Gliederung der Wertschöpfung

Die Implementierung modularer Produkte nimmt auf einzelne Bereiche der Wertschöpfung in unterschiedlichem Maße Einfluss. Je nach Forschungs- oder Anwendungszweck haben sich in der Literatur unterschiedliche Einteilungen der Wertschöpfung in eine Wertschöpfungskette entwickelt.[18] Die Unterscheidung von Gonsior (2008, S. 82 ff.) in interne und unternehmensübergreifende Wertschöpfungsketten scheint dabei grundsätzlich vereinbar mit der Unterscheidung externer und interner Wertschöpfungskomplexität von Ruppert (2007, S. 27). Die Synthese aus beiden wird zur weiteren Strukturierung dieses Abschnitts aufgegriffen. Mit dem Ziel einer vereinfachten Abgrenzung werden die unternehmensinternen Bestandteile der Wertschöpfung als Phasen, die unternehmensübergreifenden als Stufen bezeichnet.

3.3.2.1 Unternehmensübergreifende Stufen

Eine Stufung der unternehmensübergreifenden Wertschöpfung wird in zahlreichen Fällen mit dem Begriff der Supply Chain verknüpft. Diese umfasst eine Gruppe rechtlich unabhängiger Unternehmen, die abwärts (downstream) und aufwärts (upstream) über physische, informationelle und/oder monetäre Flüsse miteinander verbunden

[18] Vgl. Gonsior (2008, S. 78 ff.) für eine ausführliche Definition des Wertschöpfungsbegriffes.

sind. Dabei wird das Ziel verfolgt, einen Nutzen für den Endkunden zu generieren (vgl. Böger, 2010, S. 26 für eine Übersicht der Literatur).[19] Die einem OEM vorgelagerten Stufen der Wertschöpfung werden häufig in Form einer Pyramide dargestellt, an deren Spitze sich der OEM selbst befindet. (vgl. Möller & Isbruch, 2008, S. 297; Gonsior, 2008, S. 86; Ruppert, 2007, S. 97; Möller, 2002, S. 78 f.).

In dieser Arbeit soll als Ausgangspunkt für die Stufung der unternehmensübergreifenden Wertschöpfungskette die Darstellung einer Automobil-Supply Chain von EITELWEIN UND WEBER (2008, S. 7) dienen, die über „...sehr prägnant definierte Stufen (Tiers)“ verfüge (vgl. Abbildung 27).

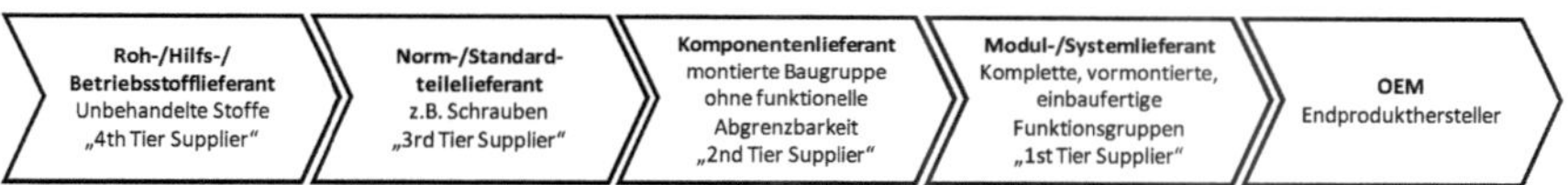

Abbildung 27: Tier Stufen in der Supply Chain

Quelle: Eitelwein & Weber (2008, S. 7).

Die 4th und 3rd Tier Lieferanten spielen für die Betrachtung modularer Produktarchitekturen nur eine untergeordnete Rolle und werden deshalb im Folgenden vernachlässigt. An anderen Stellen sind dagegen zwei Erweiterungen erforderlich. Erstens ist der Bezug zur Abgrenzung von System und Modul im zweiten Kapitel (vgl. 2.2.2.4) hier aufzugreifen. Deshalb wird die Tier1 Stufe weiter in Modul- und Systemlieferanten differenziert (vgl. Abbildung 28). Dabei kann ein Modullieferant seine Erzeugnisse sowohl einem Systemlieferanten als auch direkt einem OEM bereitstellen. Zweitens soll der gestiegenen Bedeutung der After-Sales Phase, die bereits herausgearbeitet wurde (vgl. Kap. 2.2.4), Rechnung getragen werden, indem eine Stufe „Service“ ergänzt wird.

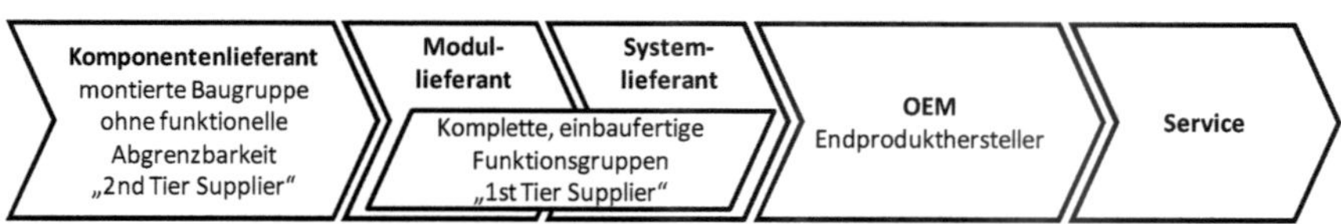

Abbildung 28: Angepasster Betrachtungsbereich der Wertschöpfung

SALVADOR ET AL. (2002, S. 566) führen aus, dass Endprodukthersteller den Zielkonflikt zwischen Produktvielfalt und operativer Leistung in vielen Fällen die Supply Chain hinaufgeschoben haben. Während der Endprodukthersteller von Vereinfachungen profitiere, ständen dessen Zulieferer einer höheren betrieblichen Komplexität,

[19] In der Praxis handelt es sich dabei zumeist weniger um eine Kette als vielmehr um ein Netzwerk von Unternehmen, zwischen denen vielfältige Beziehungen bestehen können (vgl. Bowersox et al., 2007, S. 5 f.; Christopher, 2005, S. 5; Chopra & Meindl, 2003, S. 4). Vgl. GONSIOR (2008, S. 82) für eine Abgrenzung einer Wertschöpfungskette gegenüber einem Wertschöpfungsnetzwerk.

höheren Kosten sowie einer geringeren Lieferleistung gegenüber. Zu einem ähnlichen Schluss kommt auch GONSIOR (2008, S. 246), der für modulare Produkte gegenüber nicht modularen Produkten eine Verschiebung des Umfanges der verantworteten Komplexität des Endproduktes auf den Tier1 Lieferanten sieht. Er trifft dabei keinerlei Aussage über das genaue Anteilsverhältnis zwischen Endprodukthersteller und Lieferanten, so dass der in Abbildung 29 dargestellte Zusammenhang lediglich qualitativ zu verstehen ist.

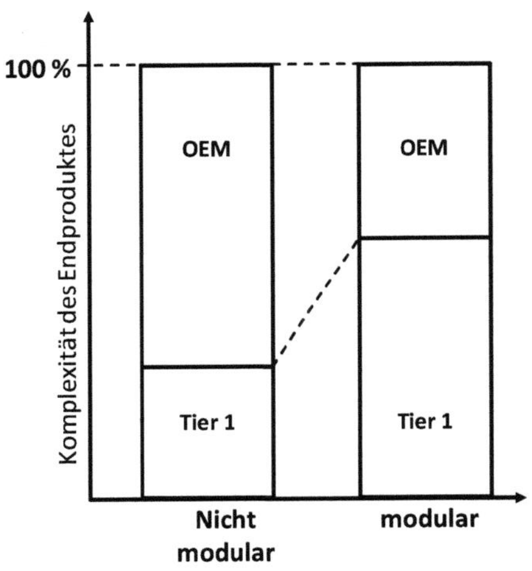

Abbildung 29: Verteilung der Komplexität des Endproduktes auf Wertschöpfungsstufen Quelle: Gonsior (2008, S. 246).

Diese Verschiebung der verantworteten Komplexität des Endproduktes verwundert weitaus weniger, wenn man sich die veränderte Aufgabenteilung zwischen OEM und Tier1 Lieferanten vor Augen führt. Umfangreiche Aufgaben wie einzelne Entwicklungsumfänge sowie die Auswahl und Koordination von Sublieferanten werden auf den Lieferanten übertragen (vgl. Gonsior, 2008, S. 246; Muffato & Roveda, 2002, S. 2). Für den OEM resultiert dadurch die Notwendigkeit, die Befähigung zur Systemintegration im eigenen Unternehmen zu bewahren (vgl. MacDuffie, 2013, S. 37; Zirpoli & Becker, 2011, S. 38). Zudem liegt die Vermutung nahe, dass diesem Aspekt eine umso höhere Bedeutung zuzuweisen ist, je stärker die Informationsasymmetrien zwischen Zulieferer und Abnehmer ausgeprägt sind (vgl. Brockhaus, 2013, S. 16 ff.).

Für den Zulieferer resultieren durch die Verlagerung von Aufgaben aber auch positive Effekte: Wie bereits dargestellt resultiert durch die Bündelung eine höhere produzierte Stückzahl, mit der Skalen- und Lerneffekte einhergehen (vgl. Kap. 3.1.2.2).

3.3.2.2 Unternehmensinterne Phasen

Eine Unterteilung der unternehmensinternen Wertschöpfung kann auf jeder einzelnen der unternehmensübergreifenden Stufen vorgenommen werden. Über die genaue Anzahl von Phasen sowie deren Abgrenzung werden in der modularisierungsbezogenen Literatur deutlich unterschiedliche Ansichten vertreten, was auf deren jeweilige kontextspezifische Verortung zurückzuführen sein könnte.

So unterteilt GONSIOR (2008, S. 88 ff.) die unternehmensinterne Wertschöpfung in die Phasen *Marketing*, *Design*, *Entwicklung*, *Beschaffung*, *Produktion (inkl. Logistik)* sowie *Vertrieb und After-Sales.* BOYSEN UND SCHOLL (2009, S. 87) hingegen unterscheiden bei ihrer Betrachtung der Auswirkungen von gemeinsamer Komponentennutzung lediglich die vier Phasen *Forschung & Entwicklung*, *Komponenteneinkauf/-produktion*, *Montage* und *Vertrieb*. Diese Aufgliederung vernachlässigt somit Auswirkungen, die erst nach der Vertriebsphase, z.B. bei der Wartung und Entsorgung auftreten. Zudem wird der Produktherstellungsprozess in zwei separate Phasen für Komponenten- und Gesamtproduktfertigung unterteilt.

FIXSON (2002, S. 45) unterscheidet ebenfalls vier Phasen, allerdings weniger aus Unternehmenssicht, sondern aus Produktsicht: *„Design & Development“*, *„Production“*, *„Use“* und *„End of Life“*. Aus der Perspektive dieser Arbeit, in der die Kostensituation des herstellenden Unternehmens und nicht der Produktnutzen bei der Verwendung im Fokus steht, können die Phasen *„Use“* und *„End of Life“* auch als Phase *„After-Sales“* zusammengefasst werden.

KOEPPEN (2007, S. 22) unterteilt den Wertschöpfungsprozess eines Produktes in sechs Phasen. Auf die *Entwicklung* (die nochmals in Konzept- und Detailentwicklung untergliedert werden könne) folgen *Beschaffung*, *Produktion*, *Logistik*, *Vertrieb* und *After-Sales*. Diese Unterteilung weist allerdings für die Anwendung in dieser Arbeit zwei Schwierigkeiten auf. Erstens sind die Kosteneffekte der Modularisierung nur schwer einer der Phasen „Beschaffung“ oder „Produktion“ exakt zuzuordnen. Abhängig davon, ob bestimmte Komponenten aus Eigenfertigung oder Fremdbezug stammen, würde sich beispielsweise eine mögliche Änderung der Materialkosten auf die Phase Beschaffung oder Produktion auswirken. Eine exakte Zuordnung solcher Effekte auf nur eine Phase erscheint schwierig. Um eine doppelte Betrachtung zu vermeiden sollen daher die Funktionen Beschaffung und Produktion für die Zwecke dieser Arbeit als gemeinsame Wertschöpfungsphase behandelt werden.

Zweitens erscheint die Abgrenzung einer separaten Logistikphase nicht zielführend. Logistik ist weniger eine diskret abgrenzbare Phase in der Wertschöpfung als vielmehr eine Querschnittsfunktion, die zeitgleich zu und in Verbindung mit den weiteren Phasen stattfindet. Teilweise wird auch von einer Integrationsfunktion gesprochen –

die Logistik integriert alle Phasen der Wertschöpfung bis hin zu Prozessketten, die im äußersten Fall auch unternehmensübergreifend sein können (vgl. Baumgarten, 2008, S. 14).[20] Für die Zuordnung von Kosteneffekten bei einer Änderung des Modularitätsgrades können die Auswirkungen auf die Logistikkosten daher direkt in den anderen Phasen erfasst werden.

Damit werden in dieser Arbeit die in Abbildung 30 dargestellten vier Phasen der unternehmensinternen Wertschöpfung unterschieden, obgleich die After-Sales Phase zum Teil auch Betrachtungsumfänge außerhalb des Unternehmens, diese aber aus Unternehmenssicht umfasst.

Abbildung 30: Betrachtete Phasen der unternehmensinternen Wertschöpfung

3.4 Zwischenfazit

Als Resultat der Betrachtung des Stands der Forschung scheint auf den ersten Blick vieles bereits erforscht. So wurde deutlich, dass die größten Kostenhebel in den hohen Ebenen der Produkthierarchie beeinflusst werden können. Gleichzeitig ist aber das Wissen über die vorherrschenden Kosteneffekte in diesen hohen Ebenen am geringsten. Zur Überwindung dieses Wissensdefizites erfolgte die Untersuchung einzelner Kostenwirkungen der Modularisierung. Erstens wurden einzelne Modularisierungseffekte anhand von fünf Leistungsgrößen eines Unternehmens strukturiert, deren Wirkungen in unterschiedlicher Weise auf Kosten zurückgeführt werden können. Zweitens wurden Lernkurven-, Skalen- und Verbundeffekte als Bestandteile der Economies of Modularity untersucht. Als Ergebnis konnte herausgearbeitet werden, dass aus der Überlagerung einzelner Kosteneffekte häufig ein U-förmiger Verlauf der Kostenfunktion bezogen auf unterschiedliche Modularitätsgrade resultiert. Somit existiert ein optimaler Modularitätsgrad aus Kostensicht. Um dieses Optimum als Zielsetzung nutzen zu können muss ein Unternehmen den gegenwärtigen Modularitätsgrad seiner Produktarchitektur auf der Kostenfunktion bestimmen. Für diese Bestimmung wurden qualitative und quantitative Indikatoren in der Literatur identifiziert und analysiert. Schließlich wurden zur Vorbereitung der Erhebung des Stands der Praxis Rahmenbedingungen der Modularisierung untersucht. Dabei wurde erstens auf branchenspezifische Forschung eingegangen, zweitens wurden Möglich-

[20] Dies zeigt sich in einer Aufspaltung der „klassischen Logistik", d.h. der Betrachtung von Transport, Lagerung, etc., in die vier Funktionsbereiche „Beschaffungslogistik", „Produktionslogistik", „Distributionslogistik" und „Entsorgungslogistik" (vgl. Pawellek, 2007, S. 13 f.).

keiten zur Gliederung der Wertschöpfung aufgezeigt. Abbildung 31 zeigt einen Überblick der einzelnen durchgeführten Untersuchungsschritte.

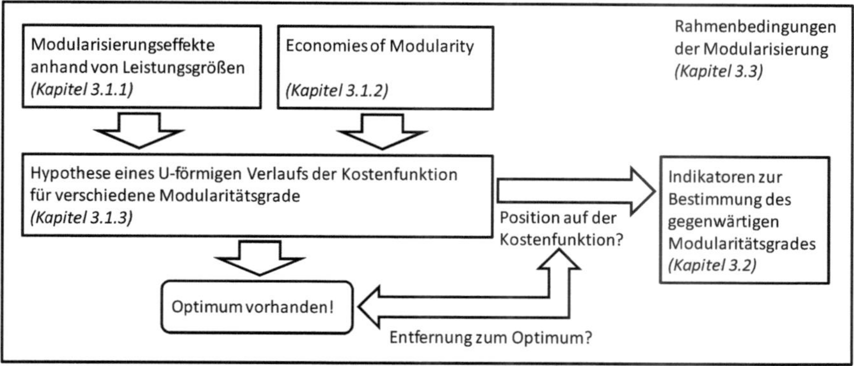

Abbildung 31: Zwischenfazit zum Stand der Forschung

Das zentrale Defizit des Stands der Forschung wird auf den zweiten Blick deutlich. Die einzelnen Betrachtungen, die zur Beantwortung der zu untersuchenden Hauptforschungsfrage beitragen können, liegen entweder mit einem eher technischen Fokus in der ingenieurwissenschaftlichen Literatur oder aber mit einem eher wirtschaftlichen Fokus in der betriebswirtschaftlichen Literatur vor. Übergreifende Ansätze, die beide Perspektiven in einen Zusammenhang bringen, konnten nicht identifiziert werden. Die Zusammenführung beider Perspektiven ist aber für die Bewertung der Kostenwirkungen sowie für die anschließende kostenorientierte Gestaltung modularer Produktarchitekturen zwingend erforderlich.

Diese zentrale Erkenntnis aus der Aufarbeitung des Stands der Forschung soll nachfolgend zum Anlass genommen werden, die theoretische Betrachtungsebene zu verlassen und den Stand der Praxis zu erheben. Dabei steht die Frage im Vordergrund, ob die einzelnen theoretischen Betrachtungsumfänge, die in der Forschung bereits vorliegen, in der Unternehmenspraxis bekannt sind und dort angewendet werden. Im Zuge dieser Gegenüberstellung des Stands der Forschung mit dem Stand der Praxis sollen zudem Defizite der bestehenden Ansätze aus Praxissicht aufgezeigt werden, die einer Verbreitung dieser Ansätze in der Unternehmenspraxis im Wege stehen.

4 Stand der Praxis in der Antriebstechnik

Aufbauend auf dem Stand der Forschung, dessen wesentlicher Beitrag auf Basis einer Literaturanalyse mit den thematischen Schwerpunkten Modularisierung sowie deren Kostenwirkungen und Rahmenbedingungen entwickelt wurde, soll in diesem Kapitel die praktische Perspektive auf die gleichen Themenfelder möglichst aussagekräftig abgeleitet werden. Damit wird die Zielsetzung verfolgt, neben einer Ist-Analyse der Unternehmenspraxis Anforderungen an ein zu entwickelndes Vorgehensmodell zur kostenorientierten Bewertung modularer Produktarchitekturen aus Praxissicht zu erheben. Zudem soll die Verwendung der im Theorieteil definierten Begrifflichkeiten und Konzepte zur Modularisierung in der Praxis untersucht werden.

Zunächst sei der Empfehlung von PRATT (2008, S. 502 f. sowie 2009, S. 859) folgend begründet, warum erstens die untersuchte Industrie und zweitens ein qualitativer Forschungsansatz ausgewählt wurden.

Die praktische Perspektive umfasst als Grundgesamtheit für die vorliegende Arbeit die deutsche Antriebstechnik. GONSIOR (2008, S. 301) fordert von der Modularisierungsforschung die Untersuchung branchenrelevanter Unterschiede. Wie in Kapitel drei erläutert, liegen umfassende Untersuchungen zur Modularisierung bislang vorwiegend für die Automobil- sowie die Computerindustrie vor. Aufgrund der kaum vorhandenen Anzahl von Untersuchungen zur Antriebstechnik ist zu vermuten, dass die Durchdringung von Modularisierungskonzepten hier weniger weit fortgeschritten ist. Daraus resultiert die Erwartung, dass Forschern der Zugang „ins Feld“ erleichtert wird (vgl. Wolff, 2010, S. 335 ff.). Da unternehmensseitig noch vielfältige (Kosten-)Potentiale vorzuliegen scheinen, sei unterstellt, dass eine Modularisierung der Produkte zur Erschließung dieser Potentiale beitragen kann. Deshalb ist eine hohe Aufgeschlossenheit in den Unternehmen gegenüber der Forschung zu den Kostenwirkungen der Modularisierung naheliegend. Somit erscheint die Antriebstechnik als Untersuchungsgegenstand ex ante vielversprechend.

Die Tatsache, dass wirtschaftliche Aspekte von Modularisierungskonzepten bislang unzureichend erforscht sind, verwundert erheblich weniger, wenn man sich vor Augen führt, dass Modularisierung vom Ursprung her ein technisch geprägter Themenbereich ist. Dadurch ist ebenfalls unwahrscheinlich, dass das Wissen zu den wirtschaftlichen Aspekten explizit vorhanden ist, da es sich dabei eben nicht um typische Deutungsmuster handelt (vgl. Kelle & Erzberger, 2010, S. 307).

Vielmehr muss durch Exploration eine Erhebung des impliziten Wissens einzelner Experten, die als Unternehmensvertreter mit unterschiedlichen Perspektiven in die Untersuchung einbezogen werden, erfolgen. Anschließend kann daraus durch Interpretation sowie durch Verwendung ergänzender Informationen eine Annäherung an den Stand der Praxis ermöglicht werden.

Quantitative Verfahren würden hier an Ihre Grenzen gelangen.[21] Qualitative Methoden hingegen sind in der Lage solche „...Erkenntnisse [zu] produzieren, gegenüber denen die anderen [quantitativen] Methoden blind sind" (Lamnek, 1993, S. 250). Qualitative Verfahren besitzen vor allem dort erhebliche Vorteile, „...wo die Untersucher a priori keinen Zugang zu den typischen Deutungsmustern und Handlungsorientierungen im untersuchten Gegenstandsbereich haben" (Kelle & Erzberger, 2010, S. 307). Darüber hinaus ermöglichen qualitative Methoden das detaillierte Erheben temporär auftretender Phänomene, was mit einer quantitativen Untersuchung kaum möglich wäre (vgl. Langley & Abdallah, 2011, S. 202). Deshalb scheint ein qualitatives Forschungsdesign insgesamt angemessen um die Ziele der Untersuchung zu erreichen.

4.1 Forschungsdesign

In der Literatur werden verschiedene Abgrenzungen der Forschung beschrieben (vgl. z.B. Kuckartz, 2014, S. 21; Lang, 2000, S. 6 ff.). Für die vorliegende Arbeit ist die Dreiteilung nach Miller und Salkind (2002, S. 1 ff.) ausreichend, die Grundlagenforschung, Angewandte Forschung und Evaluationsforschung als prinzipielle Typen unterscheidet. Bei der empirischen Untersuchung in diesem Kapitel steht der Anwendungsbezug der Forschung im Vordergrund.

Vor diesem Hintergrund ist die Auswahl einer Methode in Abhängigkeit von der Art des untersuchten Gegenstandbereichs, der Zielsetzung sowie der genauen Problemstellung vorzunehmen (vgl. Kelle & Erzberger, 2010, S. 308; Diekmann, 2008, S. 19; Frankel et al., 2005, S. 187). Für praktische Probleme aus dem Bereich der angewandten Forschung fordert Diekmann (2008, S. 20), dass „... nicht die Methode das Problem, sondern umgekehrt das Problem die Auswahl der Methoden bestimmen" solle.

Weiter unterscheidet Diekmann (2008, S. 33 ff.) empirische Untersuchungen in die vier Studientypen explorativ, deskriptiv, hypothesentestend sowie viertens Evaluationsstudien. Für die vorliegende Untersuchung erscheint eine explorative Vorgehensweise naheliegend, die dadurch gekennzeichnet werden kann, dass der genaue Betrachtungsumfang hinsichtlich Aktivitäten, Ereignissen und Personen erst

[21] Auf quantitative Forschungsansätze sowie deren detaillierte Abgrenzung gegenüber qualitativen, auch hinsichtlich der jeweiligen Methoden und der Rolle des Vorwissens sei an dieser Stelle auf die Literatur verwiesen (vgl. z.B. Frankel et al., 2005, S. 188; McCracken, 1988, S. 16 ff.; Meinefeld, 2010, S. 266 ff.).

im Verlauf der Untersuchung fixiert werden muss (vgl. Merkens, 2010, S. 295; Blumer, 1969, S. 40). Die Exploration in dieser Arbeit fokussiert die Ist-Analyse der Unternehmenspraxis in der Antriebstechnik bezogen auf modulare Produktkonzepte sowie die Erhebung praxisseitiger Anforderungen an das Vorgehensmodell zur kostenorientierten Bewertung modularer Produktarchitekturen, das im Anschluss zu entwickeln ist. Mit dieser gewählten Fokussierung kommt das qualitative Forschungsdesign mit einem geringeren Explorationsgrad im Vergleich zu theoriebildenden Studien aus und bleibt offen für das Einbeziehen deskriptiver Elemente.

Im Gegensatz zu quantitativen Forschungsdesigns sind im qualitativen Bereich kaum Standards und Richtlinien etabliert (vgl. Pratt, 2008, 2009).[22] FLICK (2010a, S. 253) nennt verschiedene Einzelkomponenten, die bei der Gestaltung eines qualitativen Forschungsdesigns berücksichtigt werden sollten (vgl. Abbildung 32).

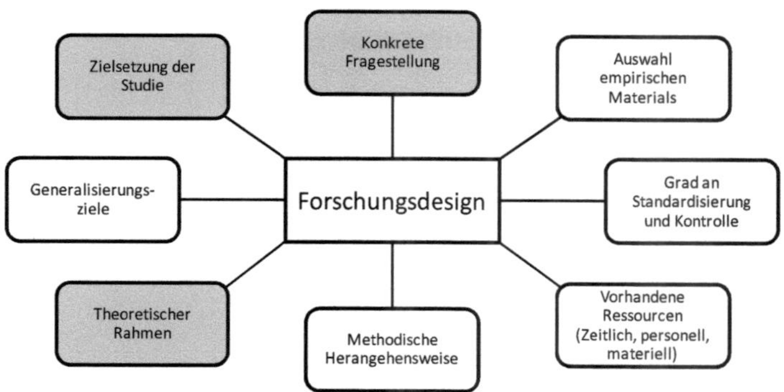

Abbildung 32: Komponenten qualitativer Forschungsdesigns
Quelle: Flick (2010a, S. 264).

Die Ausgestaltung mehrerer dieser Komponenten (vgl. graue Einfärbung in Abbildung 32) liegt aus den bereits erfolgten Ausführungen vor. Von den verbleibenden Komponenten wird die *methodische Herangehensweise* in diesem Unterkapitel behandelt. Eine Betrachtung der *Auswahl des empirischen Materials* sowie der *vorhandenen Ressourcen* wird beim Sampling der empirischen Erhebung sowie anhand des Zugangs zu den Experten behandelt. Die zwei Komponenten *Generalisierungsziele* und *Grad an Standardisierung und Kontrolle* werden bei der kritischen Würdigung am Ende des Kapitels aufgegriffen (Kap. 4.3).

---

22 Die als Antwort auf diesen Mangel vorgeschlagenen Templates von LANGLEY UND ABDALLAH (2011) wie auch der Beitrag von GIOIA ET AL. (2013) scheinen für die vorliegende Arbeit weniger geeignet, weil die Erhebung des Stands der Praxis mit einem geringeren Explorationsgrad auskommt als die von diesen Autoren beschriebenen theoriebildenden Ansätze.

Abbildung 33 zeigt das Resultat des gesamten Forschungsdesigns, das auf verschiedenen Elementen der Praxiseinbindung basiert und die Einbettung der explorativen Studie, welche die anschließenden Teile dieses Kapitels ausfüllt, verdeutlicht.

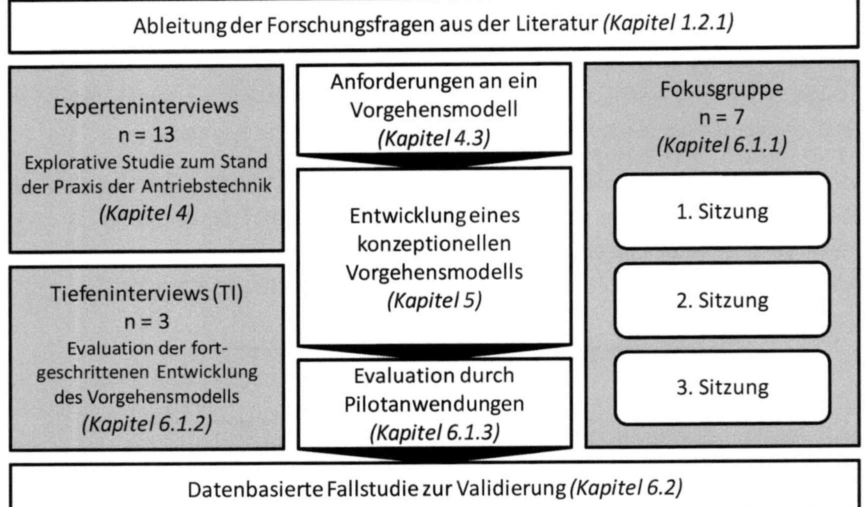

Abbildung 33: Forschungsdesign mit Überblick der Praxiseinbindung

4.2 Explorative Studie

Die explorative Studie, die an dieser Stelle einzuleiten ist, soll vor dem Hintergrund der gewonnenen Erkenntnisse aus dem Stand der Forschung durchgeführt werden. Damit wird die Forderung von WOLLNIK (1977, S. 44) erfüllt, dass ein Herantreten des Forschers an die Realität „...nicht etwa aus einer erfahrungsinteressierten Einstellung des alltäglichen Lebens heraus theoretisch unreflektiert..." vorzunehmen sei.

Die Empfehlungen von PRATT (2008, S. 502 f.) sowie MERKENS (2010, S. 286) aufgreifend erfolgt im Rahmen der Vorbereitung der Untersuchung (Kap. 4.2.1) neben Ausführungen zu Experteninterviews und Expertenwissen die Beschreibung der Stichprobenbestimmung. Anschließend werden die Phasen der Datenerhebung (Kap. 4.2.2) sowie der Analyse (Kap. 4.2.3) durchschritten und die Ergebnisse dargestellt (Kap. 4.3). Zudem wird auf die Forschungsvalidität (Kap. 4.4) eingegangen.

4.2.1 Vorbereitung der Untersuchung

4.2.1.1 Experteninterviews

Experteninterviews gelten allgemein als „...wenig strukturiertes Erhebungsinstrument, das zu explorativen Zwecken eingesetzt wird“ (Meuser & Nagel, 2009, S. 465). FLICK (2006, S. 149) führt das große Interesse und die weite Verbreitung semi-strukturierter Interviews auf die Erwartung zurück, dass der Standpunkt eines befragten Experten in einem solchen offen gestalteten Interview wahrscheinlicher zum Ausdruck gebracht werde als in einem vollständig standardisierten Interview oder in einem Fragebogen. Eine solche Abgrenzung von Interviews anhand unterschiedlicher Strukturierungsgrade zeigt Tabelle 8. In dieser Arbeit werden semi-strukturierte Leitfadeninterviews für die Untersuchung ausgewählt, um den Zugang zu implizitem Expertenwissen zu ermöglichen.

Tabelle 8: Gegenüberstellung strukturierter und unstrukturierter Interviewformen
Quelle: Blumberg et al. (2008, S. 386), Übers. d. Verf.

	Strukturiert	Semi-strukturiert oder unstrukturiert
Art der Studie	Explorativ oder deskriptiv	Explorativ und erklärend (semi-strukturiert)
Zielsetzung	Bereitstellen einer gültigen und verlässlichen Bewertungs-methode für theoretische Konzepte	In Erfahrung bringen der Sichtweise des Antwortenden bezüglich Situationen, die im weitesten Sinne relevant für das Forschungsthema sind
Instrument	Fragebogen (z.B. spezifizierter Satz vordefinierter Fragen)	Gedächtnisliste Interviewleitfaden
Format	Festgelegt auf den anfänglichen Fragebogen	Flexible Gestaltung abhängig von der Entwicklung des Gesprächs, vertiefende oder neue Fragen anschneiden

Grundsätzliche Vorteile von Experteninterviews sind vor allem die Möglichkeit, beidseitige Rück- und Verständnisfragen im Gesprächsverlauf zu stellen (vgl. Singer, 2012, S. 109). Sofern das vorhandene Wissen des Experten offengelegt wurde und in Form von Antworten vorliegt, kann es anschließend für Interpretationen sowie für die Rekonstruktion subjektiver Standpunkte herangezogen werden (vgl. Flick, 2006, S. 160). Ein Experteninterview erhebt somit Perspektiven auf einen thematischen Gegenstand.

Da anhand des Verwendungszusammenhanges von Experteninterviews im Forschungsprozess verschiedene Wissensbestände eines Experten unterschieden werden können (vgl. Meuser & Nagel, 2009, S. 470), sei zunächst kurz auf die Begriffe „Experte“ und „Expertenwissen“ eingegangen.

4.2.1.2 *Experten und Expertenwissen*

Zur Klärung von Begriff sowie Bedeutung des Expertenwissens ist die Bestimmung solcher Personen, die als Experten für die zu untersuchende Problemstellung herangezogen werden sollen, erforderlich. MEUSER UND NAGEL (2009, S. 467) führen dazu aus, dass ein „... Experte über Wissen im Rahmen eines bestimmten Forschungszusammenhanges verfügen [soll], das [...] in der vorliegenden Form nicht frei zugänglich ist und damit häufig einen Wissensvorsprung bedeutet. SPRONDEL (1979, S. 148) bezeichnet Expertenwissen „... als notwendig erachtetes Sonderwissen“, das in einer arbeitsteilig organisierten Gesellschaft auf solche Probleme bezogen ist, die als Sonderprobleme definiert sind. Sonderwissen resultiert in diesem Zusammenhang vor allem aus dem privilegierten Zugang zu Informationen (vgl. auch Hitzler, 1994, S. 26). Nicht immer kann der Experte dieses Wissen „... im Interview einfach ‚abspulen‘“ (Meuser & Nagel, 2009, S. 470). Vielmehr könne dieses Wissen auf Basis der erhobenen Daten, das heißt aus dem, was der Interviewte berichtet hat, rekonstruiert werden.

Die Abkopplung des Expertenbegriffes von einer Berufsrolle, die als grundsätzlich möglich erachtet wird (vgl. Meuser & Nagel, 2009, S. 468), ist im Rahmen dieser Arbeit nicht zielführend. Vielmehr sollen die interviewten Personen als Funktionsträger und nicht als Privatpersonen befragt werden (vgl. Meuser & Nagel, 2009, S. 469; Flick, 2006, S. 165).

4.2.1.3 *Sampling-Strategie zur Auswahl der Stichprobe*

Auf der Grundlage der Beschreibung eines Experten aus dem vorangegangenen Abschnitt ist im nächsten Schritt aus der Population von Experten in der Unternehmenspraxis eine Stichprobe auszuwählen (vgl. Eisenhardt, 1989, S. 537).

Nach MERKENS (2010, S. 290) wird mit dem Sampling im Forschungsprozess die Zielsetzung verfolgt, einen systematischen Zugriff auf die Daten zu bekommen, die für die qualitative Untersuchung herangezogen werden sollen. Die Auswahl einer Sampling-Strategie kann anhand der drei Fragen nach (i) der Kenntnis der Population, (ii) der anvisierten Zielsetzung sowie (iii) der zur Verfügung stehenden Ressourcen der qualitativen Untersuchung vorgenommen werden (vgl. Blaxter et al., 2006, S. 16). Alle drei Kriterien variieren mit dem Grad der Exploration. MEUSER UND NAGEL (2009, S. 468) merken an, dass bei der Stichprobenbildung „... die Unterschiedlichkeit der Problemdefinitionen zum Kriterium der Auswahl der Interviewpartner…" gemacht werden könne, so dass insgesamt ein Spektrum unterschiedlicher Expertenperspektiven daraus hervorgeht.

Zum Ziehen einer Stichprobe werden in der Literatur zwei grundsätzliche Vorgehensweisen unterschieden (vgl. Merkens, 2010, S. 291 f.). Erstens kann die Stichprobe vor Beginn der Untersuchung bezüglich bestimmter Merkmale festgelegt sein. Das heißt, jedes Element der Stichprobe wird auf der Basis eines oder mehrerer Sampling-Kriterien gezogen. Zweitens kann man eine Stichprobe auf der Basis des jeweils erreichten Erkenntnisstandes erweitern und ergänzen. Die konkrete Technik des Stichprobenziehens kann also während der Untersuchung noch nach Zweckmäßigkeitserwägungen abgeändert werden.[23] In dieser Arbeit wird die erste Vorgehensweise verfolgt, da die empirische Untersuchung die Erhebung des Stands der Praxis eines abgegrenzten Bereiches der Industrie fokussiert. Dafür werden vier Kriterien gewählt und nachfolgend erläutert.

Als erstes Sampling-Kriterium wird bei der Auswahl der Experten für die Interviews die hierarchische Stellung des jeweiligen Experten innerhalb seines Unternehmens herangezogen. JACOBS ET AL. (2007, S. 1055) argumentieren in ihrer Untersuchung von Effekten der Produktmodularisierung auf die Wettbewerbsfähigkeit von Unternehmen, dass vielfach nur das obere Management in der Lage ist unternehmensweite Faktoren wie die Strategien zur Produktmodularisierung zu überblicken und somit auch zu beurteilen. Deshalb sollen als Zielsetzung möglichst Experten aus leitenden Funktionen interviewt werden. Zweitens wird als weiteres Kriterium die Funktion des Experten in seinem Unternehmen gewählt. Diese Funktion soll dem Experten einen möglichst engen Bezug zu den Kostenwirkungen der Modularisierung geben. Drittes Sampling-Kriterium ist die Größe des jeweiligen Unternehmens. Hier soll ein möglichst breites Spektrum für das Kriterium einbezogen werden. Gemäß LAU ET AL. (2011, S. 275) ermöglicht die Berücksichtigung der Unternehmensgröße als Kontrollvariable eine Indikation über den Einfluss potentieller Skaleneffekte. Ebenfalls kann durch die Unternehmensgröße auf die Verfügbarkeit von Entwicklungsressourcen geschlossen werden. Solche Ressourcen müssen in hinreichendem Maße vorhanden sein, wenn modulare Produktarchitekturen entwickelt werden sollen. Viertens erfolgt noch die Einordnung in die unternehmensübergreifende Wertschöpfungskette anhand der Tier-Stufe des Unternehmens (vgl. Abschnitt 3.3.2.1). Dadurch soll nachvollzogen werden können, welche Betrachtungsperspektive ein Experte aufgrund der Rolle seines Unternehmens in der Wertschöpfung vertritt. Ins-

[23] Die zweite Vorgehensweise bestärkt die Aussage, dass sich die Grundgesamtheit für eine untersuchte Fallgruppe bei der Verwendung qualitativer Methoden, anders als bei quantitativen Untersuchungen, häufig erst im Anschluss an die Untersuchung beschreiben lässt (vgl. Merkens, 2010, S. 291).

gesamt sollen sämtliche der fünf unterschiedenen Wertschöpfungsstufen berücksichtigt werden. Aufgrund der unterschiedlichen Definitionen in der Praxis beispielsweise bei der Abgrenzung von Modul- und Systemlieferanten, erfolgte die Einordnung der Experten in eine dieser Stufen nicht anhand einer Selbsteinschätzung der Experten, sondern wurde objektiv und damit vergleichbar vom Verfasser dieser Arbeit vorgenommen.

Insgesamt lässt sich die durchgeführte Stichprobenauswahl der in der Literatur beschriebenen Sampling-Strategie eines non-probability und purposive sampling zuordnen (vgl. Blumberg et al., 2008, S. 253 f.; Blaxter et al., 2006, S. 163 f.). Die Anwendung dieser Sampling-Strategie wird in der Literatur als angemessen erachtet, wenn sie in der frühen Phase des explorativen Vorgehens im Forschungsprozess durchgeführt wird (vgl. Blumberg et al. 2008, S. 253). Die Auswahl von 13 Experten, die aus der beschriebenen Stichprobenbestimmung resultiert, ist in Tabelle 9 aufgeführt. Die Reihenfolge der Nennung in der Tabelle entspricht dem zeitlichen Ablauf der empirischen Erhebung. Die jeweiligen Ausprägungen des zweiten und vierten Sampling-Kriteriums sind in der Tabelle mit aufgeführt.

Tabelle 9: Übersicht der Experteninterviews[24]

#	Branche	Wertschöpfungs- (Tier) Stufe	Komp	Modul	System	OEM	Service	Funktion des Experten
1	Antriebstechnik	System- und Modullieferant		X	X			Leiter Produktmanagement
2	Antriebstechnik	Systemlieferant			X			Projekt Controller Business Economics
3	Antriebstechnik	OEM				X		Leiter Value Management
4	Antriebstechnik	OEM				X		Modul Manager
5	Antriebstechnik	OEM und Modullieferant		X		X		Manager Value Analysis
6	Antriebstechnik	Systemlieferant			X			Leiter Controlling
7	Antriebstechnik	Systemlieferant			X			Vertriebscontrolling / Projektmanager
8	Landmaschinen	Vertragshändler und Servicepartner					X	Leiter Vertrieb
9	Automobilzulieferer	System- und Modullieferant		X	X			Leiter Finance & Controlling
10	Automobilzulieferer	System- und Modullieferant		X	X			Leiter Business Controlling
11	Kupplungen	Modul- und Komponentenlieferant	X	X				Leiter Entwicklung
12	Antriebstechnik Hydraulik	System-, Modul- und Komponentenlieferant	X	X	X			Leiter Technisches Produktmanagement
13	Antriebstechnik Generatorgetriebe	System- und Modullieferant		X	X			Projektmanager

[24] Eine vollständige Übersicht der Experten sämtlicher Bestandteile der empirischen Praxiseinbindung ist in Anhang III dargestellt. Sofern an einzelnen Interviews mehr als zwei Unternehmensvertreter zur gleichen Zeit teilgenommen haben, sind diejenigen mit der niedrigeren hierarchischen Stellung nicht in der Tabelle aufgeführt.

Nachfolgend wird die Beschreibung der Stichprobe anhand der beiden Sampling-Kriterien Unternehmensgröße sowie Hierarchische Ebene der Experten graphisch veranschaulicht (vgl. Abbildung 34). Dafür wurde die Unternehmensgröße jeweils anhand von Daten des Geschäftsjahres 2012 ermittelt. Die Unternehmensgröße wird in der Abbildung sowohl durch die Mitarbeiteranzahl (Abszisse) als auch durch den Umsatz (Durchmesser der Kreise) dargestellt. Die Abbildung beider Größen ist logarithmisch skaliert, um die erheblichen Unterschiede der Unternehmensgrößen innerhalb der Stichprobe zu verdeutlichen.

Die hierarchische Ebene der Experten (Ordinate) wurde durch eine systematische Einschätzung des Verfassers vorgenommen. Als oberes Ende der Skala (hoch) wurde dabei ein Vorstand oder Geschäftsführer verstanden, während das untere Ende (niedrig) einen reinen Sachbearbeiter charakterisieren würde. Insgesamt liegt die Stichprobe überwiegend in der oberen Hälfte. Die Zielsetzung dieses Sampling-Kriteriums wird somit als weitestgehend erfüllt angesehen. Dennoch sind keine Vertreter der höchsten hierarchischen Ebene in der Stichprobe vertreten.

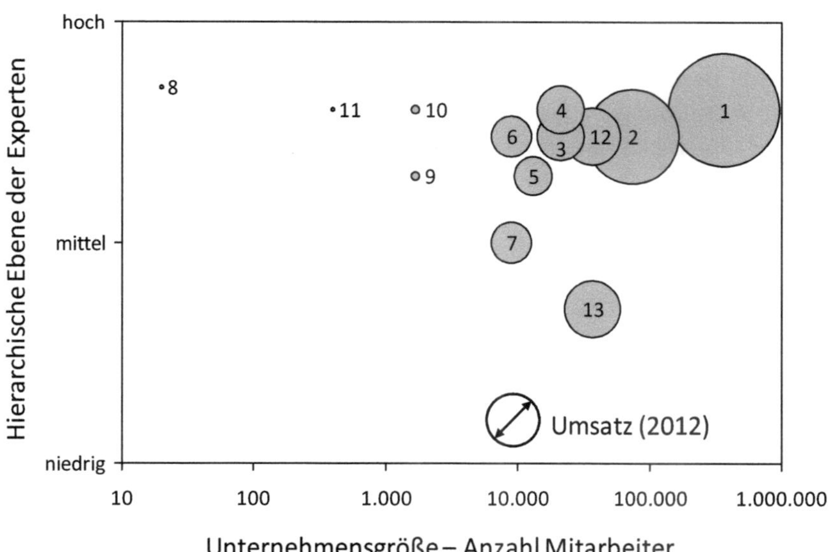

Abbildung 34: Übersicht des Samples anhand von zwei Auswahlkriterien[25]

[25] Für Unternehmen #1 wurde die tatsächliche Größe des Umsatzes für die Darstellung um den Faktor 3 verringert.

4.2.1.4 Interviewleitfaden

Das Erfordernis eines Interviewleitfadens für Experteninterviews wird von MEUSER UND NAGEL (2009, S. 472) wie folgt begründet:

> *„Auf einen Leitfaden und damit auf jegliche thematische Vorstrukturierung zu verzichten [...] brächte zum einen die Gefahr mit sich, sich dem Experten als inkompetenter Gesprächspartner darzustellen. Zum anderen führte ein Verzicht hierauf methodisch in die falsche Richtung, steht doch nicht die Biographie des jeweiligen Experten im Fokus, sondern die auf einen bestimmten Funktionskontext bezogenen Strategien des Handels und Kriterien des Entscheidens."*

Gemäß dem einleitenden Zitat ist die Verwendung eines Leitfadens für die vorliegende Studie als zielführend zu erachten, da der Zugang zu Expertenwissen das Hauptinteresse der Untersuchung darstellt. Durch die Begrenzung der Breite relevanter Informationen, die der Experte beitragen kann, kommt dem Interviewleitfaden in Expertengesprächen im Vergleich zu anderen Interviewformen umso mehr die bedeutsame Funktion zu, wichtige Themenbereiche in das Gespräch einzubringen und unwichtigere Bereiche auszuklammern (vgl. Flick, 2006, S. 165; Patton, 2002, S. 343). Auch begünstigt die konsistente Verwendung eines Interviewleitfadens eine bessere Strukturierung bei der Datenerhebung (vgl. Kuckartz, 2014, S. 62; Singer, 2012, S. 109). Damit kann die anschließende Auswertung vereinfacht werden, da durch die Fragen im Leitfaden eine verbesserte Vergleichbarkeit der erhobenen Daten ermöglicht wird.

Nach der Beschreibung von BLUMBERG ET AL. (2008, S. 385) beginnen semi-strukturierte Interviews in der Regel mit spezifischen Fragen. Dabei werde dem interviewten Experten stets die Möglichkeit gegeben, eigene Gedanken einzubringen oder zu verfolgen. Zudem seien vertiefende Nachfragen zur Erhebung zusätzlicher Informationen von den Antwortenden verbreitet. Diese grundlegenden Gedanken finden auch in dem Interviewleitfaden Anwendung, der für die vorliegende Untersuchung entwickelt wurde: Als Ziel jedes Interviews standen zunächst die Vereinheitlichung des Verständnisses der erforderlichen theoretischen Grundlagen sowie anschließend der Stand der Praxis und die Spezifikation von praxisseitigen Anforderungen an das zu entwickelnde Vorgehensmodell im Vordergrund. Bei den Fragen handelt es sich überwiegend um offene Fragen, das heißt für den Experten werden keine Antwortmöglichkeiten aufgeführt. Lediglich einige geschlossene Fragen am Anfang dienen der erleichterten Einordnung und Vergleichbarkeit der durch die Experten repräsentierten Unternehmen.

Der Interviewleitfaden, vollständig dargestellt in Anhang II, besteht aus sechs Teilen: Der erste Teil enthält allgemeine Fragen, die das Unternehmen und dessen Kerngeschäft thematisieren. Der zweite Teil behandelt die Komplexität der Produkte des Unternehmens sowie die Definition der Betrachtungsebene. Im dritten Teil wird auf die Modularisierung im Unternehmenskontext eingegangen. Anschließend werden im vierten Teil des Interviewleitfadens Kostenwirkungen der Modularisierung behandelt. Der fünfte Teil gibt den Unternehmensexperten die Möglichkeit, Anforderungen an das zu entwickelnde Vorgehensmodell aus Praxissicht zu formulieren. Im letzten, sechsten Teil wird den Interviewten schließlich die Möglichkeit eingeräumt, wichtige Punkte einzubringen, die nicht durch den Interviewleitfaden abgedeckt sind.

Nach der Durchführung des zweiten sowie des dritten Interviews wurde der Interviewleitfaden anhand der in den Gesprächen gesammelten Erfahrungen, aber auch aufgrund direkter Hinweise der Experten überarbeitet. So wurden erstens inhaltliche Ergänzungen vorgenommen. Zweitens erfolgten an einzelnen Stellen Veränderungen der Reihenfolge der gestellten Fragen. Drittens wurden verwendete Begrifflichkeiten und Formulierungen überarbeitet. Beispielsweise machten die ersten Gespräche deutlich, dass zu Beginn der einzelnen Interviews eine ausführlichere Abstimmung zentraler Begrifflichkeiten erforderlich ist, um das jeweilige Gespräch auf einer einheitlichen Verständnisgrundlage zu führen. Durch die vorgenommenen Änderungen konnte der Interviewleitfaden vervollständigt und zudem leichter verständlich gestaltet werden. Dies wurde bei der Durchführung der nachfolgenden Interviews seitens der Experten bestätigt.

4.2.2 Datenerhebung

> *„Man kann nicht zweimal durch denselben Fluss laufen. Ebensowenig kann man zweimal dasselbe Experiment durchführen. Man kann nur ein zweites Experiment durchführen, das sich von dem ersten in einer offenkundig unwesentlichen Weise unterscheidet.“* ASHBY (1985, S. 135).

Wie durch das einleitende Zitat beschrieben, fokussiert auch der Großteil qualitativer Forschung Momentaufnahmen. Bei diesen Momentaufnahmen handelt es sich um verschiedene Ausprägungen von Expertenwissen, die zwar auf Beispiele aus früheren Zeitpunkten zurückgreifen, primär aber den Zustand zum Zeitpunkt der Forschung beschreiben (vgl. Flick, 2010a, S. 255; Pratt, 2008, S. 502; Denzin, 1970, S. 299). Diese Erkenntnis ist auch für die Datenerhebung der vorliegenden Untersuchung zutreffend. Vor diesem Hintergrund wird nachfolgend zunächst auf die Durchführung der Interviews, dann auf die Sättigung der Datenerhebung eingegangen.

4.2.2.1 Durchführung der Interviews

Die semi-strukturierten Experteninterviews wurden im Zeitraum von Januar bis Juli 2012 geführt. Die Dauer der Interviews variierte zwischen zwei und drei Stunden. Trotz des Interviewleitfadens wurde darauf geachtet, dass auch andere aufkommende Themen und Punkte Berücksichtigung fanden, wenn sie in der Diskussion aufkamen. MEUSER UND NAGEL (2009, S. 474) nennen dies als entscheidenden Faktor für das Gelingen eines Experteninterviews: „...[durch] eine flexible, unbürokratische Handhabung des Leitfadens, die diesen nicht im Sinne eines standardisierten Ablaufschemas, sondern eines thematischen Tableaus verwendet", ließe sich die Zielsetzung erfüllen, „[d]ie Relevanzstrukturen der Befragten..." in den Vordergrund zu rücken und „...nicht die eigenen".

Zwei oder mehr Forscher waren in der überwiegenden Anzahl der Interviews präsent. Dies wird in der Literatur als vorteilhaft angesehen (vgl. Eisenhardt, 1989, S. 538). Durch die Anwesenheit von mindestens zwei Forschern konnten umfassende Notizen angefertigt, abgestimmt und zusammengeführt werden. Dies ist insbesondere deshalb von Bedeutung, da auf Wunsch der Interviewten nahezu alle Interviews nicht als Tonspur aufgezeichnet wurden. Dennoch erfolgte die Dokumentation stets so nah am Wortlaut der Experten wie möglich (vgl. MacDuffie, 2013, S. 14).

Die Besuche bei den Unternehmen vor Ort, in deren Rahmen die Interviews bis auf eine Ausnahme (#8) geführt wurden, boten in vielen Fällen die Möglichkeit, die Inhalte der Interviews mit Besichtigungen der Produktionsstätten oder Erläuterungen anhand physischer Produktbeispiele anzureichern.

Im direkten Anschluss an das Ende des jeweiligen Interviews wurden vom Interviewer Eindrücke des Gesprächs notiert. Damit wird die Zielsetzung verfolgt aufschlussreiche Kontextinformationen zu dokumentieren, anhand derer die spätere Interpretation einzelner Aussagen aus den Interviews unterstützt werden kann (vgl. Flick 2006, S. 163; Patton, 2002, S. 384; Eisenhardt, 1989, S. 539).

In sämtlichen der geführten Interviews konnte der Expertenstatus der Gesprächspartner gemäß der für diese Arbeit aufgezeigten Abgrenzung (vgl. Kap. 4.2.1.2) bestätigt werden.

Bei drei der Interviews (#1, #6, #12) wurde in unterschiedlich starker Ausprägung das Phänomen beobachtet, das FLICK (2006, S. 165) als „rhetoric interview" beschreibt. In diesem Fall weicht der interviewte Experte vom klassischen Frage-Antwort Spiel eines Interviews ab und hält stattdessen einen Vortrag über seinen Wissensbereich. Da diese vortragsartigen Ausführungen des jeweiligen Experten in allen drei Fällen nahe am Themenbereich blieben, waren die Inhalte für die Datenerhebung dennoch sachdienlich.

Bei einem der Interviews (#4) musste gemäß der von FLICK (2010a, S. 263 f.) beschriebenen Abkürzungsstrategie von den „...Maximalforderungen der Genauigkeit und Vollständigkeit...“ abgewichen werden, da die zur Verfügung stehende Zeit des Interviewpartners stark begrenzt war.[26]

Ergänzend zu den Daten aus den Interviews wurden zudem Sekundärdaten über Modularisierungsaktivitäten in den teilnehmenden Unternehmen gesammelt. Die meisten dieser Daten kamen aus Unternehmensbroschüren oder Veröffentlichungen, die über das Internet zur Verfügung stehen. In einzelnen Fällen wurden von den Interviewten auch interne Präsentationen auszugsweise oder vollständig gezeigt. Diese Sekundärdaten, die als Datentriangulation zu charakterisieren sind, ermöglichen die Verifizierung der durch die Interviews erhobenen Informationen.[27] Nach der Definition von BARBOUR (2001, S. 1117) befasst sich diese Art der Triangulation mit der internen Validität von Daten. Indem mehr als eine Methode zur Datenerhebung herangezogen wird, kann diese interne Validität verbessert werden. Zudem wird die Objektivität der erhobenen Daten dadurch insgesamt verbessert (vgl. Flick, 2010b, S. 317; Brockhaus et al., 2013, S. 170; Eisenhardt, 1989, S. 538; Denzin, 1970, S. 301 ff.).

4.2.2.2 Sättigung der Datenerhebung

> „*Unlike quantitative findings, qualitative findings lack an agreed-upon 'significance level.' There is no 'magic number' of interviews or observations that should be conducted in a qualitative research project.*“ PRATT (2009, S. 856).

Spätestens aus dem Zusammenspiel von Stichprobenauswahl und Datenerhebung stellt sich die Frage, wann die Stichprobe groß genug ist. KVALE (2007, S. 44) schildert anhand untersuchter Interview-Studien den Eindruck, dass viele dieser Studien von einer geringeren Anzahl Interviews profitiert hätten, wenn stattdessen der Vorbereitung und Auswertung der Interviews ein höheres Gewicht eingeräumt worden wäre. Möglichst viele Interviews zu führen ist folglich nicht immer der Königsweg (vgl. Blumer, 1969, S. 41). Vielmehr sei die Anzahl der durchzuführenden Interviews davon abhängig, was das Ziel der Untersuchung ist und welche Forschungs-

---

26 Hier wurde vor allem der Teil B1 des Leitfadens vernachlässigt, da diese Informationen durch eine Unternehmenspräsentation zur Verfügung gestellt werden konnten.

27 Der Begriff der „Triangulation“ stammt aus der Navigation und Landvermessung und bezeichnet „... dort die Bestimmung eines Ort[e]s durch Messungen von zwei Punkten aus“ (Kelle & Erzberger, 2010, S. 302). Im übertragenen Sinne wird damit „...die Betrachtung eines Forschungsgegenstandes von (mindestens) zwei Punkten aus“ verstanden (Flick, 2010b, S. 309; vgl. auch Barbour, 2001, S. 1117).

frage damit beantwortet werden soll (vgl. Pratt, 2009, S. 856; Kvale, 2007, S. 43; Frankel et al., 2005, S. 203; Patton, 2002, S. 244).

Wesentliche Erfahrungen zum Erzielen einer Sättigung sind in der Literatur im Zusammenhang von Grounded Theory Ansätzen beschrieben. Obgleich in dieser Arbeit kein solcher Ansatz verwendet wird, kann der Grundgedanke in Bezug auf die Indikation einer theoretischen Sättigung zur Argumentation herangezogen werden. So besteht in der Literatur Einigkeit darüber, dass die Durchführung weiterer Interviews zur Datenerhebung beendet werden kann, sobald diese keine neuen oder nur wenige neue Informationen und Erkenntnisse hervorbringen (vgl. Kvale, 2007, S. 44; Flick, 2010b, S. 318; Patton, 2002, S. 246).

In der vorliegenden Untersuchung wurde die Datenerhebung mit dem Erreichen einer Sättigung abgeschlossen. Erste erkennbare Anzeichen einer Sättigung konnten nach dem neunten Interview für einzelne Teile des Interviewleitfadens identifiziert und schließlich ab dem elften Interview bestätigt werden.

Obwohl die Anzahl der geführten Interviews den Ausführungen von BROCKHAUS ET AL. (2013, S. 171) folgend nicht als Schlüsselfaktor einer hinreichenden Sättigung anzusehen ist, sei angemerkt, dass die Anzahl der in dieser explorativen Studie geführten Interviews die empfohlene Anzahl von acht Interviews für homogene Stichproben (vgl. Guest et al., 2006, S. 61; McCracken, 1998, S. 17)[28] sowie das Minimum von 12 Interviews für heterogene Stichproben übersteigt (vgl. Carter & Jennings, 2002, S. 150). Das breite Spektrum unterschiedlicher Perspektiven aus der Industrie, das für die Antriebstechnik herangezogen wurde, ergibt eine Stichprobe, die bezogen auf einzelne Kriterien Homogenität aufweist, von einem holistischen Standpunkt aus jedoch eher als heterogen zu charakterisieren ist.

MERKENS (2010, S. 291) weist darauf hin, dass qualitative Untersuchungen nicht die Zielsetzung verfolgen, statistische Repräsentativität anzustreben, sondern an einer hohen Generalisierbarkeit der Ergebnisse interessiert seien. Dies könne erreicht werden, indem die Stichprobe den untersuchten Gegenstand inhaltlich repräsentiert (vgl. auch Barbour, 2001, S. 1115). Ob eine solche Repräsentation vorliegt, kann im Nachgang der Untersuchung festgestellt werden und lässt sich im Zusammenspiel mit dem Erkennen der inhaltlichen Sättigung auch argumentativ belegen. Somit kann die vorliegende Stichprobe für die Ableitung des Stands der Forschung in der deutschen Antriebstechnik insgesamt als repräsentativ beurteilt werden.

---

[28] Die Richtlinie von MCCRACKEN (1998) als Mindestanzahl wird auch von anderen Autoren beispielsweise im Bereich der Logistik als Argumentationsgrundlage aufgegriffen (vgl. Lammers, 2012, S. 68; Golicic & Mentzer, 2005, S. 52; Garver & Mentzer, 2000, S. 115).

4.2.3 Auswertung mit qualitativer Inhaltsanalyse

> *„A good research question, a strong design and excellent data are clearly helpful for developing novel and credible insight, but it is in the analysis that this all comes together."* LANGLEY & ABDALLAH (2011, S. 208).

In diesem Unterkapitel soll, wie durch das einleitende Zitat herausgestellt, die Analyse und Auswertung der erhobenen Daten behandelt werden. Dazu wird der Forderung von PRATT (2009, S. 859) folgend der Weg von den erhobenen Daten bis hin zu den Forschungsergebnissen der Untersuchung detailliert beschrieben.

Für die Auswertung von Experteninterviews ist der Interviewte vor allem als Träger einer Funktion von Interesse (vgl. Kap. 4.2.1.2). Die Interpretation von Experteninterviews zielt im Wesentlichen darauf ab, den Inhalt des Expertenwissens zu analysieren und zu vergleichen (vgl. Flick, 2006, S. 165). Somit orientiert sich die Auswertung von Experteninterviews in erster Linie an thematischen Einheiten (vgl. Meuser & Nagel, 2009, S. 476).

Grundsätzlich werden in der Literatur unterschiedliche Auswertungstechniken der qualitativen Datenanalyse (QDA) für Leitfadeninterviews vorgeschlagen (vgl. Flick, 2006, S. 161).[29] Die Auswahl einer Auswertungstechnik müsse in Abhängigkeit „...von der Zielsetzung, den Fragestellungen und dem methodischen Ansatz.." getroffen werden (Schmidt, 2010, S. 447). Diese Ansicht teilt auch MAYRING (2010, S. 474), der die Forderung formuliert, dass das Auswahlkriterium „... in jedem Fall nicht die methodische Machbarkeit, sondern die Angemessenheit der Methode für das Material und die Fragestellung sein" solle. Für die vorliegende Untersuchung wurde eine qualitative Inhaltsanalyse ausgewählt, weil diese erstens mit der verwendeten Sampling-Strategie kompatibel ist (vgl. Kuckartz, 2014, S. 76), zweitens die Zielsetzung begünstigt, den Stand der Praxis systematisch auszuwerten sowie drittens durch Rechnerunterstützung strukturiert und verhältnismäßig aufwandsarm zu belastbaren Ergebnissen führt.

4.2.3.1 Qualitative Inhaltsanalyse

Die qualitative Inhaltsanalyse verfolgt den Grundgedanken eine Systematik für qualitative Analyseschritte anzuwenden (vgl. Mayring, 2010, S. 469). Dabei werden die Phasen der Datenerhebung und der Datenauswertung nicht zwingend strikt voneinander getrennt, sondern können in Wechselwirkung zueinander bearbeitet werden (vgl. Kuckartz, 2014, S. 54). Sogar die Forschungsfrage kann während der Analyse

---

[29] Auswertungstechniken aus der Literatur sind beispielsweise die Vorgehensweise nach SCHMIDT (2010, S. 448 ff.) in fünf Schritten sowie das Auswertungsmodell nach MEUSER UND NAGEL (2009, S. 476 f.) in sechs Schritten.

noch innerhalb gewisser Grenzen verändert werden. KUCKARTZ (2014, S. 51) nennt die Möglichkeiten einer Präzisierung der Forschungsfrage, das in den Vordergrund Rücken neuer Aspekte sowie das Aufdecken unerwarteter Zusammenhänge.

Die zentrale Intention der Inhaltsanalyse besteht darin, anhand einer Leitperspektive, die aus den Forschungsfragen resultiert, Komplexität zu reduzieren. Durch die Klassifizierung der erhobenen Daten hinsichtlich theoretischer Merkmale in Form von Kategorien wird bewusst ein Informationsverlust an vergleichsweise unwichtigen Stellen in Kauf genommen um die Handhabbarkeit des verbleibenden Materials zu verbessern (vgl. Kuckartz, 2014, S. 41).

MAYRING (2010, S. 474) nennt vier grundsätzliche Stärken der qualitativen Inhaltsanalyse. Erstens wird ein zuvor festgelegtes Ablaufmodell verfolgt. Zweitens wird das zu analysierende Material in seinen Kommunikationszusammenhang eingebettet. Drittens kann das im Zentrum der Analyse stehende Kategoriensystem „... während der Analyse in Rückkopplungsschleifen überarbeitet und an das Material flexibel angepasst“ werden (vgl. auch Kuckartz, 2014, S. 50). Viertens können durch das regelgeleitete Vorgehen der Auswertung Gütekriterien in besserer Weise erfüllt werden.

Weitergehende Unterscheidungen verschiedener Arten von Inhaltsanalysen wie beispielsweise die vier prinzipiellen Vorgehensweisen nach MAYRING (2010, S. 472 f.)[30] oder die drei Basismethoden nach KUCKARTZ (2014, S. 75 ff.)[31] sind für die vorliegende Auswertung lediglich als Basis anzusehen, die untersuchungsspezifisch angepasst wurde. Je nach Erfordernis wird auf einzelne Elemente der Ansätze zurückgegriffen. Begonnen wird mit einer strukturierenden Inhaltsanalyse, die deduktiv anhand der Struktur des Interviewleitfadens vorgenommen wird. Dann erfolgt je nach Bedeutung des jeweils vorliegenden thematischen Abschnitts entweder eine Zusammenfassende Inhaltsanalyse oder aber eine weitergehende induktive Kategorienbildung.

Nachfolgend wird auf die zentralen Schritte der qualitativen Inhaltsanalyse eingegangen. Dies sind die Transkription sowie die Kodierung und Kategorienbildung.

---

30 MAYRING (2010, S. 472 f.) unterscheidet erstens die Zusammenfassende Inhaltsanalyse, zweitens die Induktive Kategorienbildung, drittens die Explizierende Inhaltsanalyse sowie viertens die Strukturierende Inhaltsanalyse, die anhand zuvor festgelegter Kriterien einen Querschnitt durch das Material legt um eine Einschätzung zu erhalten.

31 Die Inhaltlich Strukturierende Inhaltsanalyse nennt auch KUCKARTZ (2014, S. 75 ff.). Die zwei weiteren beschriebenen Arten, die Evaluative qualitative Inhaltsanalyse und die Typenbildende Inhaltsanalyse unterscheiden sich hingegen von den Arten nach MAYRING (2010, S. 472 f.).

4.2.3.2 Transkription

Durch das Anfertigen von Transkripten kann das flüchtige Gesprächsverhalten aus Interviews für die anschließende wissenschaftliche Analyse dauerhaft verfügbar gemacht werden (vgl. Kowal & O'Connell, 2010, S. 438). Der Forderung nach einem möglichst einfachen Transkriptionssystem von KUCKARTZ (2014, S. 136 f.) ist in der vorliegenden Untersuchung zu folgen, da bei Experteninterviews zahlreiche Merkmale des Gesprächsverhaltens wie beispielsweise Emotionen oder Wortlaute häufig nicht detailliert analysiert werden sollen und deshalb auch nicht transkribiert werden müssen (vgl. Kowal & O'Connell, 2010, S. 444).

Da für die überwiegende Anzahl der Interviews in der vorliegenden Auswertung keine Audioaufzeichnung vorlag, wurde die Transkription wie nachfolgend beschrieben ausgeführt. Aus den umfassenden handschriftlichen Notizen der bei den Interviews anwesenden Forscher wurden Textdokumente angefertigt. An zahlreichen Stellen, wenn die Interviews deutlich erkennbar von den für die Forschungsfragen relevanten Inhalten abwichen, wurde der Empfehlung aus der Literatur gefolgt, „...nur die Teile von Interviews und auch nur so genau zu transkribieren, wie die Fragestellung der Untersuchung es tatsächlich verlangt“ (Flick, 2010a, S. 263 f.; vgl. auch Kowal & O'Connell, 2010, S. 443; Kuckartz, 2014, S. 133 und S. 157). Die nicht-transkribierten Teile der Interviews hätten bei Bedarf nachgearbeitet werden können, was aber der anschließende Verlauf des Auswertungsprozesses nicht erforderte. Damit wurde letztlich auch eine Verdichtung des Materials vorgenommen, indem nebensächliche Teile gestrichen und anschließend zentrale Passagen hervorgehoben wurden (vgl. Lamnek, 2005, S. 403; Kuckartz, 2014, S. 36).

Im direkten Anschluss an die Transkription wurde eine Anonymisierung der Daten nach der Vorgehensweise von KUCKARTZ (2014, S. 140) vorgenommen. Alle Indikationen, die auf die Identität des Experten oder dessen Unternehmen schließen lassen, wurden entfernt. Diesem Aspekt ist bei Experteninterviews eine große Bedeutung zuzuweisen, da Unternehmenswissen in die Gespräche einfließt und nicht ausgeschlossen wird, dass auch konkurrierende Unternehmen an der Interviewstudie teilnehmen.

Sämtliche Transkriptionen wurden vom Verfasser dieser Arbeit selbst angefertigt. In der Literatur wird dies als vorteilhaft angesehen, wenn die Aufbereitung und Auswertung der Interviews durch den Interviewer selbst vorgenommen werden (vgl. Pratt, 2009, S. 859).

4.2.3.3 Kodierung und Kategorienbildung

Bei der Kodierung des zuvor transkribierten Materials wird die Informationsfülle reduziert und damit bewusst ein Informationsverlust in Kauf genommen. Dieser Informationsverlust kann aber anschließend – beispielsweise durch vertiefende Fallinterpretationen – überwunden werden (vgl. Schmidt, 2010, S. 453; Kuckartz, 2014, S. 41).

Das von KUCKARTZ (2013, S. 43 f.) aufgezeigte Spektrum von sechs Arten, was unter einer Kategorie verstanden werden könne, ist für die vorliegende Untersuchung deutlich zu reduzieren. So kommt die Auswertung weitestgehend mit inhaltlichen sowie analytischen Kategorien aus.

Der Prozess der Kategorienbildung umfasst nach MEUSER UND NAGEL (2009, S. 477) einerseits das „... Subsumieren von Teilen unter einen allgemeine Geltung beanspruchenden Begriff, andererseits [..; das] Rekonstruieren dieses für den vorgefundenen Wirklichkeitsausschnitt gemeinsam geltenden Begriffs." Die Abstraktionsebene sei dabei gemäß der empirischen Generalisierung zu wählen, so dass neben der Gewinnung einzelner Inhalte auch Aussagen über die Strukturen des Expertenwissens getroffen werden können.[32] In der Literatur werden die beiden polaren Arten induktiver und deduktiver Kategorienbildung unterschieden, zwischen denen aber auch Mischformen vorliegen (vgl. Patton, 2002, S. 453 f.). In der vorliegenden Untersuchung wurden die Kategorien mit einer deduktiven Vorgehensweise entwickelt.

Obgleich SCHMIDT (2010, S. 450) anmerkt, dass sich die wichtigen Textpassagen in einem offen geführten Leitfadeninterview „... nicht immer im direkten Kontext der gestellten Frage" befänden, wurden die deduktiven Hauptkategorien für den ersten Schritt der vorliegenden qualitativen Inhaltsanalyse direkt aus dem Interviewleitfaden abgeleitet (vgl. Kuckartz, 2014, S. 62). Abbildung 35 zeigt ein solches Kodierungsbeispiel.

Diese Hauptkategorien sind zunächst eher vage (vgl. Schmidt, 2010, S. 451). Die deduktiven Kategorien wurden als Ausgangspunkt herangezogen um die erhobenen Daten im Sinne eines Suchrasters auf bestimmte Inhalte zu durchsuchen und anschließend grob zu kategorisieren (vgl. Kuckartz, 2014, S. 69). Im Zuge der fortschreitenden Auswertung, der Erhebung weiterer Daten sowie aufgrund zusätzlicher Erfahrungen im Feld wurden die Kategorien ergänzt, aber auch korrigiert (vgl. Schmidt, 2010, S. 451 f.; Kuckartz, 2014, S. 62).

---

[32] Auf weitergehende Ausführungen wie zum Beispiel die Polarität von theoretischer und empirischer Kategorienbildung (vgl. Kuckartz, 2014, S. 59 f.) sei an dieser Stelle nur verwiesen.

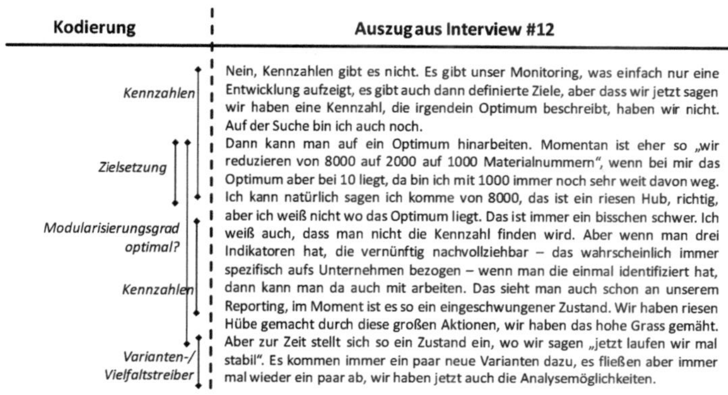

Abbildung 35: Kodierungsbeispiel einer Textpassage mit deduktiven Hauptkategorien
Quelle: eigene Darstellung, in Anlehnung an Lammers (2012, S. 71); Böger (2010, S. 98).

Auf ein multiples Kodieren, bei dem zwei oder mehrere Forscher die erhobenen Daten parallel bearbeiten, musste bei der vorliegenden Studie verzichtet werden. Eine formalisierte Interkodierreliabilität kann deshalb nicht nachgewiesen werden (vgl. z.B. Frankel et al., 2005, S. 190; Carter & Jennings, 2002, S. 152). Stattdessen wurden aber gemäß des Plädoyers von Barbour (2001, S. 1116) systematisch Zwischenstände des Fortschritts beim Kodieren sowie bei der Kategorienbildung mit einem weiteren Forscher in mehreren Iterationsschleifen diskutiert.

Die Kodierung der Interviews sowie die Kategorienbildung wurden softwaregestützt mit MAXQDA 10 durchgeführt. Kuckartz (2014, S. 145) nennt als zentralen Vorteil von QDA-Software den Aufbau eines gesonderten Kodierungssystems.[33] Dadurch könnten einzelne Kodierungen „... sortiert, systematisiert und zusammengefasst werden." Zudem sei der häufige und in beide Richtungen mögliche Wechsel „... zwischen der analytischen Ebene [...] und den Daten..." deutlich vereinfacht, da die jeweiligen Textstellen mit ihren Kodierungen direkt verknüpft seien. Im Gegensatz zu den Ausführungen von Schmidt (2010, S. 451) konnte durch die softwaregestützte Vorgehensweise auch die Mehrfachzuordnung von Textpassagen zu Kategorien vorgenommen werden. Die Kategorien selbst hingegen sind bei der deduktiven Kategorienbildung auf einer jeweiligen Abstraktionsebene disjunkt (vgl. Kuckartz, 2014, S. 61). Damit ist die Forderung erfüllt, dass die Kodierung unter einer Kategorie weitgehend „... unbeeinflusst von den [K]odierungen unter anderen Kategorien" erfolgen solle (Schmidt, 2010, S. 453).

[33] Für die Darstellung weiterer Vorteile durch die Verwendung einer QDA-Software sei auf die Literatur verwiesen (vgl. Kuckartz, 2014, S .147).

Abbildung 36 zeigt einen beispielhaften Auszug des verwendeten deduktiven Kategoriensystems.

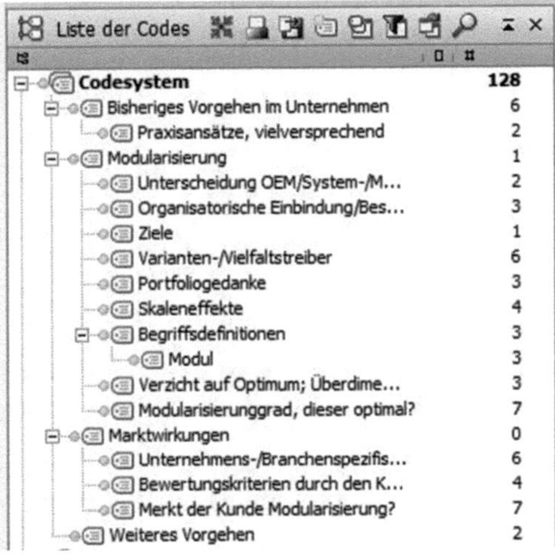

Abbildung 36: Auszug des deduktiven Kategoriensystems

Insgesamt spiegelt das entwickelte Kategoriensystem weitestgehend die Struktur des verwendeten Interviewleitfadens wider, so dass die Vorstrukturierung der Datenerhebung als erfolgreich einzuschätzen ist. Darüber hinaus resultieren aus der Kategorienbildung ex post eine begrenzte Anzahl wichtiger Hinweise sowie Verknüpfungen von thematischen Aspekten innerhalb des Leitfadens, die im Vorfeld der empirischen Untersuchung aus der Theorie heraus nicht erkennbar gewesen sind.

4.3 Resultate der Forschung: Darstellung zentraler Ergebnisse

Nachdem detailliert dargelegt wurde, wie die Datenerhebung und die daran anschließende Auswertung als Bestandteile des Forschungsprozesses ausgeführt wurden, soll nun auf die Resultate der Untersuchung eingegangen werden. Dazu muss die Betrachtung der Ergebnisse mit einer Selektion hinsichtlich der Frage beginnen, welches die wichtigsten Zusammenhänge sind und deshalb überhaupt im Detail dargestellt werden sollen (vgl. Wollnik, 1977, S. 51; Schmidt, 2010, S. 455 f.). Gleichzeitig soll die Gefahr der selektiven Plausibilisierung überwunden werden, damit der analytische Charakter der Auswertung im Zentrum stehen kann (vgl. Kuckartz, 2014, S. 172) und Ergebnisse auf einer möglichst übergeordneten Gültigkeitsebene dargestellt werden. Dafür sind bei der Auswertung auch die eingangs formulierten Sampling-Kriterien aufzugreifen (vgl. Barbour, 2001, S. 1116).

Für die Darstellung der Ergebnisse wird grundsätzlich die Reihenfolge der Fragen des Interviewleitfadens aufgegriffen, aus denen auch die deduktiven Hauptkategorien hervorgegangen sind. An einzelnen Stellen wird die Reihenfolge gegenüber dem Interviewleitfaden verändert, sofern die induktive Kategorienbildung einen Spannungsbogen aus den Experteninterviews hervorgebracht hat, der zu einem besseren Verständnis der Inhalte beiträgt. Abbildung 37 gibt einen Überblick der nachfolgenden Ergebnisdarstellung.

Ausgangssituation	Divergierende Begrifflichkeiten	*Kapitel 4.3.1*
	Bewertung des gegenwärtigen Modularitätsgrades	*Kapitel 4.3.2*
Umgang mit modularen Produktkonzepten	Bedeutung der Funktionserfüllung	*Kapitel 4.3.3*
	Modularität als verkaufsförderndes Argument	*Kapitel 4.3.4*
	Rechtfertigung modularer Produktkonzepte im Unternehmen	*Kapitel 4.3.5*
Anforderungen an das zu entwickelnde Vorgehensmodell	Verfügbarkeit von Daten	*Kapitel 4.3.6*
	Betrachtungsebene der Analyse	*Kapitel 4.3.7*
	Unternehmensspezifische Kostenstruktur	*Kapitel 4.3.8*

Abbildung 37: Übersicht der Ergebnisdarstellung

4.3.1 Divergierende Begrifflichkeiten

Ein Ergebnis der Experteninterviews ist die Schlussfolgerung, dass sowohl das Verständnis wie auch die begriffliche Definition von Modularisierung in der Unternehmenspraxis variieren. Die Interviewstudie gibt Hinweise darauf, dass sich das Verständnis sogar zwischen einzelnen Funktionen innerhalb eines Unternehmens unterscheiden kann (Experten #1,13), es sei denn, Modularisierung ist als Teil der strategischen Ziele des Unternehmens spezifiziert. Innerhalb der Stichprobe dieser Untersuchung war eine solche explizite Formulierung lediglich in den Zielen einiger der größeren Unternehmen erkennbar (Experten #4,6).

Ein einheitliches Verständnis der Kernbegriffe wird noch wichtiger, wenn die unternehmensübergreifende Zusammenarbeit von zwei oder mehr Unternehmen auf unterschiedlichen Wertschöpfungsstufen analysiert wird. Als Beispiel wurde in den Interviews eine verteilte Produktentwicklung (Experten #3,5) genannt. Das Verständnis von Modularisierung scheint in diesem Zusammenhang davon abhängig zu sein, an welcher Stelle in der Wertschöpfungskette sich ein Unternehmen befindet. Gerade Zulieferer, deren Abnehmer über eine große Marktmacht verfügen, adaptieren häufig das Verständnis ihrer Hauptkunden (Experten #2,12).

Zudem wird von der überwiegenden Anzahl der Unternehmensexperten ein gemeinsames Verständnis zwischen Wissenschaft und Unternehmenspraxis als wünschenswert erachtet um einen gegenseitigen Austausch zu fördern.

Hinsichtlich der Begrifflichkeiten wurden unterschiedliche Verständnisweisen deutlich, die davon abhängig sein könnten, ob und an welcher Stelle Modularisierung sowie das Variantenmanagement im Unternehmen organisatorisch eingebunden sind. Ein weiterer Erklärungsansatz könnte die Lebenszyklusphase des von dem Unternehmen angebotenen Produktes sowie der Branche sein. Gerade Produkte, die noch am Anfang ihres Lebenszyklus stehen, verfügen im Vergleich zu etablierten Produkten über geringere Standardisierungsgrade. Dies kann sowohl auf technische Attribute wie Schnittstellen, als auch auf die hohe Divergenz der verwendeten Begrifflichkeiten bezogen werden.

Obwohl ein sehr unterschiedliches Verständnis der Begrifflichkeiten Modularisierung, Baukasten und Plattform in den Unternehmen erkennbar ist (vgl. zur Abgrenzung der Begriffe auch Kap. 2.2.2), wird die grundsätzlich einheitliche Idee deutlich, dass die Konzepte einen vordefinierten „Lösungsraum“ schaffen. Innerhalb eines solchen Lösungsraumes kann eine vereinfachte und zumeist kostenoptimierte Entwicklung von Endprodukten, Varianten, Derivaten sowie Applikationen erfolgen. Zum Teil wird eine modulare Produktarchitektur auch mit den Begriffen Baukasten sowie modularer Baukasten synonym verwendet (Experten #1, 12).

Das unterschiedliche Begriffsverständnis ist für die folgenden Auswertungen berücksichtigt: Jedes der Interviewtranskripte wurde anhand der verwendeten Begriffsdefinitionen aufbereitet, so dass die von den Experten verwendeten Begrifflichkeiten vom Verfasser der Arbeit auf eine einheitliche Begriffsebene transformiert und somit vergleichbar gemacht wurden.

4.3.2 Bewertung des gegenwärtigen Modularitätsgrades

In diesem Teil des Fragebogens wurde der jeweilige Experte erstens um eine Selbsteinschätzung für die Produkte seines Unternehmens gebeten. Dabei sollte der gegenwärtige Modularitätsgrad eines repräsentativen Produktes auf einer 10-Punkte Skala von vollständig integral (Null) bis hin zu vollständig modular (10) bewertet werden. Eine solche indirekte Messung des Modularitätsgrades beschreiben auch

FIXSON UND PARK (2008, S. 1299). Auf methodischer Ebene nennt KUCKARTZ (2014, S. 152 f.) allgemein die Möglichkeit, Einschätzungsvariablen im Rahmen von Inhaltsanalysen einzubinden und zu interpretieren. Zweitens wurde die Frage adressiert, ob der gegenwärtige Modularitätsgrad vom Experten als optimal befunden wird. Die Ergebnisse beider Einschätzungen zeigt Tabelle 10.

Tabelle 10: Selbsteinschätzung der Unternehmensvertreter

Modularitätsgrad		Experte #	Optimal?	Kommentar
Integral	1	11	N	„Aufgrund der Kundenanforderungen gering“
	2	13	N	„Nein, bestimmt nicht optimal, aber die Entfernung zum Optimum ist nicht bekannt“
	3	8a	N	
	4	5, 6, 12	N	6: „Neue Generation geht Richtung Stufe 7“
	5	8b	N	„Zu niedrig“
	6	3, 4	N	4: „Noch zu niedrig“
	7			
	8	7	J	„Das ist sehr modular aufgebaut und kann anwendungsspezifisch konfiguriert werden“
	9			
Modular	10			
Keine Einordnung		1	N	„Womöglich zu hoch“, da sehr viele Kundenspezifische Lösungen im Baukasten
		2	(J)	„Das [Produkt]Portfolio spiegelt wieder, was der Kunde haben will“
Keine Bewertung		9, 10		

Da es sich bei dem Experten #8 um einen Vertriebs- und Servicepartner handelt, dessen Schwerpunkt im After-Sales Geschäft liegt, konnte dieser zwei verschiedene Produkte in die 10-Punkte Skala einordnen, die in Tabelle 10 mit 8a und 8b aufgeführt sind. Dabei verdeutlichte er, dass bei beiden Produkten gegenüber der Vorgängergeneration jeweils eine Erhöhung des Modularitätsgrades um etwa einen Skalenpunkt zu verzeichnen ist.

Mit dem Ergebnis dieser Auswertung wird deutlich, dass kein einheitliches Bild der Modularitätsgrade in den einbezogenen Unternehmen vorliegt. Darüber hinaus ist die Verwendung einer 10-Punkte Skala als zu detailliert einzuschätzen. Mehrere der Unternehmensexperten gaben bei ihrer Einschätzung zunächst intuitiv Bereiche von zwei Skalenpunkten an mit dem Hinweis, dass eine genauere Einordnung kaum möglich sei. Als Anforderung an das in dieser Arbeit zu entwickelnde Vorgehensmodell sei daraus abgeleitet, dass eine weniger detaillierte Stufung des Modularitätsgrades aus Praxissicht zielführender scheint.

4.3.3 Bedeutung der Funktionserfüllung

In dritten Teil des Interviewleitfadens wurde den Experten die Frage gestellt, ob aus Ihrer Sicht ein Kunde Wert auf ein modulares Produkt legt und somit die Marktwirkungen der Modularisierung überhaupt messbar sind. Die Auswertung dieser Frage soll anhand eines wörtlichen Zitates eingeleitet werden, das die sinngemäß ähnlichen Aussagen mehrerer Experten (#1,2,12,13) auf den Punkt bringt:

> *„Dem Kunden ist es technisch gesehen würde ich mal sagen egal. Der kauft von uns ein Drehmoment. Fertig. Er kauft von uns aber auch Liefertreue und Lieferfähigkeit, und die bekommt er durch ein modulares Konzept. Vor allem Liefertreue und Lieferfähigkeit und Schnelligkeit. […] Ob das modular ist, ist dem Kunden, solange wir seine Anforderungen erfüllen, d.h. also Moment, Drehzahl, Lebensdauer, Einbauraum, Bauraum treffen, wenn das erfüllt ist, ist dem völlig ‚wurscht' wie das Ding aussieht."* (Experte #12).

Für die Einordnung dieser Aussage ist die Feststellung aus dem Theorieteil aufzugreifen, dass industrielle Erzeugnisse gegenüber Konsumgütern anderen Marktmechanismen unterliegen (vgl. Kap. 2.2.4). So steht für den Kunden die Funktion bzw. die Funktionserfüllung des Produktes im Vordergrund. Ein modulares Produkt erfährt eher durch dessen positive Eigenschaften eine implizite Wertschätzung. An dieser Stelle wird folglich das Ergebnis der Literaturauswertung durch die empirische Untersuchung bestätigt.

Hinsichtlich des Sampling-Kriteriums der Stufe in der Wertschöpfungskette wird aus den Interviews deutlich, dass die Funktionserfüllung andere Produktmerkmale umso mehr dominiert, je weniger das Erzeugnis des Unternehmens als Teil des Endproduktes erkennbar ist. Beispielsweise ist die Komponente oder das Modul eines Zulieferers für den Endkunden häufig nicht sichtbar, so dass dessen Existenz erst in Erscheinung tritt, wenn die Funktionserfüllung nicht gewährleistet wird.

Wenig überraschend ist die Tatsache, dass der OEM gegenüber seinen Lieferanten zusätzlich zur Funktionserfüllung noch Anforderungen an die Geometrie des Erzeugnisses definiert, beispielsweise hinsichtlich des Bauraumes (Experte #2,12). Auch hier können die vorliegenden Erkenntnisse aus der Literatur bestätigt werden.

4.3.4 Modularität als verkaufsförderndes Argument

In eine ähnliche Richtung wie der zuvor behandelte Sachverhalt geht die nächste Frage, die ebenfalls im Kontext der Marktwirkungen im dritten Teil des Interviewleitfadens gestellt wurde. Dabei wurden die Experten um eine Einschätzung gebeten, ob Modularität allein schon ein hinreichendes Verkaufsargument für industrielle Erzeugnisse darstellt, oder ob ein Kunde eher die vorteilhaften Wirkungen, die daraus hervorgehen, für eine Kaufentscheidung heranzieht. Im folgenden Zitat beantwortet ein Experte diese Frage anhand einer Produktplattform. Die Antwort ist im Zuge der Anonymisierung an mehreren Stellen gekürzt worden.

> *„Das einzige Thema […] für diese [...] Baureihe […; ist] einfach das Thema flexibel, also ein Lösungsraum, den wir anbieten, der in gewissen Grenzen variabel ist, aber eben auch begrenzt, wobei das promoten wir gar nicht so […]. Das promoten wir höchstens intern, ansonsten sind unsere schlagenden Argumente Lieferzeit, Lieferzeit, Lieferzeit.“* (Experte #12).

Diese Aussage spricht der aus Modularität resultierenden Flexibilität, nicht aber der Modularität selbst eine Bedeutung zu. Auch durch weitere Aussagen in den Interviews wurde deutlich, dass viele der zentralen Vorteile modularer Produktarchitekturen auf der Seite des Unternehmens liegen. Alle Effekte, die nicht den Phasen des After-Sales zugehörig sind, stützen die These, dass Modularisierung unternehmensseitig initiiert werden muss und nicht explizit marktseitig eingefordert wird.

Die Auswertung dieser Hauptkategorie im Querschnitt aller Interviews zeigt, dass auch Aussagen darüber getroffen wurden, welche Endprodukte überhaupt in einem Baukasten oder in einer Plattform berücksichtigt werden sollten. Zwar wurde der Begriff der Überdimensionierung (synonym Blindleistung) nur vereinzelt verwendet (Experte #6), der hohe Aufwand aber, den kundenseitige Wünsche nach „Exoten“ in der Serie verursachen, wurde in mehreren Interviews verdeutlicht (Experten #1,3,13).

> *„Nicht jeder Kundenwunsch wird immer gleich variantenspezifisch bedient. […] Standardisierung ermöglicht Skaleneffekte, das führt aber auch zu Blindleistung. Den Gesamteffekt zu bewerten ist ziemlich schwierig.“* (Experte #6).

In Unternehmen sei es letztlich in vielen Fällen auch eine politische Frage, wie mit einer kundenspezifischen Anfrage umgegangen wird, die die Grenzen des vordefinierten Lösungsraumes überschreitet.

4.3.5 Rechtfertigung modularer Produktkonzepte im Unternehmen

Des Weiteren machten die Interviews deutlich, dass durch modulare Produktarchitekturen die optimale Lösung für ein einzelnes Produkt hinsichtlich Kosten sowie anderer Leistungsgrößen häufig vernachlässigt wird. Hingegen ist wahrscheinlicher, dass sich eine modulare Produktarchitektur auszahlt, wenn eine gesamte Produktfamilie dieser Gestaltungsart unterzogen wird. Damit besteht die Möglichkeit, dass ein Unternehmen seinem Kunden bewusst die optimale Lösung vorenthält. In der

Literatur bemerken HÖLTTÄ-OTTO UND DE WECK (2007, S. 124) deshalb, dass auch andere Formen der Produktgestaltung als Modularisierung in Betracht zu ziehen sind, wenn die Leistung eines Produktes oder einer Komponente kritisch ist. Diese Argumentation erschwert die Rechtfertigung modularer Produktkonzepte in Unternehmen, da zahlreiche Vorteile häufig erst in späten Phasen des Produktlebenszyklus auftreten und sichtbar werden. Diejenigen Abteilungen, die durch die modulare Gestaltung von Produkten einen Zusatzaufwand bewältigen müssen, neigen dazu der Entstehung modularer Produktkonzepte im Unternehmen entgegenzuwirken. Dieser Effekt ist umso stärker, je weniger die Argumentation für modulare Produkte auf der Basis konkreter Kosten geführt werden kann. Auf die Frage, wie die für die Modularisierung zusätzlichen Aufwendungen im Entwicklungsbereich gegenwärtig gerechtfertigt werden, erläuterte einer der Experten wie folgt:

> *„Schwierig, momentan eher mit dem Bauch würde ich sagen. [...] Das wäre also mein Wunsch, wenn wir sowas [einen Richtwert zur Bewertung von Komplexitätskosten] hätten, weil dann hören die Diskussionen auf. Weil momentan diskutieren wir da im luftleeren Raum. Weil jeder sagt da immer ‚Hör mir auf mit deinen Komplexitätskosten, die kannst Du sowieso nicht bewerten.‘ Und wir wissen nur, dass sie da sind, wir wissen, dass wir mit unserem Plattformkonzept das richtige tun, aber wir können es nicht quantifizieren.“* (Experte #12).

Bezogen auf die Möglichkeit, die Kostenwirkungen der Modularisierung in verschiedenen Phasen des Produktlebenszyklus zu überblicken, verdeutlichen die Interviews darüber hinaus auch unterschiedliche Perspektiven innerhalb der Wertschöpfungskette. Während ein OEM zumeist direkt mit dem Endkunden interagiert und diesen auch in der After-Sales Phase betreut, ist die Bindung eines Zulieferers eher losgelöst vom Endkunden sowie der After-Sales Phase. Dadurch wird die Argumentation für modulare Produktkonzepte anhand der Vorteile in diesen Phasen zusätzlich erschwert.

4.3.6 Verfügbarkeit von Daten

Eine Aussage, die von mehr als zwei Drittel der interviewten Experten getroffen wurde, ist das Problem der Verfügbarkeit von Daten und Informationen im Unternehmen. Für eine detaillierte Betrachtung der Kostenwirkungen der Modularisierung ist eine Vielzahl von Daten erforderlich. Die vorhandene Menge und Art an Daten unterscheidet sich in jedem Unternehmen. Besonders bei kleinen und mittleren Unternehmen ist die verfügbare Datenmenge von geringem Umfang und liegt in verschiedenen Strukturierungsgraden vor. Aus dieser Tatsache leiteten die Experten für das in dieser Arbeit zu entwickelnde Vorgehensmodell erstens ab, dass ein umfassender Ansatz der Prozesskostenrechnung zwar einen hohen Beitrag zur Schaffung von Transparenz leisten könnte, insgesamt aber nicht als umsetzbar erachtet wird (Experte #1,11,12). Dieser Aussage wurde in der Tendenz umso mehr Nachdruck verliehen, je kleiner das durch den jeweiligen Experten vertretene Unternehmen ist. Deshalb wird ein Ansatz der Prozesskostenrechnung für das zu entwickelnde Vorgehensmodell in dieser Arbeit vorab ausgeschlossen. Zweitens leiteten die Experten die Anforderung ab, dass die Anzahl der erforderlichen Eingabegrößen begrenzt sein sollte, damit ein zielführendes Aufwand-Nutzen-Verhältnis ermöglicht werden kann. Dieser empirische Befund bestätigt auch bereits vorliegende Erkenntnisse aus der Literatur:

> *„One problem with nearly all of the described modular design methods is that they require a considerable amount of information that is not always readily available, especially at the point where modular design considerations are most effective.“* GERSHENSON ET AL. (2004, S. 46).

Bezogen auf den Quantifizierungsgrad der zu erzielenden Ergebnisse wird deshalb von den Experten eine Tendenz, ob der Modularitätsgrad gegenüber der aktuellen Situation erhöht oder verringert werden sollte, als hilfreicher aufgefasst als eine exakte Berechnung, die einen hohen Aufwand bei der Datenbereitstellung erfordert (Experte #1,2,9,11; vgl. dazu auch Gershenson et al., 2004, S. 33). Diese Ansicht wird durch die Tatsache unterstützt, dass Entscheidungen über die Modularität einer Produktarchitektur in den sehr frühen Phasen des Produktentwicklungsprozesses zu treffen sind, wenn die erforderlichen Daten noch nicht in hinreichendem Maße vorliegen.

Von mehreren der Experten wurde der Vorschlag unterbreitet verschiedene Lösungsalternativen zu vergleichen:

> *„Ziel sollte weniger ein Kalkulationswerkzeug, sondern ein Vergleichswerkzeug sein“* (Experte #1).

> *„Hilfreich ist als Ausgangszustand das Abbilden des Ist-Zustandes, der anschließend verbessert wird – ‚Grüne-Wiese-Szenarien‘ sind im Unternehmen schwer argumentierbar.“* (Experte #2).

Dabei repräsentiert jede Gestaltungsalternative einen variierten Modularitätsgrad. Dieser Richtung folgend wird ein prozentualer Vergleich der Gestaltungsalternativen als vielversprechender Ansatz erachtet. Für einen derartigen Vergleich wäre zudem die Verwendung von relativen Kosten möglich. Als Anhaltspunkt für die Höhe des Kostenniveaus kann ein gegenwärtiges Produkt herangezogen werden, für das bereits verlässlichere Daten vorliegen. Insgesamt sei als Ergebnis festgestellt, dass die Erfüllung der Hauptzielsetzung des zu entwickelnden Vorgehensmodells, die kostenorientierte Bewertung modularer Produktarchitekturen, aus Praxissicht in einem hohen Maße von den erforderlichen Daten abhängt.

4.3.7 Betrachtungsebene der Analyse

Die Interviews suggerieren, dass die Ebene der Analyse zur Bewertung des Modularitätsgrades schwierig abzugrenzen ist. In jedem Unternehmen, dessen Produkte über eine gewisse Komplexität verfügen, haben einzelne Komponenten eine Vielzahl von Abhängigkeiten gegenüber anderen Komponenten sowie verschiedenen Endprodukten. Diese Abhängigkeiten werden umso zahlreicher, je mehr die Komplexität der zu bewertenden Produkte ansteigt. Dies ist vereinbar mit der Aussage von PIL UND COHEN (2006, S. 1006), dass sich das Leistungsvermögen von Produktarchitekturen zwischen der Unternehmensebene und der Produktebene erheblich unterscheiden kann. Damit wird die Erkenntnis aus dem Stand der Forschung bestätigt, dass Modularisierung auf unterschiedlichen Betrachtungsebenen beschrieben wird (vgl. Kap. 3.2). Vor diesem Hintergrund wird von einigen der interviewten Experten erwartet, dass die Analyse des gegenwärtigen Modularitätsgrades mit der zu entwickelnden Methodik transparent durchzuführen ist. Gleichzeitig soll ein verwendbarer informativer Wert für die kostenorientierte Gestaltung der Modularisierung generiert werden (Experten #2,3).

Die Analyse eines einzelnen Produktes scheint hinsichtlich einer Kostenbetrachtung wenig zielführend. Wesentliche Kosteneffekte beispielsweise aus Degressionseffekten im Produktionsbereich können erst bei einer Vielzahl von Endprodukten, die hohe Stückzahlen von Gleichteilen auf der Komponenten- und Modulebene begünstigen, ausgenutzt werden.

Dies sei anhand des nachfolgenden Beispiels aus den Interviews verdeutlicht: Durch die Vereinheitlichung einer bestimmten Stelle über mehrere Produkte hinweg resultiert die Möglichkeit, diese Gleichteile mit einer Fertigungstechnologie herzustellen, die für ein einzelnes Produkt sehr hohe Fixkosten bedeuten würde. Das wörtliche Zitat wurde im Zuge der Anonymisierung an mehreren Stellen geringfügig angepasst.

> *„Ja, also wir haben unser Plattformkonzept erstmal ausgerichtet auf Komplexitätsreduzierung, definierte Schlüsselkomponenten, die immer gleich aussehen müssen, und daran über definierte Schnittstellen variable Elemente. Fixe und variable Elemente definiert über Schnittstellen. Und das Ziel war natürlich Kostenreduzierung, am Ende des Tages, und die Kostenreduzierung holen wir*

eben genau über die Mitte, nämlich über die Fertigung. Also wir haben uns auch mit neuen Fertigungstechnologien auseinandergesetzt, z.B. das ist jetzt auch keine neue Technologie, für uns allerdings wenn wir jetzt über die Großserie sprechen schon […]. Man muss das dann eben intelligent auswählen. […] Wenn ich dann noch weiß, dass ein Stückzahleffekt dazukommt, die [..; neue M]aschine ist viel teurer als die [..; alte M]aschine, wenn ich dann aber noch weiß, dass ich durch die Mehrfachverwendung dieses einen [...; Teils] die Grenzstückzahl erreiche, die das [..; neue Fertigungsverfahren] dann günstiger macht, dann habe ich gewonnen. Und so sind wir an der Stelle vorgegangen. Wir haben dann drei, vier Schlüsseltechnologien identifiziert, auf die wir jetzt setzen, und auf die auch das Modulkonzept dann ausgelegt ist.“ (Experte #12).

Ein vergleichbares Beispiel wurde auch vom Experten #1 dargelegt, demnach liegen ähnliche Erfahrungen auch in mindestens einem anderen Unternehmen vor.

Für das zu entwickelnde Modell sei aus diesen Ausführungen folgende Schlussfolgerung gezogen: Das Modell sollte idealerweise die Möglichkeit einer kostenorientierten Bewertung auf verschiedenen Analyseebenen bieten. Das größte Gewicht sollte dabei auf die Ebene der gesamten Produktarchitektur gelegt werden, da dort die größte Beeinflussbarkeit insbesondere von Einzelproduktübergreifenden Kostenwirkungen zu vermuten ist.

4.3.8 Unternehmensspezifische Kostenstruktur

Ein weiterer Ratschlag aus den Interviews wurde in Hinblick auf die Erfassung und Analyse einer unternehmensspezifischen Kostenstruktur gegeben. So könne häufig schon anhand der zehn wichtigsten unternehmensspezifischen Kostenbestandteile ein aussagekräftiges Ergebnis abgeleitet werden (Experten #6,7). Zudem sei eine Begrenzung der maximalen Anzahl an Kostenbestandteilen nach Auffassung mehrerer Experten für eine Handhabung des Modells in kleinen und mittleren Unternehmen vorteilhaft (Experten #5,8,11). Da einige Kostenbestandteile nicht allgemeingültig für jedes Unternehmen messbar sind, schlug einer der Experten (#1) vor, diese Kostenbestandteile in einen unternehmensspezifischen Kostenblock zusammenzufassen, der optional erfasst und bewertet wird.

Indem lediglich die wichtigsten Hauptbestandteile der Kostenstruktur für die Bewertung herangezogen werden, kann das in der Literatur beschriebene Problem, dass zwei verschiedene Unternehmen die gleichen Kosten womöglich unterschiedlich verrechnen (vgl. Kap. 2.4.4), überwunden werden. Dies ist insbesondere in den indirekten Bereichen und somit bei den Gemeinkosten wahrscheinlich. Würde ein Vorgehensmodell direkt Kostenpositionen aus einer unternehmensspezifischen Kostenrechnung übernehmen, könnte eine Vergleichbarkeit der Ergebnisse aus verschiedenen Anwendungen nicht gewährleistet werden. Da diese Vergleichbarkeit aber die Einordnung jedes einzelnen Unternehmens im Wettbewerb ermöglicht, soll sie im zu entwickelnden Modell möglichst erhalten bleiben.

4.4 Kritische Würdigung und Forschungsvalidität

> *„Die einschlägigen Studien [...], die mit Experteninterviews arbeiten, beschränken sich in der Regel auf die Ergebnispräsentation. Reflexionen zur Erhebungsmethode finden sich immer noch zu selten oder werden in Fußnoten oder den Anhang verbannt."* BOGNER UND MENZ (2009, S. 17).

Methoden, die im Rahmen einer empirischen Analyse für die Gewinnung von Informationen aus erhobenen Daten herangezogen werden, erfordern eine Beurteilung nach verschiedenen Gütekriterien, um eine hohe Validität der Ergebnisse sowie Integrität des Forschungsprozesses gewährleisten zu können.

In der Literatur wird argumentiert, dass insbesondere qualitative Forschung nicht ohne Bewertungskriterien (vgl. Steinke, 2010, S. 321) oder Maßstäbe (vgl. Mayring, 2002, S. 140) bestehen könne. Aufgrund der geringen Formalisierbarkeit und Standardisierbarkeit sei der Schwierigkeit Rechnung zu tragen, dass Kriterien quantitativer Forschung, zu denen in der Literatur vorwiegend Objektivität, Reliabilität und Validität gezählt werden, nicht direkt für die Bewertung qualitativer Forschung übertragbar sind (vgl. Kuckartz, 2014, S. 24; Steinke, 2010, S. 319; Pratt, 2008, S. 481 f.; Mayring, 2002, S. 140). Dennoch ließen sich diese für Anregungen zur Entwicklung von Bewertungskriterien heranziehen. STEINKE (2010, S. 323) sieht hier die Notwendigkeit eines Systems von Kriterien, das „... möglichst viele Aspekte der Bewertung qualitativer Forschung abdeckt."

Da eine geeignete Kriterienwahl die Berücksichtigung von Fragestellung, Methode, der Spezifität des Forschungsfeldes sowie des Untersuchungsgegenstandes erfordere, schlägt STEINKE (2010, S. 323 f.) einen breit angelegten Kriterienkatalog vor, aus dem eine untersuchungsspezifische Auswahl erfolgen kann, die anschließend falls erforderlich zu modifizieren und zu ergänzen ist. MAYRING (2002, S. 140 ff.) hingegen formuliert sechs allgemeine Gütekriterien qualitativer Forschung, die inhaltlich eine hohe Schnittmenge mit dem Kriterienkatalog von STEINKE (2010) aufweisen und für eine Anwendung in dieser Arbeit auf direkterem Wege zum gleichen Ziel führen. Deshalb wurde zur Sicherstellung einer hohen Validität sowie zur Beurteilung der

Integrität des Forschungsprozesses auf die von MAYRING (2002, S. 140 ff.) entwickelten Gütekriterien qualitativer Forschung zurückgegriffen (vgl. Tabelle 11).

Tabelle 11: Gütekriterien zur Sicherstellung der Forschungsvalidität
Quelle: Angelehnt an Mayring (2002, S. 140 ff.); Böger (2010, S. 100); Brockhaus (2013, S. 172).

Gütekriterium	In dieser Arbeit getroffene Maßnahmen zur Sicherstellung
Verfahrensdokumentation	Detaillierte Dokumentation der Datenauswertung. Software-gestützte Strukturierung und Dokumentation der Analyse.
Verwendung schlüssiger Argumente zur Validierung der Interpretationen	Dokumentation und Kenntlichmachung sämtlicher Interpretation der Datenbasis. Zurückgreifen auf direkte Zitate wenn realisierbar.
Regelgeleitetheit: Methodische Präzision und systematisches Vorgehen	Deduktiver Kategorienbildungsprozess. Kontinuierlicher Abgleich der Kategorien mit der Datenbasis.
Nähe zum Gegenstand: Datenerhebung in der realen Unternehmenspraxis	Persönliche Durchführung semi-strukturierter Experteninterviews. Sicherstellung der Offenheit gegenüber neuen Aspekten.
Empirische Verankerung: Kommunikative Validierung	Evaluation der Ergebnisse mit den Teilnehmern einer Fokusgruppe (vgl. Kap. 6.1.1).
Triangulation	Datentriangulation mit Sekundärdaten. Teilweise gemeinsame Durchführung und Auswertung der Interviews sowie Diskussion der Ergebnisse. Nutzung verschiedener Methoden (Interviews, Fokusgruppe).

Durch die Vielzahl erfolgreich getroffener Maßnahmen, die als konkrete Ausgestaltung anerkannter Gütekriterien qualitativer Forschung aus der Literatur anzusehen sind, kann die Forschungsvalidität dieser empirischen Studie als erfüllt beurteilt werden.

4.5 Zusammenfassende Beurteilung und Forschungslücke

Nachdem die Ergebnisse der Experteninterviews dargelegt und die Forschungsvalidität der explorativen Studie behandelt wurden, soll in diesem Abschnitt der erhobene Stand der Praxis dem zuvor analysierten Stand der Forschung gegenübergestellt werden.

Bei der Gegenüberstellung wird deutlich, dass in der Theorie durchaus Ansätze zur Messung eines Modularitätsgrades sowie zur Beschreibung von Kostenwirkungen der Modularisierung vorhanden sind. Dennoch kann eine Anwendung solcher Ansätze in der Unternehmenspraxis kaum verzeichnet werden. So konnten genaue Bestimmungen des Modularitätsgrades in keinem der Unternehmen identifiziert werden. Vielfaltsorientierte Kostenrechnungsansätze, zum Teil auch mit einer Berücksichtigung von modularisierungsbezogenen Komplexitätskosten, sind zwar vereinzelt in Unternehmen vorhanden, insgesamt aber als Ausnahme einzuordnen.

Die Ursachen, auf die diese geringe Anwendung in der Praxis zurückgeführt werden kann, sind vielfältig. An dieser Stelle sollen drei einzelne Defizite vorhandener Ansätze erläutert werden, die in die im Anschluss aufgezeigte Forschungslücke münden.

Erstens zeigt die Betrachtung im Stand der Forschung, dass die Literatur zu den Kostenwirkungen der Modularisierung genau im Schnittstellenbereich zwischen Ingenieurwissenschaften und der Betriebswirtschaft vorliegt. Bis auf wenige Ausnahmen fokussieren die einzelnen Beiträge vorwiegend eine dieser beiden Perspektiven. Für die kostenorientierte Bewertung modularer Produktarchitekturen ist eine Zusammenführung beider Perspektiven erforderlich. Solche ganzheitlichen Ansätze, die sowohl über einen technischen wie auch einen wirtschaftlichen Bestandteil verfügen, fehlen weitestgehend.

Zweitens sind viele der vorliegenden Ansätze aus dem Stand der Forschung sehr kompliziert. Dies sei am Beispiel der quantitativen Indikatoren zur Messung des Modularitätsgrades einer Produktarchitektur veranschaulicht (vgl. Kap. 3.2.2). Sofern der Ansatz inhaltlich verstanden wurde, muss umfangreiches Detailwissen zur Verfügung stehen. Dieses detaillierte Wissen liegt nicht explizit vor, sondern ist bei einzelnen Produktentwicklern bzw. Konstrukteuren verortet und muss aufwendig zusammengetragen werden. Im Stand der Praxis haben die Experten hingegen verdeutlicht, dass Ansätze zur kostenorientierten Bewertung modularer Produktarchitekturen möglichst transparent gestaltet werden sollten. Vorhandene Ansätze erfüllen diese Anforderungen aus der Praxis häufig nicht vollständig.

Drittens benötigen bereits vorliegende Ansätze zur Kostenanalyse modularer Produkte eine Vielzahl von Informationen und Daten. Diese liegen aber gerade in den frühen Phasen der Entwicklung, wenn Entscheidungen über die Produktarchitektur getroffen werden, nicht vor oder sind mit einer hohen Unsicherheit behaftet. Die Erhebung des Stands der Praxis zeigt die Anforderung der Praxisvertreter, dass ein Ansatz zur kostenorientierten Bewertung modularer Produktarchitekturen aus einer begrenzten Menge von Eingabedaten eine Handlungsempfehlung mit hinreichender Genauigkeit generieren sollte. Die bereits vorliegenden Ansätze erfüllen auch diese Anforderung weitestgehend nicht.

Das grundsätzliche Erfordernis eines Ansatzes zur kostenorientierten Bewertung modularer Produktarchitekturen sei noch einmal anhand eines direkten Zitates aus einem der Interviews verdeutlicht:

> *„Wir haben das [modulare Produkt]Konzept, wir sind jetzt gerade in der Umsetzung, aber wir können […] immer noch nicht die Varianz quantifizieren. Wir haben ein [Modul]Konzept entwickelt, von dem wir wissen es ist besser als vorher […], wir haben aber beispielsweise keine Prozesskostenrechnung im Hintergrund, die uns das jetzt monetär messbar macht. Das ist ein Stück weit auch Bauchgefühl, wir wissen, dass es besser ist. Dieses ganze Thema, weil wir es auch nicht quantifizieren können, muss sich erst noch beweisen, […] wir müssen es jetzt erst noch ‚auf die Straße' bringen."* (Experte #12).

Das aufgezeigte Auseinanderfallen von Theorie und Praxis kann wie folgt zusammengefasst werden. Zwar liegen theoretische Ansätze zur Modularisierung von Produkten vor, diese werden aber weitgehend nicht der praxisseitigen Anforderung nach einer Berücksichtigung der Kostenwirkungen der Modularisierung gerecht. Dies zeigt deutlich die Forschungslücke: Das Fehlen eines praxisorientierten Ansatzes zur kostenorientierten Bewertung modularer Produktarchitekturen. Diese Forschungslücke stellt Unternehmen vor erhebliche Schwierigkeiten bei Entscheidungen über die Gestaltung modularer Produktarchitekturen und muss deshalb geschlossen werden.

Zur Überwindung dieser Forschungslücke werden die Ergebnisse dieses Abschnitts zum Anlass genommen, ein Vorgehensmodell zu entwickeln. Dieses Modell soll die kostenorientierte Bewertung modularer Produktarchitekturen wissenschaftlich fundiert, jedoch durch gezielte Aggregation mit einem Aufwand-Nutzen Verhältnis ermöglichen, welches im Vergleich zu bereits vorliegenden Ansätzen mit einer geringeren Menge an Eingabedaten auskommt. Damit soll die Praktikabilität des Modells für Unternehmen gewährleistet werden, ohne die wissenschaftliche Fundierung zu vernachlässigen.

5 Entwicklung eines konzeptionellen Vorgehensmodells

> *"The need to make decisions involving trade-offs motivates the development of decision support models. A single model of most of the trade-offs associated with the choice of a product architecture is unlikely, and even if it were developed would probably be too complex to be useful."* ULRICH (1995, S. 438).

Dieses Zitat von ULRICH (1995) teilt die im Rahmen der explorativen Studie formulierte Anforderung, dass ein Modell zur kostenorientierten Bewertung modularer Produktarchitekturen vor allem dann erfolgreich sein kann, wenn es eine hohe Praktikabilität für Unternehmen gewährleistet. In die gleiche Richtung argumentieren GERSHENSON ET AL. (2004, S. 39), die ebenfalls einen Bedarf nach weniger exakten, weniger informationsintensiven Messinstrumenten sehen, die für die Konzeptentwicklung sowie erste Gestaltungsentwürfe modularer Produkte im Unternehmen zweckdienlich sind. Das Vorgehensmodell zur Unterstützung modularisierungsspezifischer Entscheidungen aus Kostensicht, das in dieser Arbeit für die Unternehmensperspektive entwickelt werden soll, befindet sich folglich in einem Spannungsfeld. Dessen Pole sind eine möglichst hohe Einfachheit zur Sicherstellung der Praxistauglichkeit einerseits sowie das Gesetz der erforderlichen Varietät von ASHBY (1985, S. 299 ff.) andererseits, da durch die Komplexität der gestellten Aufgabe nicht davon auszugehen ist, dass ein trivialer Lösungsansatz zum Ziel führen kann.

Zudem ist von Bedeutung, ob die verfolgte Zielsetzung die Optimierung oder lediglich eine Verbesserung der Modularität darstellt. Diese Unterscheidung ist als kritisch für die Implementierung anzusehen, da der erforderliche Informations- und Berechnungsaufwand von Modularitätsmessgrößen zwischen beiden Zielen erheblich variiert (vgl. Gershenson et al., 2004, S. 47). In der vorliegenden Arbeit steht in erster Linie eine Verbesserung der Modularität im Vordergrund, weil unterstellt wird, dass das Optimum aus Kostensicht bei Änderungen des Modularitätsgrades nicht konstant ist.

Der verbleibende Teil des Kapitels ist wie folgt strukturiert: Zunächst wird das Vorgehensmodell, das aus vier wesentlichen Schritten besteht, entwickelt. Anschließend ist die Umsetzung des Vorgehensmodells in einen Demonstrator dargelegt.

5.1 Vorgehensmodell

Als Rahmenbedingung für das Vorgehensmodell muss zunächst die Betrachtungsebene festgelegt werden. Auf verschiedene Betrachtungsebenen wurde bereits im Rahmen der Untersuchung von Indikatoren im Stand der Forschung eingegangen (vgl. Kap. 3.2). Die Ergebnisse sollen an dieser Stelle aufgegriffen werden. Bei der Betrachtungsebene kann es sich sowohl um ein gesamtes Produktportfolio als auch um ein Produktsystem, Subsystem oder ein einzelnes Modul handeln, das aus einer Mehrzahl unterschiedlicher Komponenten besteht. PIL UND COHEN (2006, S. 996) beschreiben, dass in der Literatur vor allem die Vorteile der Modularität für gesamte Produktportfolios untersucht wurden. Diese Erkenntnis geht mit der Frage von FIXSON UND PARK (2008, S. 1300 f.) einher, ob die Analyse des Modularitätsgrades für eine individuelle Funktion erfolgen solle oder der durchschnittlichen Modularität eines gesamten Produktes oder Systems eine höhere Bedeutung zuzumessen sei. Zudem soll an dieser Stelle die Aussage in Erinnerung gerufen werden, dass ein Produkt auf einer bestimmten Hierarchieebene modular sein kann, während es gleichzeitig auf einer anderen Ebene nicht modular strukturiert ist (vgl. Gershenson et al., 2004, S. 36; Kap. 2.2.3). In der Tendenz ist der Einfluss auf die Kostengestaltung umso größer, je höher die Hierarchieebene ist, auf der eine Verbesserung der Produktarchitektur vorgenommen wird.

Nachdem die Betrachtungsebene für die Analyse feststeht, werden auf dieser Ebene die vier Schritte des Vorgehensmodells durchlaufen (vgl. Abbildung 38).

Schritt 1	**Schritt 2**	**Schritt 3**	**Schritt 4**
Kapitel 5.1.1	*Kapitel 5.1.2*	*Kapitel 5.1.3*	*Kapitel 5.1.4*
Bestimmung des Modularitätsgrades	Ermittlung der IST-Kostenzusammensetzung	Extrapolieren der Kostensäule auf die anderen diskreten Modularitätsstufen	Zusammenführung von Modularitätsstufe und Kostenkurve
Ergebnis	**Ergebnis**	**Ergebnis**	**Ergebnis**
Einordnung in eine diskrete Modularitätsstufe	Kostensäule für die ermittelte Modularitätsstufe	Gesamtkostenkurve über alle Modularitätsstufen	Handlungsempfehlung zur Erhöhung oder Verringerung des Modularitätsgrades

Abbildung 38: Übersicht der vier Schritte des Vorgehensmodells

Erstens wird durch die Bestimmung des Modularitätsgrades in einer Produktarchitektur die Einordnung in eine Modularitätsstufe vorgenommen. Zweitens erfolgt die Analyse der gegenwärtigen Kostenzusammensetzung innerhalb des Unternehmens für die im ersten Schritt bestimmte Modularitätsstufe. Drittens wird die Kostenzusammensetzung als Ergebnis des zweiten Schrittes auf die anderen Modularitätsstufen extrapoliert. Dadurch kann eine Gesamtkostenkurve über alle Stufen abgeleitet werden, aus der das unternehmensspezifische Kostenoptimum für den gegenwärtigen Zeitpunkt der Untersuchung hervorgeht. Viertens wird aus der Integration der ermittelten Modularitätsstufe sowie der Gesamtkostenkurve eine Handlungsempfehlung abgeleitet, ob der Modularitätsgrad aus Kostensicht gegenüber der gegenwärtigen Situation erhöht oder verringert werden sollte.

5.1.1 Bestimmung des Modularitätsgrades in einer Produktarchitektur

Zur Bestimmung des Modularitätsgrades müssen spezifische Einzelanforderungen berücksichtigt werden, die aus der jeweils verfolgten Zielsetzung resultieren. Campagnolo und Camuffo (2010, S. 268) führen das Beispiel einer montagegerechten Produktgestaltung an. In diesem Fall sei es nicht zielführend, den Modularitätsgrad eines Produktes anhand der Anzahl unterschiedlicher Recyclingmethoden, die für jedes Modul erforderlich sind, zu messen. In der vorliegenden Arbeit hingegen soll die Analyse die kostenorientierte Bewertung modularer Produktarchitekturen fokussieren, so dass einzelne Größen vernachlässigt werden, die für diese Zielsetzung nicht von Bedeutung sind. Darüber hinaus sei die Annahme getroffen, dass die Funktionsstruktur innerhalb der analysierten Produktarchitektur vollständig vorliegt und nicht verändert wird.

In dieser Arbeit besteht die Bestimmung des Modularitätsgrades in einer Produktarchitektur aus drei Teilen. Im ersten Teil wird mit dem Ziel einer Vereinfachung das graduelle Spektrum des Modularitätsgrades in diskrete Modularitätsstufen unterteilt (Kap. 5.1.1.1). Im zweiten Teil werden geeignete Indikatoren zur Messung des Modularitätsgrades einer Produktarchitektur ausgewählt (Kap. 5.1.1.2). Der dritte Teil führt den ersten und zweiten Teil zu einem Gesamtbild zusammen (Kap. 5.1.1.3).

5.1.1.1 Modularitätsstufen

Obwohl im Theorieteil festgestellt werden konnte, dass es sich bei Modularität um eine Eigenschaft einer Produktarchitektur mit graduellem Charakter handelt (vgl. Kap. 2.2.3), erfordert der Umgang mit dieser Größe in praktischen Anwendungen eine Vereinfachung (vgl. Siggelkow, 2007, S. 21). Eine solche Vereinfachung wird in dieser Modellentwicklung durch die Diskretisierung des kontinuierlichen Spektrums in eine begrenzte Anzahl von Stufen vorgenommen. Diese Entscheidung ist vor dem Hintergrund des Spannungsfeldes zwischen der Genauigkeit bei der Abbildung der Realität und des erforderlichen Aufwands zu erörtern: Durch die Vernachlässigung an Genauigkeit, die bei der Messung des Modularitätsgrades einer Produktarchitektur kaum vermieden werden kann, würde eine prozentual genaue Einordnung folglich wenig Mehrwert bringen. Des Weiteren wird mit dieser Diskretisierung in Modularitätsstufen dem Ergebnis von GUO UND GERSHENSON (2007, S. 143) gefolgt, dass eine signifikante Beziehung zwischen jedweder Lebenszyklusmodularität und Lebenszykluskosten nur dann bestehe, wenn Änderungen der Modularität in signifikanter Größe vorgenommen werden. Im Rahmen dieser Arbeit wird unterstellt, dass dieser Zusammenhang auch für allgemeine Kosten, die nicht zwingend Lebenszyklus-spezifisch sind, Gültigkeit besitzt.

Sechs Modularitätsstufen wurden gewählt, da wesentlich kleinere Abstufungen in eine größere Anzahl Stufen dazu führen würden, dass sich reale Produktarchitekturen schwer zuordnen ließen und Kostenwirkungen schwerer feststellbar wären. So hat sich die Verwendung einer 10-Punkte Skala zur Selbsteinschätzung des gegenwärtigen Modularitätsgrades für ein repräsentatives Produkt im Rahmen der Experteninterviews als zu detailliert herausgestellt (vgl. Kap. 4.3.2). Deutlich gröbere Abstufungen hingegen bedingen eine abnehmende Aussagekraft der jeweils festgestellten Stufe. Darüber hinaus kann die Unterscheidung von sechs Modularitätsstufen anhand eines Beispiels aus der Literatur bekräftigt werden: LANG (2000, S. 33 f.) beschreibt die Verwendung von sechs Stufen zur Diskretisierung des Spektrums mit den Endpunkten absolut integraler und absolut modularer Produkte. Die Zielsetzung, ein angemessenes Verhältnis zwischen einem Genauigkeitsverlust durch Verallgemeinerung einerseits, sowie einer handhabbaren Komplexität bei der Anwendung des Vorgehensmodells andererseits zu erreichen, scheint auch für das Vorgehensmodell mit sechs Modularitätsstufen am besten erreichbar.

Die resultierenden sechs Modularitätsstufen decken das Spektrum zwischen einer vollkommen integralen Produktarchitektur (Stufe 0) und einer vollkommen modularen Produktarchitektur (Stufe 5) ab (vgl. Abbildung 39).

Nachfolgend werden die einzelnen Modularitätsstufen aus der Abbildung beschrieben:

- **0 / Annähernd vollständig integrale Produktarchitektur**: In diese Stufe fallen Produktarchitekturen, die weitestgehend keine modularen Eigenschaften aufweisen. Schnittstellen sind im Rahmen dieser Produktarchitektur nicht vorgesehen. Der Extremfall des idealen integralen Produktes würde ebenfalls in diese Stufe fallen.

- **1 / Integrale Produktarchitektur mit Anbaumodulen**: Produktarchitekturen dieser Stufe weisen zwar wenige modulare Anbauten auf, sind aber im Wesentlichen durch das integrale Basismodul als Hauptprodukt gekennzeichnet. Die Schnittstellen der modularen Anbauten sind von gleicher Art und spezifisch.

- **2 / Plattform-, bzw. Busarchitektur mit integraler Basis**: Dieser Stufe liegt ein Basismodul als Plattform zugrunde, welches isoliert betrachtet die Eigenschaften einer integralen Produktarchitektur aufweist. Der Unterschied zur ersten Stufe liegt darin, dass in Stufe 1 diese „Plattform" bereits das „Hauptprodukt" darstellt, in Stufe 2 hingegen als Basis dient. Eine weitere Unterscheidung resultiert durch verschiedene Schnittstellenarten.

- **3 / Plattform-, bzw. Busarchitektur mit modularer Basis**: Auch bei dieser Stufe liegt den Produkten eine gemeinsame Basis zu Grunde. Allerdings handelt es sich hierbei nicht um ein integral aufgebautes Basismodul, sondern um den Umfang mehrerer Module, die in allen Endprodukten vorhandenen sind. Die vorhandenen Schnittstellen sind weitgehend identisch mit denen der zweiten Modularitätsstufe.

- **4 / Modulare Produktarchitektur mit Austauschmodulen**: Produktarchitekturen dieser Stufe weisen keine gemeinsame Basis mehr auf. Sie bestehen stattdessen aus relativ stark entkoppelten Einzelmodulen, wobei sich deren Variabilität auf den Austausch bestimmter Module untereinander beschränkt. Diese Beschränkung resultiert durch verschiedene Schnittstellenarten.

- **5 / Freie, annähernd vollständig modulare Produktarchitektur**: In dieser Stufe sind Produktarchitekturen praktisch vollständig modular. Sie verfügen über weitgehend entkoppelte Schnittstellen und eine sehr hohe Übereinstimmung bei der Abbildung der Funktions- auf die Baustruktur. Der Idealtyp eines modularen Produktes fällt in diese Stufe.

An die Definition dieser sechs Modularitätsstufen schließt sich die Frage an, wie ein vorliegender Untersuchungsgegenstand auf der eingangs gewählten Betrachtungsebene in eine dieser Stufen eingeordnet werden kann. Im vorliegenden Vorgehensmodell wird über Indikatoren ein Modularitätsgrad gemessen und anschließend analysiert, welche der sechs Modularitätsstufen dem gemessenen Modularitätsgrad am nächsten ist. Im folgenden Abschnitt werden geeignete Indikatoren für diese Messung ausgewählt.

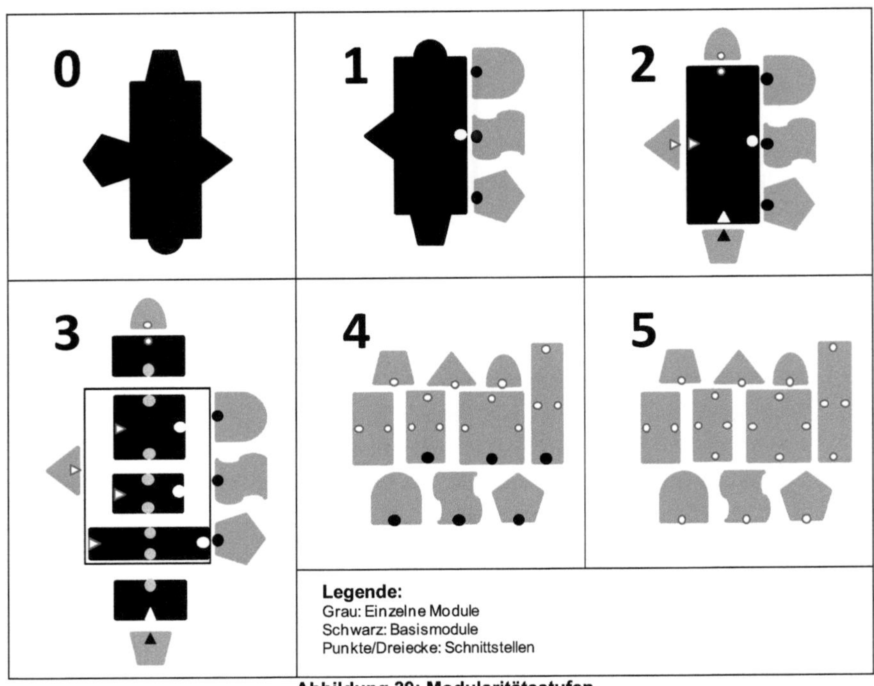

Abbildung 39: Modularitätsstufen

5.1.1.2 *Auswahl geeigneter Indikatoren zur Messung des Modularitätsgrades*

Bislang liegt kein durchgängig akzeptierter Ansatz zur Bestimmung des Modularitätsgrades in einem spezifischen Fall vor (vgl. Hölttä-Otto & de Weck, 2007, S. 115). Zudem führt SEKOLEC (2005, S. 121) vor dem Hintergrund der Bewertung einer Produktarchitektur aus, dass „... die Verdichtung von Informationen in einem Zahlenwert eine starke Abstraktion..“ darstelle. So führe die isolierte Betrachtung einzelner Kennzahlen häufig zu einseitigen Betrachtungen, aus denen letztlich unvollständige Beurteilungen resultieren. Deshalb soll in der vorliegenden Arbeit nicht auf eine einzelne Messgröße vertraut werden. Für die Modellentwicklung werden mehrere Indikatoren kombiniert.

Die einzelnen Indikatoren, die im Stand der Forschung ausführlich beschrieben wurden (vgl. Kapitel 3.2), sind für ein Vorgehensmodell, das mit dem Anspruch einer hohen Praxistauglichkeit entwickelt werden soll, unterschiedlich geeignet. Gerade die sehr aufwendigen quantitativen Indikatoren, die für den Modularitätsgrad aussagekräftig und sachlogisch sind, bedeuten für eine praktische Anwendung große Hürden. So ist die Bestimmung der exakten Anzahl an Verbindungen zwischen Komponenten innerhalb der Module oder zwischen den Modulen gerade bei komplexen Produkten nicht trivial (vgl. Mikkola, 2006, S. 130). Auch die Frage, wie detailliert die Funktionsstruktur eines realen Produktes oder einer Produktfamilie aufgelöst werden sollte, muss im Betrachtungszusammenhang beantwortet werden (vgl. Koppenhagen 2004, S. 22). Des Weiteren liegen aus den Experteninterviews Hinweise vor, dass eine Bewertung umfassender quantitativer Indikatoren häufig nicht möglich ist, da die erforderlichen Daten für eine Berechnung nicht vorliegen. Insgesamt dürfte die Genauigkeit der Handlungsempfehlungen des zu entwickelnden Modells kaum hoch genug sein, um den erheblichen Aufwand zu rechtfertigen, der zur Bestimmung der nötigen Eingabegrößen für die Berechnung sämtlicher Indikatoren erforderlich wäre.

Die Auswahl geeigneter Indikatoren wurde anhand einer Nutzwertanalyse in Anlehnung an ZANGEMEISTER (1976, S. 45 f.) vorgenommen, deren Ergebnis Tabelle 12 zeigt. Dabei wurden die Indikatoren in Hinblick auf die Zielsetzung des Vorgehensmodells anhand von fünf Kriterien bewertet. Alle Kriterien werden zunächst gleichwertig gewichtet. Von dieser Gewichtung kann abgewichen werden, wenn anwendungsspezifische Randbedingungen dies nahelegen. Die Bewertung jedes Kriteriums erfolgt dabei in drei Abstufungen (positiv, bedingt positiv, negativ). Ausgewählt werden schließlich diejenigen Indikatoren, die aufgrund von überwiegend positiven Bewertungen die höchsten Nutzwerte gemäß der verwendeten Bewertungskriterien aufweisen. Nachfolgend werden die einzelnen Bewertungskriterien erläutert:

- **Häufigkeit der Nennungen in der Literatur:**
  Mit diesem Bewertungskriterium soll die Durchdringung der einzelnen Indikatoren in den wissenschaftlichen Diskurs einbezogen werden. Zwar stellt die Häufigkeit der Nennungen kein offensichtliches Kriterium für die Eignung eines Indikators im Vorgehensmodell dar. Für die Bewertung soll damit aber auf die Güte vorliegender Beschreibungen wie auch kritischer Auseinandersetzungen mit dem jeweiligen Indikator geschlossen werden.

- **Potential für das Modell in dieser Arbeit:**
  Dieses Bewertungskriterium wird als subjektive Einschätzung des Verfassers vorgenommen. Dafür werden sämtliche Anforderungen an das Vorgehensmodell aus dem Stand der Praxis mit dessen eingangs formulierter Zielsetzung zusammengeführt. Keiner der Indikatoren wurde als negativ bewertet, so dass allen ein grundsätzliches Verwendungspotential zugesprochen wird.

- **Umfang der erforderlichen Eingabedaten:**
  Mit diesem Bewertungskriterium wird eine der Anforderungen aus der Praxis aufgegriffen, die im Rahmen der Experteninterviews formuliert wurde (vgl. Kap. 4.2.4.6). Eine positive Bewertung dieses Kriteriums wird vorgenommen, wenn der Indikator aus einer überschaubaren Anzahl von Einzelgrößen bestimmt werden kann. Diese Größen sollten anhand des analysierten Produktes erfasst werden können und somit nicht das implizite Wissen einzelner Konstrukteure oder Entwickler darstellen.

- **Aufwand-Nutzen-Verhältnis:**
  Dieses Bewertungskriterium ist nicht unabhängig von dem zuvor beschriebenen Umfang der erforderlichen Eingabedaten. Im Gegensatz dazu wird aber der Nutzen mit in die Bewertung einbezogen. Aus dem Bewertungsergebnis gehen lediglich zwei einzelne Abweichungen für die Indikatoren „Reversibilität von Schnittstellen" sowie die „Product architecture map" hervor.

- **Analyseebene:**
  Mit diesem Bewertungskriterium wird die Rahmenbedingung des Vorgehensmodells berücksichtigt, dass für dessen Anwendung zunächst eine bestimmte Betrachtungsebene festgelegt wird (vgl. Kap. 5.1 sowie Kap. 4.3.7). Folglich müssen Indikatoren mit der gewählten Betrachtungsebene vereinbar sein. Viele der Indikatoren können auf mehreren Ebenen angewendet werden, was für eine Verwendung im Vorgehensmodell als Vorteil zu erachten ist. Um das Verständnis der jeweiligen Analyseebenen zu erleichtern, wurde für dieses Bewertungskriterium auf eine graphische Abbildung des Ergebnisses in Tabelle 12 verzichtet.

Die fünf Indikatoren, die aufgrund der vorgenommenen Bewertung in den weiteren Ausführungen vernachlässigt werden, können dennoch, sofern die erforderlichen unternehmensspezifischen Daten hinreichend genau vorliegen, optional bestimmt werden, um den Detaillierungsgrad der Einordnung des Untersuchungsgegenstandes in eine Modularitätsstufe zu erhöhen.

Tabelle 12: Nutzwertanalyse zur Auswahl von Indikatoren

			Bewertungskriterium					
			Häufigkeit der Nennungen in der Literatur	Potential für das Modell in dieser Arbeit	Umfang der Erforderlichen Eingabedaten	Aufwand-Nutzen-Verhältnis	Analyseebene	Für Verwendung ausgewählt
Indikator	qualitativ	Kopplungsintensität	◑	●	◑	◑	Auf mehreren Ebenen möglich	X
		Erkennbarkeit von Modulgrenzen	◑	◑	●	●	Auf mehreren Ebenen möglich	X
		Reversibilität von Schnittstellen	◑	◑	●	◑	Auf mehreren Ebenen möglich	X
		Standardisierung von Schnittstellen	●	●	●	●	Auf mehreren Ebenen möglich	X
		Modularisierungstyp	●	◑	●	●	Auf mehreren Ebenen möglich	X
		Product architecture map	◑	◑	◑	○	Produkt-architektur	
	quantitativ	Funktionen-Komponenten Quotient	●	●	◑	◑	Auf mehreren Ebenen möglich	X
		Kopplungsverhältnis	●	●	◑	◑	Auf mehreren Ebenen möglich	X
		Anzahl der Module	●	●	●	●	Produkt-architektur	X
		Modularization Function	○	◑	○	○	Produkt-architektur	
		Singular Value Modularity Index	○	◑	○	○	Produkt-architektur	
		Modularity Metric	◑	●	○	○	Produkt-architektur	
		Netzwerkbasierter Ansatz	○	◑	○	○	Komponenten	

Legende: ● Positiv; ◑ Bedingt positiv; ○ Negativ

5.1.1.3 Einordnung durch Zusammenführung beider Größen

Durch die Zusammenführung der Messergebnisse für die ausgewählten Indikatoren mit den Modularitätsstufen soll die Einordnung eines gemessenen Modularitätsgrades in eine der sechs definierten Modularitätsstufen erzielt werden. Je nach Ausprägung des jeweiligen Indikators bei der Bewertung einer Produktarchitektur ist im Einzelfall von einer unterschiedlich starken Übereinstimmung zwischen Indikatorausprägung und der Stufenzuordnung auszugehen.

An dieser Stelle soll auch der Vorschlag aus den Experteninterviews aufgegriffen werden, alternative Gestaltungen der Produktarchitektur zu vergleichen. Werden zwei alternative Lösungen jeweils bewertet, lassen sich die Ergebnisse anhand der Messung der einzelnen Indikatoren sowie anhand der resultierenden Modularitätsstufe gegenüberstellen. Wichtig ist hierbei, dass die Bewertung der verschiedenen Gestaltungsalternativen auf der gleichen Ebene vorgenommen wird. Wie im Theorieteil aufgezeigt (vgl. Kap. 2.2.3), kann nicht ausgeschlossen werden, dass eine Produktarchitektur auf unterschiedlichen Betrachtungsebenen in verschiedene Stufen einzuordnen wäre.

Die Ergebnismatrix in Tabelle 13 zeigt zur Erläuterung das Beispiel einer indikatorenbasierten Bestimmung der Modularitätsstufe anhand eines abstrahierten Beispiels aus der Antriebstechnik. In dieser Matrix wurde die Einordnung für zwei alternative Gestaltungsmöglichkeiten einer Produktarchitektur mit unterschiedlichen Modularitätsgraden vorgenommen. Die Betrachtungsebene des Beispiels ist die gesamte Produktarchitektur. Jeder der Punkte stellt das Ergebnis der Bewertung anhand eines Indikators der ersten Alternative dar. Die Dreiecke zeigen das Bewertungsergebnis der zweiten Alternative. Interdependenzen zwischen den einzelnen Indikatoren werden nicht abgebildet. Aus dem Vergleich der Bewertungen beider Alternativen wird deutlich, dass die zweite Alternative (Dreiecke) im Vergleich zur ersten Alternative (Punkte) über einen höheren Modularitätsgrad verfügt. Dieses Ergebnis wurde für jeden einzelnen der Indikatoren erzielt und ist somit eindeutig.

Tabelle 13: Beispiel einer indikatorenbasierten Bestimmung der Modularitätsstufe

	Modularitätsstufe					
	0	1	2	3	4	5
	Integrale PA	Integrale PA mit Anbaumodulen	Plattform-/ Busarchitektur mit integraler Basis	Plattform-/ Busarchitektur mit modularer Basis	Modulare PA mit Austauschmodulen	Freie, vollständig modulare PA
Indikator: Funktionen-Komponenten Quotient	>1			●	▲	~1
Kopplungsverhältnis	hoch			●	▲	~0
Kopplungsintensität	hoch	●		▲		~0
Reversibilität von Schnittstellen	keine	●	▲			hoch
Standardisierung von Schnittstellen	keine			●	▲	durchgängig
Modulanzahl	~0	●		▲		hoch
Erkennbarkeit von Modulgrenzen	keine			●	▲	hoch
Modularisierungstyp	Integral		Bus		Component Swapping	Combinatorial
...						

Legende: ● Alternative 1; ▲ Alternative 2

Obgleich Eindeutigkeit des Ergebnisses für jeden einzelnen Indikator vorliegt, ergibt die Messung der Indikatoren für keine der beiden verglichenen Produktarchitekturen ein einheitliches Bild. Daraus wird deutlich, dass bei der indikatorenbasierten Einordnung einer Produktarchitektur in eine Modularitätsstufe prinzipiell zwei Arten von Ergebnissen denkbar sind. Diese unterscheiden sich hinsichtlich der Homogenität der Einordnung. Erstens besteht die Möglichkeit, dass alle Indikatoren eine Einordnung in die gleiche Modularitätsstufe hervorbringen. Zweitens ist nicht auszuschließen, dass – wie in dem betrachteten Beispiel – ein heterogenes Bewertungsergebnis erzielt wird. In diesem Fall ist eine Gewichtung der einzelnen Indikatoren erforderlich, um die Einordnung in eine der Stufen zu erzielen. Die Gewichtung kann unter Einbeziehung vorliegender Kontextinformationen unternehmensspezifisch getroffen werden. Ein mögliches Kriterium ist beispielsweise die Qualität der verwendeten Eingabedaten für die einzelnen Indikatoren als Maß für deren Verlässlichkeit. Durch die Gewichtung mehrerer Indikatoren resultiert eine dimensionslose Größe, die auf einer einheitlichen Analyseebene für den Vergleich verschiedener Gestaltungsalternativen herangezogen werden kann.

5.1.2 Ableitung der Kostenzusammensetzung einer Modularitätsstufe

Der zweite Schritt des Vorgehensmodells analysiert die gegenwärtige Zusammensetzung der Kostenstruktur für die Produktarchitektur, deren Modularitätsstufe im vorangegangenen ersten Schritt bestimmt wurde.

Bei der Analyse der Kostenstruktur sollen modularisierungsfixe und modularisierungsvariable Kosten unterschieden werden. KALLIGEROS ET AL. (2006, S. 3) beschreiben einzelne marktseitige Größen, die bezogen auf ein betrachtetes System exogen sind und demzufolge nicht von Gestaltungsentscheidungen der Produktarchitektur beeinflusst werden. In ähnlicher Weise wird die Unterscheidung der Kostenbestandteile in modularisierungsfixe und modularisierungsvariable Bestandteile vorgenommen. Für die modularisierungsfixen Kosten wird die vereinfachende Annahme getroffen, dass deren Höhe bei einer Änderung des Modularitätsgrades etwa konstant bleibt. Dabei handelt es sich um eine Vereinfachung, mit der die Praktikabilität des Vorgehensmodells bei Anwendungen in der Praxis erhöht werden soll. Modularisierungsvariable Kosten hingegen werden durch eine Veränderung des Modularitätsgrades der analysierten Produktarchitektur direkt beeinflusst und stellen somit wichtige Stellgrößen für die kostenorientierte Gestaltung der Modularisierung dar.

Nachfolgend wird zunächst der allgemeingültige Ansatz zur Bestimmung einer Ist-Kostenzusammensetzung beschrieben (Kap. 5.1.2.1), die synonym als Kostensäule bezeichnet wird. Anschließend wird beispielhaft die Kostenzusammensetzung eines Automobils auf der Basis von veröffentlichten Ergebnisdaten aus einer Simulation aufgezeigt (Kap. 5.1.2.2).

5.1.2.1 Allgemeiner Ansatz

Im Vorgehensmodell ist zunächst diejenige Modularitätsstufe j auszuwählen, die bei der Bestimmung des Modularitätsgrades ermittelt wurde (vgl. Kap. 5.1.1.3). Dabei wird unterstellt, dass die identifizierte Modularitätsstufe den gegenwärtigen Zustand des betrachteten Produktes hinreichend repräsentiert. Zur Abgrenzung gegenüber den anderen Modularitätsstufen wird diese als j^* gekennzeichnet. In Abbildung 40 ist das Beispiel der Modularitätsstufe zwei dargestellt.

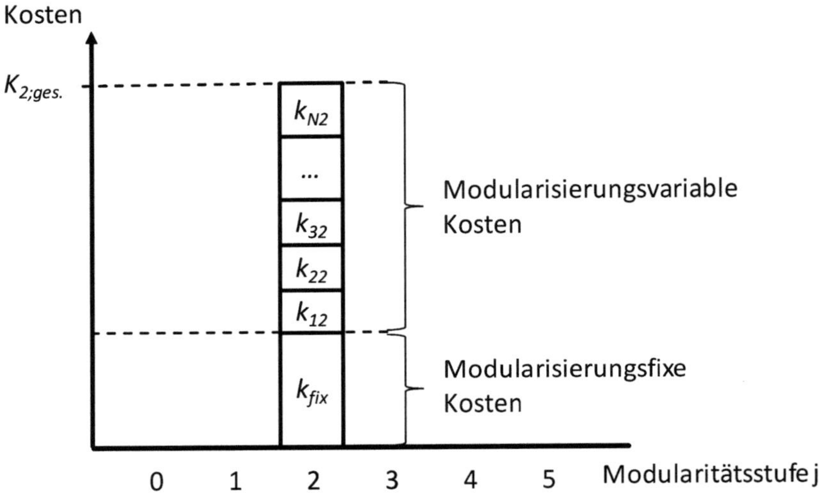

Abbildung 40: Generische Kosteneinbindung in das Vorgehensmodell

Innerhalb einer Stufe werden die modularisierungsfixen sowie die modularisierungsvariablen Kostenbestandteile i aufsummiert, so dass die Kostensäule der Stufe j resultiert (vgl. Formel 5.i).

$$K_{j;ges.} = k_{fix} + \sum_{i=1}^{N} k_{ij} \ \text{für alle}\ j = 0,1,\dots,5 \tag{5.i}$$

Mit:

$K_{ges.}$: Gesamtkosten für eine Modularitätsstufe j

j : Modularitätsstufen 0 bis 5

k_{fix}: Modularisierungsfixe Kosten

N : Anzahl der betrachteten Kostenbestandteile

i : Index der Kostenbestandteile $i \in N^* = \{1,2,3,\dots.\}$

Für das betrachtete Beispiel der Modularitätsstufe zwei ergibt sich somit der Zusammenhang in Formel 5.ii.

$$K_{2;ges.} = k_{fix} + \sum_{i=1}^{N} k_{i2} \ \text{für}\ j^* = 2 \tag{5.ii}$$

Der Aufwand zur Messung der einzelnen Kostenbestandteile variiert erheblich. Zur Veranschaulichung dieser Aussage sei die Klassifizierung von Modularisierungseffekten in quantifizierbare und nicht quantifizierbare in Erinnerung gerufen (vgl. Kap. 3.1.1.2). Während quantitative Kostenbestandteile häufig mit klassischen Kostenmethoden direkt messbar sind, ist dieser Schritt für andere Bestandteile deutlich aufwendiger. Beispielsweise liegen keine quantitativen Messgrößen vor, um Kostenbestandteile wie Transaktionskosten, Opportunitätskosten oder „Overheadkosten" generisch mit einem vertretbaren Aufwand-Nutzen-Verhältnis zu bewerten. Ob eine Bestimmung dieser Kostenbestandteile überhaupt möglich ist, muss im Kontext der jeweiligen Anwendung des Vorgehensmodells entschieden werden.

Einzelne Größen aus qualitativen Zusammenhängen, die aus Benchmarks und Studien übernommen werden, müssen für eine unternehmensspezifische Anwendung neu skaliert werden. Ist dies nicht möglich, müssen Näherungswerte oder Schätzungen von Unternehmensexperten im Vorgehensmodell verwendet werden.

5.1.2.2 Ableitung einer Kostenzusammensetzung aus Beispieldaten

Nachdem zunächst der allgemeine Ansatz zur Ableitung einer Ist-Kostensäule beschrieben wurde, wird in diesem Abschnitt beispielhaft die Kostenzusammensetzung eines Automobils ermittelt. Die Daten stammen aus der Kostensimulation für ein generisches Automobil (vgl. Waller & Bartolini, 2002, S. 69). Dabei werden nur die Kostenauswirkungen auf das Herstellerunternehmen betrachtet. Die hier aufgezeigten Kostenbestandteile erheben keinen Anspruch auf Vollständigkeit. Unternehmen, deren Geschäftsmodell die Betrachtung anderer Kostenbestandteile erfordert, können diese gemäß der hier dargestellten Vorgehensweise als Anpassung oder Erweiterung einbringen. Als Ausgangspunkt einer solchen Erweiterung kann die ausführliche Übersicht von Kostenwirkungen der Modularisierung aus Kapitel 3.1.1.2 herangezogen werden.

Auf der linken Seite von Tabelle 14 ist die Kostenzusammensetzung eines Automobils dargestellt, die als Ausgangspunkt dient. Aus dieser Kostenzusammensetzung werden in einem Anpassungsschritt diejenigen Kosten vernachlässigt, bei denen es sich nicht um Kosten des Herstellers handelt. Zudem werden die verbleibenden Kostenbestandteile in modularisierungsfixe sowie modularisierungsvariable Bestandteile unterschieden. Schließlich wird die gesamte Kostenzusammensetzung auf 100% neu skaliert. Das Resultat des Anpassungsschrittes ist in der rechten Spalte von Tabelle 14 enthalten.

Die verbleibenden Kostenbestandteile, von denen 14 modularisierungsvariabel sind, liegen oberhalb der in den Experteninterviews empfohlenen Anzahl von 10 Kostenbestandteilen. Allerdings ist zu berücksichtigen, dass in deutschsprachigen Kostenrechnungsansätzen nicht alle dieser Strukturelemente deckungsgleich definiert sind. Zudem liegt aus der Quelle nicht für jedes dieser Elemente eine detaillierte Beschreibung vor. In einer unternehmensspezifischen Anwendung könnte von der hier aufgezeigten Zusammensetzung abgewichen werden, wenn beispielsweise durch die 10 wichtigsten unternehmenseigenen Kostenbestandteile ein hinreichend genaues Ergebnis erzielt werden kann.

Tabelle 14: Kostenzusammensetzung eines Automobils[34]

Quelle: linke Seite nach Waller & Bartolini (2002, S. 69)

Preis- / Kostenstruktur nach Waller & Bartolini (2002)

Kostenblock	Anteil am Gesamtpreis [%]	Kosten des Herstellers? [JA / NEIN]	Anteil an den Gesamtkosten [%]	Änderung durch Modularisierung? [JA / NEIN]
Research & Development	3,9	JA	5,03	JA
Engineering	3,3	JA	4,25	JA
Commodities	5,7	JA	7,35	JA
Labour 1	13,1	JA	16,88	JA
Depreciation 1	4	JA	5,15	NEIN
Other Value Added	17,2	JA	22,16	NEIN
Inventory (Eingangslager)	0,8	JA	1,03	JA
Capital Charge (Kaufteile)	2,9	JA	3,74	JA
Manufacturing Overhead	0,7	JA	0,9	JA
Depeciation (Fertigung)	1,8	JA	2,32	JA
Labour (Fertigung)	12,4	JA	15,98	JA
Inventory (Fertigung)	0,4	JA	0,52	JA
Capital Charge (Herstellteile)	2	JA	2,58	JA
Warranty	1,7	JA	2,19	JA
General & Administrative	1,7	JA	2,19	NEIN
Taxes	2,6	NEIN		
Profit	2,3	NEIN		
Field Sales Cost	2,3	JA	2,96	JA
Freight (Outbound)	1	JA	1,29	JA
Advertising (incl. Dealer costs)	2,7	JA	3,48	NEIN
Dealer Inventory	1,7	NEIN		
Dealer Selling	1,5	NEIN		
Dealer Overhead	2,2	NEIN		
Discounts (incl. Dealer)	12,1	NEIN		
Summe	100		100	

Legende
Keine Kosten des Herstellers
Modularisierungsfixe Kosten
Modularisierungsvariable Kosten

Kostenzusammensetzung Vorgehensmodell

Modularisierungsfixe Kostenbestandteile	Anteil [%]
Depreciation 1	5,15
Other Value Added	22,16
General & Administrative	2,19
Advertising (incl. Dealer costs)	3,48
Summe	32,98

Modularisierungsvariable Kostenbestandteile	Anteil [%]
Research & Development	5,03
Engineering	4,25
Commodities	7,35
Depreciation Fertigung	2,32
Capital Charge Kaufteile	3,74
Capital Charge Herstellteile	2,58
Labour 1	16,88
Inventory (Eingangslager)	1,03
Manufacturing Overhead	0,9
Labour Fertigung	15,98
Inventory (Fertigung)	0,52
Warranty	2,19
Field Sales Cost	2,96
Freight (Outbound)	1,29
Summe	67,02
Gesamtsumme	100

5.1.3 Extrapolationen der Kostenzusammensetzung

Auf der Basis der im zweiten Schritt entwickelten Kostenzusammensetzung für eine spezifische Modularitätsstufe j^* werden in diesem (dritten) Schritt die Kostenwirkungen der einzelnen Bestandteile i auf die anderen Modularitätsstufen j extrapoliert, was einer Betrachtung veränderter Modularitätsgrade gleichkommt. Wie ein-

[34] Eine größere Darstellung der Tabelle ist in Anhang IV enthalten. Die englischen Begriffe wurden ergänzt, sofern die genaue Bedeutung durch Kontextinformationen zu erschließen ist.

gangs erläutert, werden solche Veränderungen nur für die modularisierungsvariablen Bestandteile der Kostenzusammensetzung unterstellt.

Da in der vorliegenden Ausführung die Kostenauswirkungen auf das Herstellerunternehmen im Vordergrund stehen, werden die Extrapolationen mit dem Ziel einer übersichtlichen Darstellung anhand der unternehmensinternen Phasen der Wertschöpfung strukturiert (vgl. Kap. 3.3.2.2). Die Einordnung der Kosten in die einzelnen Phasen erfolgt nach dem Zeitpunkt des Kostenauftretens, nicht ihres Ursprunges. So lässt sich ein Großteil der später entstehenden Kosten (z.B. Gewährleistungskosten) häufig auf Tätigkeiten in der Entwicklungs- oder Produktionsphase zurückführen. Für diese Arbeit werden Kosten aber der Phase zugeordnet, in der sie tatsächlich wirksam werden. Damit soll die Anwendung in der Praxis vereinfacht werden, da Kostenursache und -wirkung im Unternehmen häufig auseinanderfallen (vgl. Kap. 2.4.3.1) und deshalb nicht immer sämtliche Ursachen bei den Mitarbeitern bekannt sind.

Das allgemeine Vorgehen bei der Extrapolation eines Kostenbestandteils *i* wird in Tabelle 15 veranschaulicht. In der ersten Spalte wird der Kostenbestandteil *i* eingetragen, für den in der zweiten Spalte die sechs Modularitätsstufen *j* unterschieden werden. Die dritte Spalte zeigt das Extrapolationsergebnis als relative Größe, wobei die Bestimmung der gegenwärtigen Kosten des Kostenbestandteils *i* für eine der Modularitätsstufen *j** aus dem zweiten Schritt des Vorgehensmodells vorliegt. In der letzten Spalte der Tabelle werden Verweise auf einzelne Einflussgrößen aufgeführt, auf denen die Extrapolation basiert.

Tabelle 15: Allgemeine Darstellung einer Extrapolation

Kosten-bestandteil	Modularitäts-stufe *j*	Extrapolation	Einflussgrößen
Kostenbestandteil $i \in N^* = \{1, 2, 3, \ldots\}$	0	100%	Einzelne Größen, inhaltlich begründet mit Datenquellen wie beispielsweise Kennzahlen, Datenbanken, Journal Artikeln, unternehmensspezifischen Daten, etc.
	1	⇓	
	2	25%	
	3	30-40%	
	4	⇑	
	5	85%	

Die Tendenz-Pfeile, die in der dritten Spalte („Extrapolation“) eingetragen sind, geben die Entwicklung der Kosten im Vergleich zur vorherigen Modularitätsstufe (j – 1), nicht im Vergleich zum Ausgangsgrad einer integralen Architektur (Stufe 0), an. Sofern sich ein Pfeil zwischen zwei Zahlenwerten befindet, wird dadurch eine lineare Interpolation dargestellt. Eine solche lineare Interpolation kann sich auch über mehrere Stufen erstrecken, die zwischen zwei Zahlenwerten liegen. In diesem Fall werden prozentuale Abstufungen gleicher Größe unterstellt. Andernfalls, sofern ein Pfeil nicht für beide der angrenzenden Modularitätsstufen einen Zahlenwert aufweist, wird auf der Basis von Einzeleffekten eine Richtung abgeschätzt, wobei ein einzelner Pfeil eine Veränderung um 10% darstellt. Bei besonders großen erwarteten Veränderungen des Kostenbestandteils wird folglich mehr als ein Pfeil in die Extrapolationsspalte in der Tabelle eingetragen. Die Darstellung mit Pfeilen in der Tabelle wurde gewählt, da ein direktes Eintragen der Zahlenwerte aus einer Interpolation in der Tabelle eine Genauigkeit suggerieren würde, die nicht anhand von Quellen belegt werden konnte.

Für die Modularitätsstufe null werden die Kosten des jeweiligen Bestandteils *i* auf 100% indiziert. Diese Stufe dient somit als Bezugsgröße für die anderen Stufen. Zwar wäre auch denkbar, die gegenwärtig auf der Stufe *j** gemessene Höhe der Kosten auf 100% zu setzen, diese Möglichkeit wurde aber verworfen, weil dadurch die Vergleichbarkeit zwischen einzelnen Kostenbestandteilen *i*, aber auch zwischen verschiedenen Unternehmen erschwert würde.

Des Weiteren wird für die Kostenbetrachtung innerhalb des Vorgehensmodells die vereinfachende Annahme getroffen, dass die marktseitige Angebotsvielfalt konstant bleibt, also nicht durch eine Veränderung des Modularitätsgrades beeinflusst wird.

Basierend auf der allgemein aufgezeigten Vorgehensweise der Extrapolation wird nachfolgend die Strukturierung der unternehmensinternen Wertschöpfung in vier Phasen aufgegriffen (vgl. Kap. 3.3.2.2), um die Extrapolationen der einzelnen in Abbildung 41 dargestellten Kostenbestandteile abzuleiten.

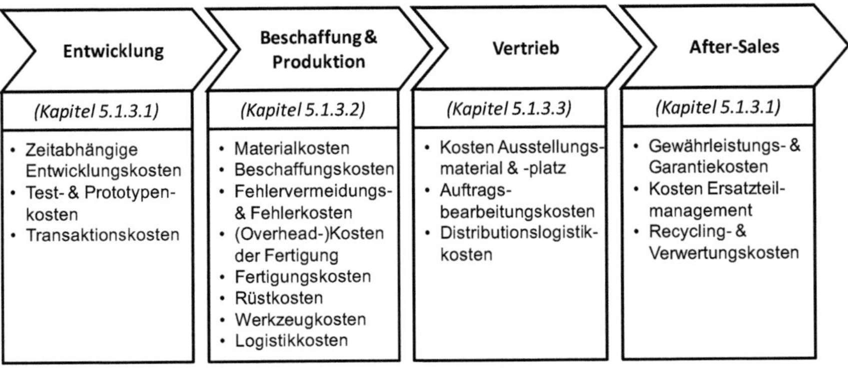

Abbildung 41: Kostenbestandteile in den internen Wertschöpfungsphasen

5.1.3.1 Phase Entwicklung

Zu Beginn des Produktlebenszyklus fallen Kosten an, die mit der Entwicklung des Produktes verbunden sind. Kosten der Grundlagenforschung werden nicht betrachtet, da deren Zuordnung zu einzelnen Produkten beinahe unmöglich ist (vgl. Fixson, 2002, S. 89). Zudem setzt die Modularisierung selbst zumeist erst zwischen Konzept- und Detailentwicklung ein (vgl. Göpfert, 2009, S. 70; Koeppen, 2007, S. 22). Im Rahmen der Entwicklungsphase werden die drei Kostenbestandteile zeitabhängige Entwicklungskosten, Test- und Prototypenkosten sowie Transaktionskosten extrapoliert. Die resultierenden Kostenwirkungen werden nachfolgend zunächst für die einzelnen Kostenbestandteile abgeleitet und anschließend in Tabelle 16 zusammengefasst.

Zeitabhängige Entwicklungskosten

Die Wirkung einer Veränderung des Modularitätsgrades auf die Höhe der zeitabhängigen Entwicklungskosten kann zwar nicht als vollständig austauschbar zur Wirkung auf die Entwicklungszeit angenommen werden, dennoch liegt zwischen beiden Größen ein enger Zusammenhang vor (vgl. Fixson, 2002, S. 89).

Um die Wirkung einer Veränderung der Modularitätsstufe auf die Entwicklungsdauer zu bestimmen, sind zunächst typische Entwicklungszeiten als Ausgangspunkt heranzuziehen. In der vorliegenden Ausführung wird dafür eine Studie von AHMADI ET AL. (2001) verwendet, in der die Auswirkungen des Dekompositionsgrades eines Entwicklungsprojektes auf die Gesamtentwicklungsdauer am Beispiel der Turbopumpe eines Raketenantriebs untersucht wird. Ein solcher Dekompositionsgrad, der die Unterteilung der Gesamtentwicklung in einzelne Entwicklungsumfänge beschreibt, weist eine hohe Ähnlichkeit zur modularen Gestaltung eines Produktes auf.[35]

Die Autoren stellen in der Studie einen konvexen Kurvenverlauf fest (vgl. Ahmadi et al., 2001, S. 555). Aufgrund des unabhängigen Arbeitsverhaltens in den einzelnen Entwicklungsumfängen kann die Entwicklungsdauer (Ordinate) zwischen einem Dekompositionsgrad (Abszisse) von null und dem Optimum bei 0,26 um über 75% verringert werden. Oberhalb des optimalen Dekompositionsgrades bleibt die Entwicklungsdauer in einem Intervall bis 0,44 auf niedrigem Niveau stabil. Geringfügige Veränderungen des Dekompositionsgrades gegenüber dem Optimum führen somit zu einem geringen Anstieg der Entwicklungszeit, da die Kurve in diesem Bereich einen flachen Verlauf aufweist. Ab einem Dekompositionsgrad von 0,70 steigt die

---

[35] Obgleich die Betrachtung organisatorischer sowie technischer Einteilungen auf den ersten Blick unterschieden werden sollte, argumentieren GÖPFERT UND STEINBRECHER (2000, S. 29), dass sich die Organisationsstruktur im Entwicklungsbereich häufig an die Struktur des Produktes angleicht.

Kurve stark an. Der Wiederanstieg ist vorwiegend auf einen höheren Interaktionsbedarf bei einer dezentraleren Produktentwicklung zurückzuführen (vgl. Ahmadi et al., 2001, S. 555). Liegt ein Dekompositionsgrad von eins vor, welcher mit der Modularitätsstufe 5 vergleichbar ist, erreicht die Entwicklungsdauer wieder das Ausgangsniveau. Der insgesamt resultierende Kostenverlauf ähnelt graphisch dem qualitativ dargestellten Kostenverlauf von FIXSON (2002, S. 91). Diesem liegt die Aussage zu Grunde, dass die Entwicklungskosten, dargestellt als Ressourcenverbrauch je Stück, in Abhängigkeit der Anzahl der Module einem parabelförmigen Verlauf folgen. In einer weiteren empirischen Untersuchung kommen DANESE UND FILIPPINI (2010, S. 1203) zu dem Ergebnis, dass Produktmodularität den Zeitbedarf bei der Entwicklung von Neuprodukten signifikant positiv beeinflusst. Vor diesem Hintergrund einer grundsätzlichen Bestätigung der Ergebnisse von AHMADI ET AL. (2001) ergibt die Übertragung der prozentualen Werte aus deren Studie auf das Intervall der sechs Modularitätsstufen die Extrapolationswerte in Tabelle 16.

Bei den beiden nachfolgend erläuterten Kostenbestandteilen handelt es sich jeweils um Entwicklungskosten, bei denen die Dauer des Entwicklungsvorganges für die Höhe der Kosten von untergeordneter Bedeutung ist.

Test- und Prototypenkosten

Der Kostenbestandteil der Test- und Prototypenkosten wird durch modulare Produktarchitekturen in positiver Weise verringert. So ergibt sich die Möglichkeit, Module einzeln und unabhängig voneinander auf ihre Funktionalität zu testen (vgl. Göpfert, 2009, S. 126; Erixon, 1996, S. 370). Dadurch wird erstens Entwicklungszeit eingespart, da für Prüfungen nicht bis zur Fertigstellung des Gesamtproduktes gewartet werden muss. Zweitens können Modulprototypen als Testobjekte verwendet werden, deren Wert und Baukosten lediglich einen Bruchteil der Kosten eines Prototyps des Gesamtproduktes ausmachen.

In die entgegengesetzte Richtung wirken hingegen die Kosten für zusätzliche Tests auf der Gesamtproduktebene, die für die Prüfung der Funktionalität von Schnittstellen zwischen den einzelnen Modulen erforderlich sind. Zudem müssen die verschiedenen Varianten des Endproduktes getestet werden, die aus der Kombinatorik der Module resultieren (vgl. Göpfert & Steinbrecher, 2000, S. 22).

Eine Untersuchung, die den Zusammenhang zwischen der Produktarchitektur und den resultierenden Testkosten modelliert, kommt zu dem Ergebnis, dass solche Kosten minimal sind, wenn sowohl funktionale als auch physische Unabhängigkeit der zu testenden Module vorliegt (vgl. Loch et al., 2001, S. 671 ff.). So steigen die erwarteten Testkosten bei vollständig modularen Produktarchitekturen sublinear mit der Anzahl der physischen Elemente an. Für integrale Architekturen hingegen wird ein exponentieller Anstieg prognostiziert. Sobald eine modulare Produktarchitektur kein vollständiges „One-to-One Mapping“ von Funktionen zu Komponenten aufweist, sind die Vorteile hinsichtlich der Testkosten substantiell geringer. Dennoch sind die Testkosten niedriger als für integrale Produktarchitekturen (vgl. Loch et al., 2001, S. 673). Deshalb kann lediglich ein Kostenminimum für „maximale Modularität“, im Vorgehensmodell also für die Modularitätsstufe 5, prognostiziert werden. Die relative Höhe der Kosten im Bereich dieses Minimums muss unternehmensspezifisch abgeschätzt werden.

Transaktionskosten

Der Kostenbestandteil der Transaktionskosten ist vor allem dann von zentraler Bedeutung, wenn im Zuge der Entwicklung modularer Produktarchitekturen größere Umfänge an Zulieferer übertragen werden (vgl. Kap. 3.3.2.1). Die genaue Verortung der damit verbundenen Aktivitäten innerhalb der Unternehmensorganisation ist in der Regel fallspezifisch. Die Identifikation und Auswahl geeigneter Lieferanten fällt häufig in den Verantwortungsbereich des strategischen Einkaufs. Dennoch fallen auch in der Entwicklungsphase Transaktionskosten an, die auf die Koordination und Kontrolle der ausgelagerten Entwicklungsumfänge zurückzuführen sind (vgl. Ruppert, 2007, S. 303 ff.). Gemäß der Transaktionskostentheorie ist eine Koordination über den Markt vor allem für Güter mit niedriger Spezifität sinnvoll (vgl. Kap. 2.4.1).

Bei der Bewertung von Transaktionskosten muss berücksichtigt werden, wie die unternehmensübergreifenden Wertschöpfungsstufen strukturiert sind. Liegt beispielsweise eine Lieferantenpyramide vor (vgl. Kap. 3.3.2.1), sind die Transaktionskosten für den OEM möglicherweise geringer, als wenn dieser sämtliche Subsysteme und Module selbst koordiniert. Im Rahmen der Experteninterviews wurde eine exakte Einschätzung von Transaktionskosten zum Teil als unmöglich, mindestens aber als unternehmensspezifisch befunden. Deshalb werden für die Extrapolation lediglich Tendenzen angegeben. Dabei wird der Argumentation gefolgt, dass höhere Modularitätsstufen eine ansteigende Standardisierung auf der Modul- und Komponentenebene begünstigen. Dadurch sinkt die Spezifität, so dass gemäß der Transaktionskostentheorie zunehmend Entwicklungsumfänge für Module an Lieferanten ausgelagert werden. Ab einer gewissen Modularitätsstufe werden aufgrund der hohen Anzahl extern entwickelter Module zusätzliche Koordinationstätigkeiten erforderlich.

Des Weiteren müsste im Rahmen der Transaktionskosten die Wiederverwendung von Gleichteilen aus früheren Produktarchitekturen berücksichtigt werden. Dabei stellt sich jedoch eine Abhängigkeit gegenüber anderen Produktarchitekturen und

Modulen des Unternehmens ein. Deshalb können diese Abhängigkeiten nicht allgemeingültig bewertet werden.

Für die Kostenbestandteile der Phase Entwicklung resultieren die in Tabelle 16 aufgeführten Extrapolationen.

Tabelle 16: Extrapolierte Kostenwirkungen in der Phase Entwicklung

Kostenbestandteil	Modularitätsstufe *j*	Extrapolation	Einflussgrößen
Zeitabhängige Entwicklungskosten	0	100%	Dekompositionsgrad in der Produktentwicklung
	1	80%	
	2	25%	
	3	30-40%	
	4	50%	
	5	100%	
Test- und Prototypenkosten	0	100%	Verhältnis Testzeit / Testkosten Entkopplungsgrad
	1	⇓	
	2	⇓	
	3	⇓	
	4	⇓	
	5	50%	
Transaktionskosten	0	100%	Anteil der fremdentwickelten (fremdbeschafften) Module Spezifität
	1	⇑	
	2	⇑	
	3	⇑⇑	
	4	⇑	
	5	⇓	

5.1.3.2 *Phase Beschaffung und Produktion*

In der Phase Beschaffung und Produktion liegen große Einflüsse der gewählten Modularitätsstufe auf die Kostensituation des Unternehmens vor. Diese äußern sich sowohl in direkten Auswirkungen auf die Material- und Fertigungskosten, als auch in indirekten Wirkungen auf Gemeinkosten, die in dieser Phase anfallen.

Für die Betrachtung der Herstellkosten wird angenommen, dass die Module und Komponenten in Eigenfertigung hergestellt werden und nur die dafür benötigten Materialien und Teile fremdbezogen werden. Sollten die fertigen Module, etwa im

Modular Sourcing Verfahren, eingekauft werden, dann werden einige der analysierten Effekte auf den Zulieferer verlagert. Die dadurch verursachten Kostenwirkungen sind dann im Einkaufspreis der Module enthalten. RUPPERT (2007, S. 263 f.) stellt allerdings fest, dass Modular Sourcing häufig zu sogenannten Modularisierungszuschlägen durch den Zulieferer führt.

Aus der Perspektive dieser Arbeit, der Änderung des Modularitätsgrades bei gleichbleibender Endproduktvielfalt wird davon ausgegangen, dass eine Erhöhung des Grades zur Verwendung von identischen Modulen in verschiedenen Produktvarianten führt. Dies bedeutet einen höheren Anteil an Gleichteilen und damit eine Volumensteigerung bei diesen Bauteilen und Modulen. Somit ergeben sich für diese Bauteile Skaleneffekte (vgl. Kap. 3.1.2.2). Diese zeigen sich in zahlreichen Kostenbestandteilen in der Produktion, von Einsparungen bei den Materialkosten aufgrund höherer Bestellvolumen, über seltenere Rüstvorgänge bis hin zu geringeren Ausschussraten aufgrund stärkerer Lerneffekte. Deshalb werden Skaleneffekte im Folgenden jeweils im Kontext eines einzelnen Kostenbestandteils betrachtet.

Da die Gleichteilenutzung für die Extrapolation mehrerer Kostenbestandteile in dieser Phase von zentraler Bedeutung ist, soll diese eingangs genauer untersucht werden. Dabei zeigt die Betrachtung der sechs Modularitätsstufen, dass sich ein maximaler Gleichteileanteil bereits in den Modularitätsstufen 2 und 3 ergibt. In diesen Stufen wird die Plattform, sowohl bei integraler als auch bei modularer Gestaltung, für jedes Produkt benötigt, während die Anbaumodule die Varianten festlegen. In höheren Stufen ergibt sich durch den Wegfall der Plattform wieder eine Verteilung der Produktionsvolumina auf verschiedene Module – der Gleichteileanteil sinkt zugunsten produktindividueller Module deutlich ab. In den „Plattformstufen" können so Gleichteileanteile (abhängig von der Industrie) von 60-70% erreicht werden (vgl. Thevenot & Simpson, 2006, S. 113 ff.). Auf Basis dieser Informationen und der bekannten Eigenschaften der verschiedenen Modularitätsstufen wird eine Entwicklung des Gleichteileanteils angenommen (vgl. Tabelle 17), die aber in unternehmensspezifischen Anwendungen angepasst werden sollte.

Tabelle 17: Gleichteileanteil in verschiedenen Modularitätsstufen

	Stufe 0	Stufe 1	Stufe 2	Stufe 3	Stufe 4	Stufe 5
Gleichteileanteil	0%	20%	60%	50%	40%	30%

Nachfolgend werden die einzelnen Kostenbestandteile Materialkosten, Beschaffungskosten, Fehlervermeidungs- und Fehlerkosten, (Overhead-)Kosten der Fertigung, sowie Fertigungs-, Rüst-, Werkzeug- und Logistikkosten behandelt.

Materialkosten

Hinsichtlich der Kosten der zu verwendenden Materialien ergeben sich Einsparpotentiale durch verschiedene Effekte. Durch die erhöhten Bestellmengen steigt die Verhandlungsmacht des einkaufenden Unternehmens, was sinkende Preise zur Folge hat, unabhängig davon, ob es sich bei den beschafften Gütern um Komponenten oder fertige Module handelt. Für den Zulieferer bedeuten diese höheren Bestellmengen Skaleneffekte in der eigenen Produktion und damit sinkende Kosten. Dies führt zu höheren Mengenrabatten und damit ebenfalls zu sinkenden Materialeinzelkosten beim Abnehmer.

Im Gegenzug führen die zusätzlich erforderlichen Schnittstellen zu einem höheren Materialbedarf gegenüber integral aufgebauten Produkten, was die Materialkosten negativ beeinflusst. Dieser Effekt steigt mit den Stufen entsprechend an, da höhere Stufen tendenziell eine höhere Modulanzahl aufweisen. Weiterhin geht mit der Gleichteilenutzung eine geringere Optimierung der Module auf die Anforderungen der einzelnen Produktvarianten einher. Ein Modul, dessen Funktionsfähigkeit in verschiedenen Anwendungen gewährleistet sein soll, muss die höchsten der gestellten Anforderungen erfüllen und dementsprechend dimensioniert sein. Für Varianten mit geringeren Anforderungen liegt häufig eine Überdimensionierung vor, die einen erhöhten Materialbedarf und damit höhere Kosten verursacht. Dieser Effekt ist in den Stufen mit hohem Gleichteileanteil folglich besonders ausgeprägt.

Insgesamt ergeben sich nur geringe Auswirkungen bei den Materialkosten. ERIXON (1996, S. 368) zu Folge haben empirische Untersuchungen Kostenwirkungen zwischen einer Senkung um 10% und einer Erhöhung um 3% aufgezeigt. Der Median lag bei einer Kostensenkung um 6%. Darauf basiert auch die Einschätzung für die Extrapolation. Allerdings wird für die höchsten Stufen davon ausgegangen, dass die hohe Modulanzahl die positiven Effekte der Modularisierung auf die Materialkosten wieder ausgleicht und teilweise übertrifft.

Beschaffungskosten

Auch auf die Beschaffungskosten wirkt sich der höhere Anteil von Gleichteilen aus, da weniger Beschaffungsvorgänge erforderlich sind. Ebenso können durch eine Beschaffungsstrategie des Modular Sourcing eher langfristige Entwicklungs- und Lieferverträge geschlossen werden, was den Aufwand von Beschaffungsvorgängen weiter reduziert (vgl. Ruppert, 2007, S. 51). Allerdings steigt damit der Wert der einzelnen Beschaffungsvorgänge an, was eine höhere Sorgfalt bei der Lieferantenauswahl erforderlich macht (vgl. Gonsior, 2008, S. 172 ff.). Aufgrund dieses höheren Beschaffungsaufwandes steigen die Materialgemeinkosten an. Letztere Effekte sind mit den in der Entwicklungsphase betrachteten Transaktionskosten näherungsweise vergleichbar.

HILLIER (2002, S. 578 f.) stellt insgesamt Kostenreduktionen der Beschaffungskosten durch das „Order-Pooling" um 25% in Aussicht. Dies ist allerdings abhängig von verschiedenen Faktoren, wie beispielsweise der Anzahl der Bestellvorgänge oder der Anzahl der Produkte, die sich ein gemeinsames Modul teilen.

Fehlervermeidungs- und Fehlerkosten

Auch auf Fehler- und Fehlervermeidungskosten, die im Produktionsprozess anfallen, hat die Gestaltung der Produktarchitektur einen Einfluss. So wird erwartet, dass sich eine modulare Gestaltung tendenziell positiv auf die Prozesssicherheit in der Produktion und auf die Qualität der hergestellten Waren auswirkt. Dies folgt im Wesentlichen aus den zu erwartenden Lerneffekten (vgl. Kap. 3.1.2.1). Lerneffekte ermöglichen Kosteneinsparungen durch bessere und schnellere Handhabung einzelner Prozesse durch die Mitarbeiter aufgrund des größeren Produktionsvolumens. Solche Lerneffekte sind zwar beobachtbar, aber schwierig von anderen Skaleneffekten abzugrenzen (vgl. Boas, 2008, S. 42 ff.). Da das jeweilige Produktionsvolumen mit dem Gleichteileanteil korreliert, kann zumindest die tendenzielle Entwicklung der Fehlervermeidungs- und Fehlerkosten prognostiziert werden.

(Overhead-)Kosten der Fertigung

Als (Overhead-)Kosten der Fertigung sollen mit Ausnahme der direkten Fertigungskosten alle Kosten, die direkt von der Durchlaufzeit des Produktes abhängen, erfasst werden. Die Kosten und Auswirkungen einer Veränderung der Durchlaufzeit sind ebenfalls schwierig zu beurteilen. So wird die Durchlaufzeit von mehreren in dieser Modellentwicklung separat betrachteten Faktoren beeinflusst, beispielsweise durch die Rüstzeiten oder verkürzte Montagezeiten. Auch die bereits angeführten Lerneffekte sorgen für eine Beschleunigung der einzelnen Arbeitsschritte. Im Gegenzug sorgt eine kürzere Durchlaufzeit wiederum für geringere Fertigungs- oder Logistikkosten, insbesondere bei der Kapitalbindung. Diese Effekte werden allerdings bereits in ihrem jeweiligen Unterpunkt erfasst.

ISHII (1998, S. 522) zeigt anhand verschiedener Module eines Druckers, dass bei modular aufgebauten Produktkomponenten geringere Durchlaufzeiten zu erwarten sind als bei vollständig integralen. Bei geringer Modularität sind immer noch um 50% geringere Zeiten zu beobachten. Allerdings halten ERICSSON UND ERIXON (1999, S. 37) eine Modulanzahl, die der Quadratwurzel der Komponentenanzahl entspricht, für ideal, um eine minimale Durchlaufzeit zu erhalten. Dies stützt die Vermutung, dass insbesondere in der höchsten Modularitätsstufe, in welcher die Modulanzahl tendenziell sehr hoch ist, steigende Durchlaufzeiten und damit verbundene Kosten zu erwarten sind.

Fertigungskosten

Die Fertigungskosten werden weitgehend durch die anfallenden Fertigungslöhne und somit durch die benötigte Zeit in der Fertigung bestimmt. Es wird angenommen, dass sich die Kosten analog dazu entwickeln. In der Literatur zur Modularisierung wird die Fertigung häufig noch weiter in Herstellung und Montage unterschieden. Dabei werden in dieser Modellentwicklung in der Montage ausschließlich Fertigungslöhne betrachtet, während in der Herstellung auch Material- und Beschaffungskosten eine Rolle spielen (vgl. Zhang & Gershenson, 2003, S. 124). FIXSON (2002) erwartet für diese Kosten eine prinzipielle Entwicklung, die in Abbildung 42 dargestellt ist.

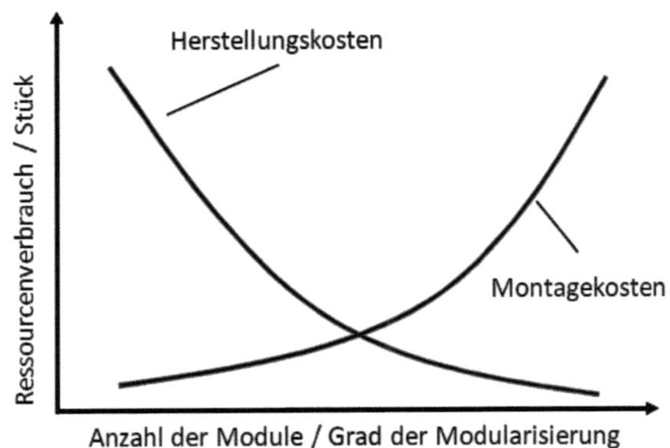

Abbildung 42: Grundsätzliche Entwicklung von Herstellungs- und Montagekosten Quelle: Fixson (2002, S. 95).

Dabei wird der Anstieg der Montagekosten vorwiegend auf eine höhere Anzahl erforderlicher Montagevorgänge bei steigender Modulanzahl zurückgeführt, während die Herstellungskosten von Skaleneffekten profitieren. Hingegen haben ZHANG UND GERSHENSON (2003, S. 125) auch sinkende Montagekosten bei steigender Modularität feststellen können.

In dieser Arbeit werden die vom Lohn und der Arbeitszeit unabhängigen Effekte, wie z.B. die Materialkosten, bereits als einzelner Kostenbestandteil betrachtet. Daher ist eine weitere Aufteilung der Fertigungskosten nicht zielführend. Somit bildet der Kostenbestandteil der Fertigungskosten vorwiegend die Höhe der Fertigungslöhne, welche wiederum von der Fertigungszeit abhängen, ab. Für die Fertigungszeit, und damit für die gesamten Fertigungskosten, wird daher eine analoge Extrapolation wie bei der Durchlaufzeit im Kostenbestandteil (Overhead-)Kosten der Fertigung angenommen.

Rüstkosten

Die Änderung der Rüstkosten beruht ebenfalls auf der Veränderung der gemeinsam genutzten Komponenten und Module. Deren größere Produktionsvolumina ermöglichen gesteigerte Losgrößen und damit seltenere Rüstvorgänge. Dementsprechend ist ein direkter Zusammenhang zwischen Gleichteileverwendung und Rüstkosten erkennbar, weshalb auch der Rüstkostenverlauf daraus abgeleitet wird.

Werkzeugkosten

Bei den Werkzeugkosten lassen sich zwei Modularisierungsfolgen unterscheiden:

Werden erstens im Falle von Modular Sourcing ganze Module fremdbezogen, so fallen die Werkzeugkosten beim Lieferanten an und werden über den Modulpreis geltend gemacht.

Zweitens führt ein hoher Gleichteileanteil dazu, dass weniger verschiedene Werkzeuge benötigt werden. Weiterhin werden die Kosten dieser wenigen Werkzeuge auf eine höhere Stückzahl verteilt (vgl. Robertson & Ulrich, 1998, S. 4). Dieser Effekt wird hier als maßgeblich erachtet. Gemäß ROBERTSON UND ULRICH (1998, S. 28 f.) ist die Wirkung auf die Werkzeugkosten dabei direkt mit dem Gleichteileanteil der verschiedenen Produkte verbunden und wird deshalb auch für die Extrapolation so angenommen.

Logistikkosten

Die Auswirkungen einer geänderten Modularisierungsstrategie auf die Logistikkosten in der Phase der Produktion sind erheblich. Eine höhere Gleichteilenutzung und die Möglichkeit, das Einbeziehen kapitalintensiver Module im Fertigungsprozess zeitlich hinauszuzögern, gestatten es, geringere Lagerbestände vorrätig zu halten. Dies senkt sowohl die Kapitalbindung als auch den Platzbedarf und die damit verbundenen Mietkosten, bzw. kalkulatorischen Mietkosten.

Der beschriebene Effekt kommt bei steigenden Modularitätsgraden immer stärker zur Geltung, da mehr Funktionsmodule unabhängig voneinander montierbar sind. Die Gleichteilenutzung erreicht dagegen ihr Maximum bereits, wie oben beschrieben, bei den plattformbasierten Modularitätsstufen (2 und 3). Auch aufgrund der danach wieder steigenden Komplexität durch eine stärkere Modularisierung ist ein Ansteigen der Logistikkosten bei sehr hohen Modularitätsgraden zu erwarten.

LYLY-YRJÄNÄINEN ET AL. (2005, S. 6) sehen dabei einen Zusammenhang zwischen der Anzahl produktspezifischer Komponenten und der Höhe der Logistikkosten. Bei der Untersuchung der Ersatzteillogistik, die hier als beste Näherung herangezogen wird, haben KRANENBURG UND VAN HOUTUM (2004, S. 10) bei einem Gleichteileanteil von 60% eine Reduzierung der Bevorratungskosten um 10-70% (durchschnittlich 50%) festgestellt. Dieser Gleichteileanteil wird auch für die Modularitätsstufe 2 im Vorgehensmodell angenommen, so dass der durchschnittliche Wert von 50% für diese Stufe übernommen wird.

Insgesamt resultieren für die Kostenbestandteile der Phase Beschaffung und Produktion die in Tabelle 18 aufgeführten Extrapolationen.

Tabelle 18: Kostenwirkungen in der Phase Beschaffung & Produktion

Kosten-bestandteil	Modularitäts-stufe *j*	Extrapolation	Einflussgrößen
Materialkosten	0	100%	Überdimensionierung Gleichteileanteil Produktionsvolumen
	1	94%	
	2	94%	
	3	94%	
	4	100%	
	5	110%	
Beschaffungs-Kosten	0	100%	Anzahl Bestellvorgänge Gleichteileanteil und Bestellvolumen Lieferantenanzahl Modular Sourcing Ja / Nein
	1	⇓	
	2	75%	
	3	⇑	
	4	⇑	
	5	⇑	
Fehlervermeidungs- und Fehlerkosten	0	100%	Prozesssicherheit Lerneffekte / Produktionsvolumen
	1	⇓	
	2	⇓	
	3	⇑	
	4	⇑	
	5	⇑	

Kosten-bestandteil	Modularitäts-stufe j	Extrapolation	Einflussgrößen
(Overhead-)Kosten der Fertigung	0	100%	Modul-/Komponentenanzahl
	1	⇓	
	2	50%	
	3	20%	
	4	⇑	
	5	⇑	
Fertigungskosten	0	100%	Siehe „Kosten der Durchlaufzeit“ im Kostenbestandteil (Overhead-)Kosten der Fertigung
	1	⇓	
	2	50%	
	3	20%	
	4	⇑	
	5	⇑	
Rüstkosten	0	100%	Gleichteileanteil Losgröße / Rüsthäufigkeit
	1	80%	
	2	40%	
	3	50%	
	4	60%	
	5	70%	
Werkzeugkosten	0	100%	Gleichteileanteil Produktionsvolumen je Werkzeug
	1	80%	
	2	40%	
	3	50%	
	4	60%	
	5	70%	
Logistikkosten	0	100%	Gleichteileanteil Ausnutzung Postponement-Möglichkeiten
	1	⇓	
	2	50%	
	3	50%	
	4	⇓	
	5	⇓	

5.1.3.3 Phase Vertrieb

Obgleich zahlreiche Auswirkungen der Modularisierung auf die Vertriebsphase identifiziert werden können, bleiben die Kosteneffekte überschaubar. Ein großer Teil der Vor- und Nachteile, die eine modulare Produktarchitektur in dieser Wertschöpfungsphase induziert, sind auf ein einfach zu erweiterndes Produktangebot sowie die damit verbundenen Umsatzchancen und die Verringerung des Absatzrisikos zurückzuführen. Dadurch liegt aber kein Einfluss auf die Kostensituation vor, da im Vorgehensmodell von einer konstanten Endproduktvielfalt ausgegangen wird.

Zudem werden Zeiteinsparungen bei der Preisfindung sowie die damit verbundenen Kostenpotentiale nicht weiter berücksichtigt. Sofern einzelne Module fremdbezogen werden, bietet eine modulare Produktarchitektur den Vorteil, dass Modulpreise aus der Beschaffung vorliegen. Kostendeckende Preise für die Endprodukte lassen sich damit relativ einfach kalkulieren (vgl. Gonsior, 2008, S. 205). Da aber die Herstell- und Bezugskosten häufig nicht die wichtigste Grundlage der Preisbildung darstellen[36] und der Anteil der Preisfindungskosten an den Vertriebs- oder sogar den Gesamtkosten eher gering ist, wird auf eine detaillierte Betrachtung verzichtet.

Somit verbleiben für die Phase Vertrieb die drei Kostenbestandteile Kosten für Ausstellungsmaterial und -platz, Kosten für die Auftragsbearbeitung sowie Distributionslogistikkosten. Diese werden nachfolgend behandelt.

Kosten für Ausstellungsmaterial und -platz

Modulare Produkte senken die Kosten für Ausstellungsobjekte im Vertrieb (vgl. Gonsior, 2008, S. 205). Während eine bestimmte Anzahl integraler Produkte eine ebenso hohe Anzahl von Anschauungsobjekten erfordert, kann bei modular gestalteten Produkten nur ein Gesamtprodukt ausgestellt werden. Zusätzlich können austauschbare Module präsentiert und erklärt werden. Dadurch sinken der Platzbedarf im Vertrieb sowie die Kapitalbindung für Produkte, die als Anschauungsobjekte genutzt werden. Dieser Effekt ist besonders in den höchsten Modularitätsstufen zu erwarten, da die Reversibilität der Schnittstellen in diesen Stufen höher ist und damit einen Modulaustausch auch noch nach der Herstellung ermöglicht. In den unteren Stufen ist die Modularität der Produktarchitektur oftmals „versteckt“ und spielt deshalb beim Endkundenvertrieb keine betrachtenswerte Rolle.

Je nach Aufbau der Vertriebsstruktur sind die beschriebenen Effekte möglicherweise erst in vertikal nachgelagerten Vertriebsstufen (z.B. unabhängigen Handelsbetrieben) von Bedeutung.

36 Wichtiger ist häufig eine Orientierung des Preises am Wettbewerb oder an der Zahlungsbereitschaft der Kunden (vgl. beispielsweise Fischer et al., 2012, S. 220; Brühl, 2009, S. 198 f.).

Kosten für die Auftragsbearbeitung

Durch einen modularen Produktaufbau sinken wie auch in der Produktion die Auftragsdurchlauf-, bzw. Auftragsbearbeitungszeiten im Vertrieb. Vor allem wird die Konfiguration vereinfacht, insbesondere wenn diese durch den Kunden selbst vorgenommen wird (z.B. mittels Produktkonfiguratoren). Statt der Verwaltung zahlreicher Einzelprodukte ergibt sich durch den Austausch von Modulen oder den Einsatz von optionalen Modulen eine Vielzahl an Konfigurationsmöglichkeiten. Dadurch sinkt die Auftragsabwicklungszeit im Vertrieb, das heißt der Zeitraum zwischen Kundenanfrage und Freigabe für die Produktion. BARTUSCHAT UND KRAWITZ (2006, S. 202 f.) zeigen am Beispiel von Omnibussen, dass sich mittels einer geeigneten IT-Struktur und Produktstrukturierung entsprechend der Modularitätsstufe 2 diese Zeit um bis zu 45% reduzieren lässt.

Distributionslogistikkosten

Für die Betrachtung der Distributionslogistik ist zu beachten, dass von einer konstanten Endproduktvielfalt ausgegangen wird. Damit sind für die Modularitätsstufen 1-3 keine wesentlichen Änderungen dieser Logistikkosten zu erwarten, da die Produkte weiterhin in der Produktion fertiggestellt werden. Somit bleibt die Anzahl auszuliefernder Varianten konstant. Dies ändert sich erst bei den höchsten Stufen, in denen aufgrund der entkoppelten Schnittstellen die Möglichkeit besteht, die Module unabhängig voneinander auszuliefern, so dass die finale Zusammenstellung erst beim Händler oder beim Kunden vorgenommen wird. Damit steigt jedoch die Anzahl in der Distributionslogistik vorzuhaltender und zu verwaltender Einzelmodule gegenüber der vorher fixen Zahl an Endprodukten an, so dass eine Steigerung der Logistikkosten wahrscheinlich ist.

In der Phase Vertrieb ergeben sich aus den Ausführungen für die einzelnen Kostenbestandteile die folgenden Extrapolationen (vgl. Tabelle 19).

Tabelle 19: Kostenwirkungen in der Phase Vertrieb

Kosten-bestandteil	Modularitäts-stufe *j*	Extrapolation	Einflussgrößen
Kosten für Ausstellungsmaterial und -platz	0	100%	Möglichkeit mehrere Varianten durch Wechselmodule zu präsentieren
	1	100%	
	2	100%	
	3	⇓	
	4	⇓	
	5	⇓⇓⇓	

Kosten-bestandteil	Modularitäts-stufe *j*	Extrapolation	Einflussgrößen
Kosten für Auftragsbearbeitung	0	100%	Prozessgestaltung passend zum Modularitätsgrad
	1	⇓	
	2	55%	
	3	=	
	4	=	
	5	=	
Distributions-logistikkosten	0	100%	Produktzusammenbau beim Händler / Kunden möglich
	1	100%	
	2	100%	
	3	100%	
	4	⇑	
	5	=	

5.1.3.4 *Phase After-Sales*

In der After-Sales Wertschöpfungsphase wurden Kostenwirkungen der Modularisierung vorwiegend in den drei Kostenbestandteilen Gewährleistung- und Garantiekosten, Kosten für das Ersatzteilmanagement sowie Recycling- und Verwertungskosten untersucht. Diese werden nachfolgend behandelt.

Gewährleistungs- und Garantiekosten

Immer dann, wenn der Produkthersteller die Kosten für die Reparatur von defekten oder mangelhaften Produkten tragen muss, entstehen Gewährleistungs- oder Garantiekosten. Dies kann auf eine gesetzliche Verpflichtung (Gewährleistung) oder eine freiwillige Verpflichtung (Garantieleistungen) zurückzuführen sein. Gewährleistungskosten werden häufig als Sondereinzelkosten des Vertriebes angesehen (vgl. Weber, 2012), in dieser Arbeit jedoch aufgrund ihres zeitlichen Auftretens nach der eigentlichen Vertriebshandlung als Kosten der Phase „After-Sales" behandelt. Der Effekt einer steigenden Modularität der Produktarchitektur auf diese Kosten ist nicht eindeutig: Einerseits vereinfacht eine modulare Produktarchitektur die Wartung, da ein defektes Modul entfernt und durch ein intaktes ersetzt werden kann. Dies erspart komplexe Prozesse zur Fehlersuche und Reparatur und kann die Ausfallzeit des Produktes beim Kunden senken (vgl. Freimann et al., 2009, S. 138; Schneider et al., 2010, S. 58). Ein steigender Modularisierungsgrad unterstützt dieses Vorgehen. Je stärker die Funktionskonzentration auf einzelne Module ist und je entkoppelter die

Module über Schnittstellen voneinander sind, desto einfacher ist ein nachträglicher Austausch von Modulen. Andererseits führt genau dieser Austausch von vollständigen Modulen, anstelle der Reparatur mit möglichst geringem Teileaustausch tendenziell dazu, dass die Materialkosten für Gewähr- und Garantieleistungen ansteigen (vgl. Kap. 2.2.3.1).

Ein weiterer wichtiger Punkt für diesen Kostenbestandteil ist die Frage, wie häufig Garantie- oder Gewährleistungsfälle überhaupt eintreten, d.h. wie oft Produktdefekte auftreten. Dabei sorgen insbesondere der höhere Gleichteileanteil und die damit verbundenen Lerneffekte in der Produktion für eine höhere Produktqualität und damit eine geringere Eintrittswahrscheinlichkeit von Fehlern beim Kunden. Im Gegenzug bedeuten eben diese mehrfach verwendeten Module, dass einzelne systemkritische Fehler aus Entwicklung oder Produktion in einer größeren Anzahl von Endprodukten auftreten.

Der Einschätzung der Kostenextrapolation liegt eine Studie von RAMDAS UND RANDALL (2008) zu Grunde, welche die Auswirkungen einer stärkeren Gleichteileverwendung zwischen verschiedenen Produkten auf deren Qualität untersucht. Da genau diese stärkere Gleichteileverwendung für die durch Modularisierung erwartete Qualitätsverbesserung verantwortlich ist, werden die Ergebnisse der Studie als Näherung herangezogen. Weiterhin ist die Ausfall- bzw. Fehlerrate bei der Nutzung der Produkte ein entscheidender Kostentreiber der Garantie- und Gewährleistungskosten. Allerdings beziehen RAMDAS UND RANDALL (2008) in ihre Überlegungen nur „modulare" und „integrale" Produktarchitekturen ein, ohne dazwischen einen graduellen Übergang einzuräumen. Diese Werte werden daher für die Stufen 0 und 5 übernommen.

Das Ergebnis dieser Studie zeigt, dass in integralen Produktarchitekturen kein eindeutiger Zuverlässigkeitsvorteil durch Gleichteilenutzung gewonnen werden kann (vgl. RAMDAS & RANDALL 2008, S. 935 f.). In modularen Produktarchitekturen hingegen ergibt sich eine Verbesserung der Zuverlässigkeit durch die Gleichteilenutzung von 25-50% (abhängig vom kumulierten Produktionsvolumen) gegenüber einer modularen Produktarchitektur ohne Gleichteilenutzung.

Kosten für das Ersatzteilmanagement

Ein großer Teil des After-Sales Umsatzes vieler Produkthersteller stammt aus dem Vertrieb von Ersatzteilen. Dadurch ergibt sich ein Bedarf an zu bevorratenden Komponenten und Modulen. Die resultierenden Kosten für den Transport, die Lagerung und die Verwaltung dieser Ersatzteile werden für die Modellentwicklung als Kosten für das Ersatzteilmanagement zusammengefasst.

Die Wirkungen der Modularisierung auf diese Kosten sind vergleichbar mit der Extrapolation der Logistikkosten in der Phase Produktion, die bereits analysiert wurden. Die Auswirkungen des Gleichteileanteils auf die Kosten des Ersatzteilmanagements wurden weiterhin, wie bereits im Rahmen der Logistikkosten erläutert, von Kranenburg und van Houtum (2004) untersucht, die einen eindeutig positiven Zusammenhang zwischen diesen beiden Größen feststellen konnten. Daher wird derselbe Extrapolationsverlauf wie bei den Logistikkosten der Produktion angenommen.

Recycling- und Verwertungskosten

Am Ende eines jeden Produktlebens steht die Verwertung. Diese ist heutzutage für viele Herstellerunternehmen auch aus Kostensicht von Bedeutung. So sind die Herstellerunternehmen in vielen Fällen gesetzlich dazu verpflichtet, ihre Produkte nach deren Verwendung zurückzunehmen (vgl. Ishii, 1998, S. 513). Derartige gesetzliche Regelungen gibt es beispielsweise bereits in der europäischen Automobilindustrie oder in der Elektronikindustrie (vgl. Freimann et al., 2009, S. 131 f.).

Nach der Rücknahme der Produkte gibt es grundsätzlich die Möglichkeiten, diese aufzubereiten und wiederzuverwenden, die enthaltenen Rohstoffe zu extrahieren und wiederzuverwerten oder die Produkte thermisch zu nutzen. In der Automobilindustrie müssen bereits 85% des Fahrzeuggewichtes wieder- oder weiterverwendet, bzw. verwertet werden. Bis 2015 soll dieser Anteil auf 95% steigen (vgl. Freimann et al., 2009, S. 132).

Die Erfüllung der Rücknahme- und Verwertungspflichten ist für die Unternehmen mit erheblichen Kosten verbunden, so dass eine recyclingfreundliche Gestaltung ihrer Produkte an Wichtigkeit zunimmt.[37] Modulare Produktarchitekturen helfen dabei auf mehrere Arten. Erstens besteht die Möglichkeit, intakte Module aus entsorgten Produkten zu entnehmen und diese auf dem Gebrauchtmarkt zu vertreiben. Zweitens besteht die Möglichkeit einzelne wertvolle Module instand zu setzen und als aufbereitete Teile im regulären Ersatzteilprogramm zu verwenden. Ein solches Verfahren ist bei einigen Teilen im Automobilbau, etwa aufbereiteten Motoren, bereits üblich (vgl. Ruppert, 2007, S. 329; Freimann et al., 2009, S. 139). Drittens besteht die Möglichkeit, schon bei der Modulentwicklung auf spätere Verwertungsgesichtspunkte zu achten. So können Module aus verwertungstechnisch ähnlichen Materialien gestaltet werden, um die späteren Kosten für die Materialtrennung zu senken (vgl. Zhang & Gershenson, 2002, S. 54; Blees 2011, S. 98 ff.). Diese Verfahren erscheinen in

[37] Zwar nutzen zahlreiche Hersteller das Angebot von Entsorgungsdienstleistern, die die Rücknahme und Verwertung übernehmen. Die bei den Dienstleistern für diese Leistungen anfallenden Kosten sind aber ebenfalls direkt von den Recyclingkosten der Produkte abhängig und werden an die Hersteller weitergegeben.

hohen Modularitätsstufen aufgrund der höheren Modulanzahl und größeren Reversibilität am wahrscheinlichsten.

Basis für die Einschätzung der Kostenextrapolation auf die Verwertungskosten sind zwei Studien von ZHANG UND GERSHENSON hinsichtlich der „Retirement Costs" (Stilllegungskosten, vgl. Zhang & Gershenson, 2002) sowie der „Life-Cycle Costs" (Lebenszykluskosten, vgl. Zhang & Gershenson, 2003). Dabei wird festgestellt, dass kein allgemeiner Zusammenhang zwischen diesen Kosten und der Modularität feststellbar ist. Zu einem ähnlichen Urteil gelangen auch FREIMANN ET AL. (2009, S. 139 ff.), die zwar die theoretischen Vorteile der Modularisierung für das Produktrecycling bestätigen, aber in einer empirischen Analyse der Automobilindustrie keine tatsächliche Umsetzung solcher Bestrebungen feststellen konnten. Insgesamt wird lediglich für die höchsten Modularitätsstufen die positive Tendenz abnehmender Kosten angenommen.

Zusammengefasst resultieren für die Kostenbestandteile in der Phase After-Sales folgende Extrapolationen (vgl. Tabelle 20).

Tabelle 20: Kostenwirkungen in der Phase After-Sales

Kostenbestandteil	Modularitätsstufe *j*	Extrapolation	Einflussgrößen
Garantie- und Gewährleistungskosten	0	100%	Produktionsvolumen / Gleichteileanteil
	1	⇓	
	2	⇓	
	3	⇓	
	4	⇓	
	5	50-75%	
Kosten für das Ersatzteilmanagement	0	100%	Gleichteileanteil
	1	70%	
	2	⇓	
	3	50%	
	4	⇓	
	5	⇓	

Kosten-bestandteil	Modularitäts-stufe *j*	Extrapolation	Einflussgrößen
Recycling- / Verwertungs-kosten	0	100%	Recyclinggerechte Materialwahl / Modulzusammensetzung Wiederverwendungsmöglichkeiten funktionsfähiger Module
	1	100%	
	2	100%	
	3	100%	
	4	⇓	
	5	⇓	

5.1.3.5 *Gesamtkostenkurve und kritische Würdigung der Extrapolationen*

Als Ergebnis der Extrapolationen liegen für sämtliche Kostenbestandteile *i* Werte für jede Modularitätsstufe *j* vor. Somit kann für jede Modularitätsstufe eine Kostensäule abgeleitet werden. Aus der Verbindung der höchsten Punkte jeder einzelnen Kostensäule resultiert die unternehmensspezifische Gesamtkostenkurve. Abbildung 43 zeigt das Ergebnis einer beispielhaften Gesamtkostenkurve mit zehn modularisierungsvariablen Kostenbestandteilen.

Die Kosten werden auf der Ordinate relativ aufgetragen. Ein wesentlicher Vorteil der relativen Darstellung ist die Möglichkeit die Verläufe einzelner Kostenkurven zwischen Unternehmen unterschiedlicher Größe vergleichen zu können. Grundsätzlich wäre auch das Auftragen absoluter Kostenwerte möglich. Allerdings ist davon auszugehen, dass damit ein erheblich höherer Datenaufwand für die Extrapolationen verbunden wäre.

Im vorliegenden Beispiel weist der Kostenbestandteil der *Fertigungskosten* die größten Veränderungen für die unterschiedlichen Modularitätsstufen auf. Wie in der Abbildung erkennbar, weist die dargestellte Gesamtkostenkurve ein Minimum in Modularitätsstufe 3 auf. Die größten Kosteneinsparungen werden jedoch bereits bei den Wechseln von Stufe 0 in Stufe 1, sowie von Stufe 1 in Stufe 2 erreicht. Dies lässt sich in erster Linie dadurch erklären, dass die prinzipiellen Kostenvorteile modularer Produktarchitekturen in diesen niedrigen Stufen erstmals wirksam werden und sich in den höheren Stufen nur noch geringfügig verbessern (vgl. auch Kap. 3.1.3). In den Stufen 4 und 5 sind wieder ansteigende Kosten zu beobachten, so dass sich der Modularitätsgrad im Bereich dieser Stufen jenseits des Optimums befindet.

Insgesamt wird durch die aufgezeigten Extrapolationen einzelner Kostenbestandteile die Frage nach deren Güte sowie der Generalisierbarkeit solcher Einzelgrößen aufgeworfen. Bei der Beantwortung dieser Frage ist zu berücksichtigen, dass die einzelnen Extrapolationen unterschiedlich gut durch Quellen fundiert werden konnten. So ist insbesondere bei denjenigen Kostenbestandteilen, deren Extrapolation auf einer einzelnen Studie basiert, keine uneingeschränkte Generalisierung zulässig.

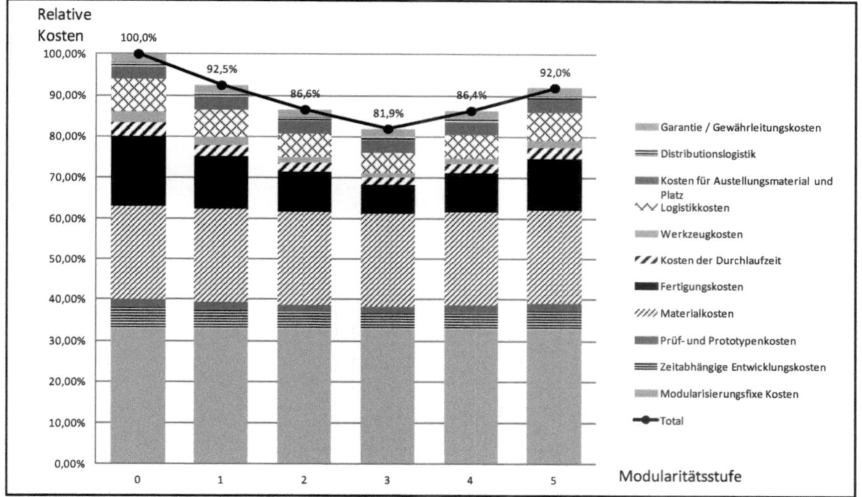

Abbildung 43: Gesamtkostenkurve der Modularitätsstufen

Anhand der zusammenfassenden Tabellen für jede der Phasen der unternehmensinternen Wertschöpfung kann die Güte der Extrapolationsergebnisse näherungsweise bestimmt werden. So wird insbesondere aus der Darstellung von Pfeilen deutlich, für welche Modularitätsstufen eines jeweiligen Kostenbestandteils keinerlei Zahlenwerte aus dem untersuchten Quellenmaterial zugrunde gelegt werden konnten.

Von der grundsätzlichen Tendenz der aufgezeigten Kostenwirkungen lassen sich die Extrapolationen der einzelnen Kostenbestandteile auf andere Produkte übertragen. Jedoch sollte vor einer konkreten Anwendung unternehmensspezifisch geprüft werden, ob Anpassungen an den betrachteten Einzelfall erforderlich sind.

5.1.4 Zusammenführung von Modularitätsgrad und Kostenkurve

Im vierten Schritt des Vorgehensmodells werden die Ergebnisse aus den vorangegangenen Schritten zusammengeführt: Aus dem ersten Schritt liegt die gegenwärtig bestimmte Modularitätsstufe des betrachteten Untersuchungsgegenstandes vor. Auf dieser Modularitätsstufe wurde im zweiten Schritt eine unternehmensspezifische Kostensäule abgeleitet, die im dritten Schritt anhand der entwickelten Extrapolationstabellen (vgl. Kap. 5.1.3) auf die anderen diskreten Modularitätsstufen extrapoliert wurde. Aus der Verbindung der höchsten Punkte der sechs Kostensäulen resultiert die unternehmensspezifische Gesamtkostenkurve.

Wird nun die ermittelte Modularitätsstufe in die Darstellung der Gesamtkostenkurve eingetragen, kann dadurch die Entfernung von der kostenoptimalen Modularitätsstufe abgelesen werden. In der beispielhaften Darstellung könnten durch die Erhöhung der Modularitätsstufe ($j^* = 2$) um eine Modularitätsstufe die Kosten um Δk gesenkt werden (vgl. Abbildung 44).

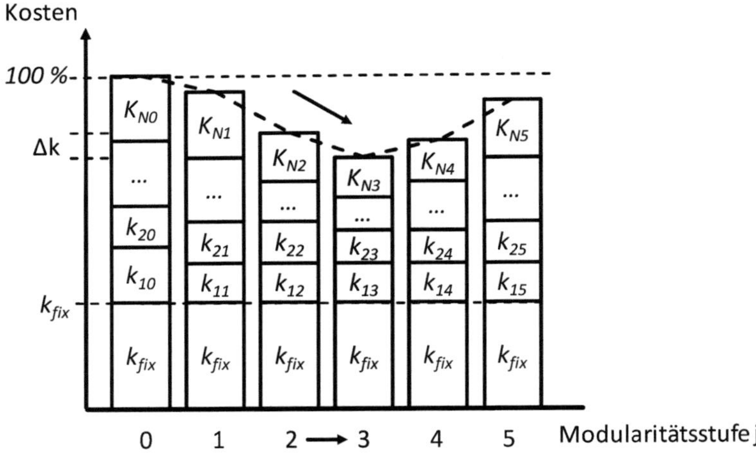

Abbildung 44: Ableitung der kostenoptimalen Modularitätsstufe

Werden für eine neu entwickelte Produktarchitektur der Modularitätsgrad sowie die Kosten einer gegenwärtigen Produktarchitektur als Vergleichswerte auf der gleichen Analyseebene herangezogen, sollte die neue Produktarchitektur die Kosten gegenüber dem Ausgangszustand in jedem Fall verbessern. Kosten, die in gleicher Höhe anfallen wie für die Vorgängergeneration, sind lediglich dann vertretbar, wenn die neue Produktarchitektur über zusätzliche Leistungscharakteristika verfügt.

Sofern der gegenwärtig bestimmte Modularitätsgrad bereits in der Modularitätsstufe mit dem geringsten Kostenniveau liegt, besteht die Möglichkeit einer vertikalen Optimierung. Dafür können einzelne Kostenbestandteile durch Maßnahmen wie beispielsweise die Optimierung der Rüst- oder Logistikkosten ohne eine Veränderung des Modularitätsgrades der Produktarchitektur verringert werden. Das Hauptinteresse dieser Arbeit liegt aber in der horizontalen Optimierung, bei der die optimale Modularitätsstufe aus Kostensicht gegenüber der gegenwärtigen Modularitätsstufe aufgezeigt wird.

Kritisch zu hinterfragen ist, ob im Zuge einer horizontalen Verbesserung des gegenwärtigen Modularitätsgrades eine Veränderung um mehr als eine Stufe vorgenommen werden sollte. Anhand des neuen Modularitätsgrades würde eine erneute Ermittlung der unternehmensspezifischen Gesamtkostenkurve womöglich ein unterschiedliches Resultat hervorbringen. Deshalb kann nicht davon ausgegangen werden, dass das Kostenoptimum durch eine einzige Anwendung erreicht wird. Aus diesem Grund stellt die Veränderung des Modularitätsgrades um nur eine Stufe eine Lösung dar, die mit weniger Risiken behaftet scheint und zudem in weiteren Iterationsschleifen verbessert werden kann.

Dafür muss auch der Zeithorizont der Anwendung des Vorgehensmodells berücksichtigt werden. Dem Verständnis von MIKKOLA (2006, S. 142) folgend, welchen Einfluss die Dekomposition eines Systems in kleinere Teile oder die Integration standardisierter Komponenten hat, sind Änderungen des Modularitätsgrades in erster Linie für zukünftige Generationen der Produktarchitektur eines Unternehmens von Bedeutung. Der Zeithorizont der Betrachtung entspricht deshalb näherungsweise der Länge eines Modul- oder Produktlebenszyklus. LAU ET AL. (2011, S. 272) argumentieren hinsichtlich einer zeitlichen Einordnung, dass modulare Produktarchitekturen normalerweise über einen langen Zeitraum entwickelt werden, wobei durch die Entwicklung jeder neuen modularen Produktvariante zusätzliches Wissen über die Architektur angesammelt wird. Dennoch sind die Änderungen der Produktarchitektur von einer Generation zur nächsten häufig inkrementell (vgl. Mikkola, 2006, S. 143). SANCHEZ (1995, S. 95) argumentiert aufgrund der Tatsache verschiedener Verwendungsmöglichkeiten funktionaler Komponenten im Produktentwicklungsprozess, dass deren optimale Gestaltung häufig ein iterativer, rekursiver Prozess sei, der zahlreiche Zyklen von Integrieren, Testen und Feinabstimmung alternativer Gestaltungsmöglichkeiten umfasse. In die gleiche Richtung gehen auch die Erfahrungen von ULRICH UND EPPINGER (2008, S. 182) bei der Gestaltung von Produktarchitekturen:

> *„Iteration is beneficial: In our experience, teams make better decisions when they make several iterations based on approximate information than when they agonize over the details during relatively fewer iterations."*

In diesem Zitat wird die Bedeutung des Vorliegens der erforderlichen Informationen deutlich, die auch im Stand der Praxis aufgezeigt wurde (vgl. Kap. 4.2.4.6). Somit ist eine Anwendung des Vorgehensmodells in mehreren Iterationsschleifen naheliegend. Dadurch kann zudem die Schwierigkeit einer Veränderung des Optimums im Zeitverlauf überwunden werden (vgl. Kap. 2.1.2), die möglicherweise auch durch einzelne Änderungen des Modularitätsgrades beeinflusst wird.

Die Anzahl und Länge der Iterationsschleifen, sowie deren Zeithorizont hängen von der Länge und Überlagerung einzelner Produkt- und Modullebenszyklen ab. Diese lassen sich wiederum auf Technologie- und Innovationszyklen zurückführen (vgl. Kap. 2.2.3.3). Während beispielsweise bei einer Elektronikkomponente von einem verhältnismäßig kurzen Lebenszyklus auszugehen ist, kann die Ausgestaltung mechanischer Bauteile über längere Zeiträume von bis zu mehreren Jahren unverändert bleiben. Sobald der Zeithorizont der Betrachtung auf mehrere Jahre ausgeweitet wird, sollte der Zeitwert des Geldes in die Analyse einbezogen werden (vgl. Kap. 2.4.2.2). Vor dem Hintergrund dieser sämtlichen Ausführungen wird deutlich, dass die Anzahl und Länge der Iterationsschleifen im Kontext des jeweiligen Anwendungsfalles ausgewählt werden muss.

5.2 Demonstrator

Zur Veranschaulichung des entwickelten Vorgehensmodells wurde ein Demonstrator entwickelt. Dessen Gestaltung folgt mehreren ex ante definierten Einzelzielsetzungen: Erstens sollte damit ein aufwandsarmer Einsatz der Vorgehensweise in der Unternehmenspraxis gewährleistet werden, zweitens wurde unterstellt, dass durch den Demonstrator der Reifegrad des entwickelten Vorgehensmodells erhöht wird. Drittens sollte durch die erhöhte Anwenderfreundlichkeit des Demonstrators der Zugang zu Experten vereinfacht werden, deren Beitrag zur Evaluierung des Vorgehensmodells erforderlich ist.

Die Realisierung des Demonstrators erfolgte auf Basis von Microsoft Excel unter Einbindung von Visual Basic for Applications (VBA). Dies ist aufgrund des hohen Verbreitungsgrades von Excel in der Zielgruppe von Industrieunternehmen grundsätzlich als Vorteil anzusehen. Zur Umsetzung sind die vier zentralen Schritte der entwickelten Vorgehensweise jeweils in einem Arbeitsblatt einer Excel Datei abgebildet. Zwei zusätzliche Arbeitsblätter sind zum Speichern von Prozessdaten sowie des erzielten Ergebnisses vorgesehen. Die einzelnen Blätter sind der entwickelten Logik des Vorgehensmodells folgend durch Programmierungen verknüpft.

Das Ergebnis einer Anwendung des Demonstrators wird wie folgt erzielt: Zunächst wird auf Basis der indikatorenbasierten Messung des gegenwärtigen Modularitätsgrades die Einordnung in eine Modularitätsstufe vorgeschlagen (vgl. Abbildung 45).

Für diese Stufe wird dann die spezifische Kostenzusammensetzung auf der Basis weiterer Eingabedaten des anwendenden Unternehmens ermittelt. Anschließend wird diese Ist-Kostenzusammensetzung auf die anderen Modularitätsstufen extrapoliert. Die Verbindung der höchsten Punkte der einzelnen Kostenzusammensetzungen ergibt den Verlauf der Gesamtkostenkurve.

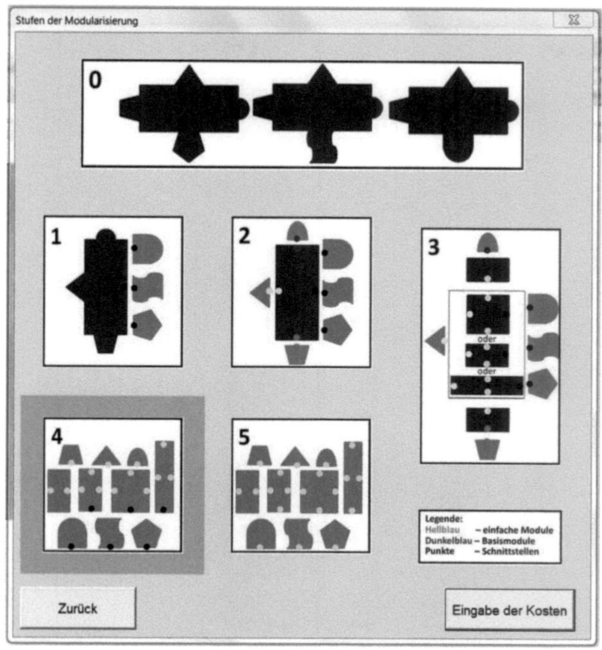

Abbildung 45: Ansichten im Demonstrator

Durch einen Pfeil wird die Handlungsempfehlung verdeutlicht. Die Richtung des Pfeils verläuft von der gegenwärtigen Modularitätsstufe hin zu derjenigen mit dem geringsten Kostenniveau. Dadurch wird deutlich, ob der Modularitätsgrad aus Kostensicht bei zukünftigen Produkten erhöht oder verringert werden sollte. Ein beispielhaftes Anwendungsergebnis mit einer absoluten Skalierung der Ordinate ist in Abbildung 46 dargestellt. In diesem Beispiel könnten die Kosten durch ein Verringern des Modularitätsgrades um eine Modularitätsstufe reduziert werden.

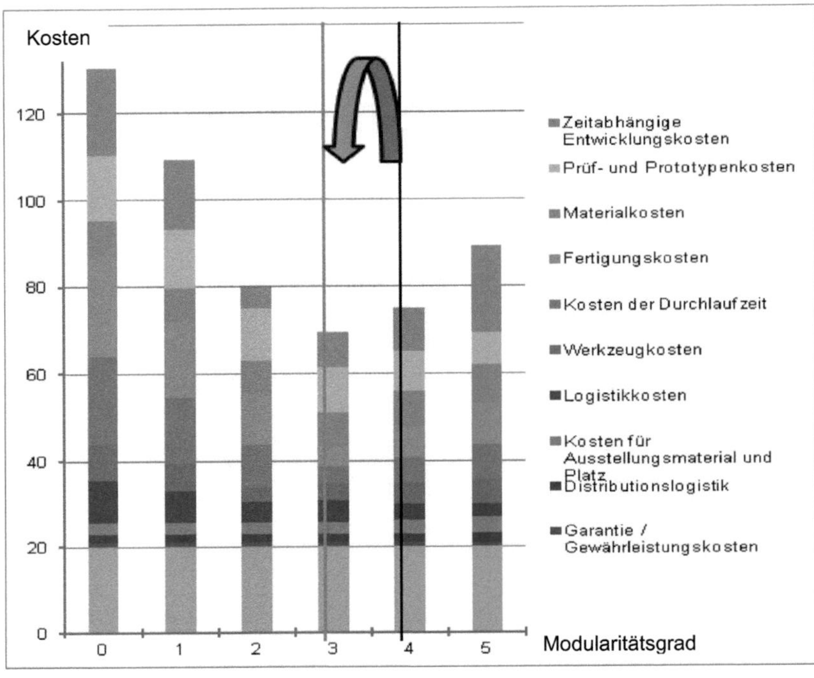

Abbildung 46: Beispielhafte Darstellung einer Handlungsempfehlung

6 Validierung des Vorgehensmodells

„Auch zwei übereinstimmende Befunde erhalten durch die Übereinstimmung keinen höheren Wahrheitsgehalt; sie können gleichwohl beide falsch sein. Ist also diese Konvergenztheorie der Triangulation problematisch, so bietet sie unter wahrscheinlichkeitstheoretischen Gesichtspunkten durchaus eine Chance: Die Wahrscheinlichkeit dafür, dass zwei gleichlautende Erkenntnisse auf der Basis unterschiedlicher Methoden gleichsinnig falsch sind, ist aufgrund der wahrscheinlichkeitstheoretisch geforderten multiplikativen Verknüpfung sehr gering wenngleich ein solches Ereignis selbst nicht auszuschließen ist." LAMNEK (1993, S. 252).

Das einleitende Zitat bekräftigt auf sehr analytische Weise die Aussage, dass das Vertrauen in ein Resultat erhöht werden kann, wenn mit der Anwendung unterschiedlicher Methoden das gleiche Ergebnis erzielt wird (vgl. Diekmann, 2008, S. 19). Nachdem im vierten Kapitel bereits die Vorteile einer Datentriangulation genutzt wurden, soll an dieser Stelle der Arbeit eine Methodentriangulation Anwendung finden, um im Zuge einer Validierung das Vertrauen in das entwickelte Vorgehensmodell (vgl. Kap. 5) zu erhöhen.

Eine Methodentriangulation verfolgt das Ziel, Defizite und subjektive Verzerrungseffekte der Anwendung lediglich einer einzelnen Methode auszugleichen (vgl. Denzin, 1970, S. 300). Dabei stellt sich zunächst die Frage, ob mit der Triangulation eine gegenseitige Ergänzung von Perspektiven auf einen Untersuchungsgegenstand oder eine gegenseitige bzw. kumulative Validierung von Forschungsergebnissen erzielt werden soll (vgl. Kelle & Erzberger, 2010, S. 303 f.; Häder, 2010, S. 115 f.; Maxwell, 2013, S. 102). Dazu argumentiert FLICK (2010a, S. 260), dass „...der Einsatz unterschiedlicher Methoden zur Untersuchung eines Phänomens an wenigen Fällen häufig aussagekräftiger [sei] als der Einsatz einer Methode an möglichst vielen Fällen." Somit kann sowohl die theoretische Generalisierbarkeit einer Untersuchung erhöht als auch die Validität von Feldkontakten maximiert werden (vgl. Flick, 2010a, S. 26; Denzin, 1970, S. 310; Kelle & Erzberger, 2010, S. 303). In dieser Arbeit wird die Methodentriangulation mit dem Ziel einer kumulativen Validierung eingesetzt.

Für das Thema Kostenwirkungen der Modularisierung liegt eine besondere Schwierigkeit im Zugang zu Unternehmensdaten vor. Solche Kosteninformationen sind das Herzstück des Unternehmens und werden deshalb in der Regel nicht herausgegeben (vgl. Kramp, 2011, S. 78; Fixson, 2002, S. 57), oder aber sie liegen in den Unternehmen gar nicht explizit vor. Diese Schwierigkeit beeinflusst die weitere Untersuchung, die aus zwei zentralen Teilen besteht. Für die empirische Evaluation im ersten Teil (Kap. 6.1) ist eine Anonymisierung der Daten erforderlich, die unternehmensseitig für die Pilotanwendungen (Kap. 6.1.3) bereitgestellt wurden und in die Untersuchung eingeflossen sind. Im zweiten Teil (Kap. 6.2) wird eine Fallstudie durchgeführt, die auf veröffentlichten und damit frei zugänglichen Unternehmensdaten basiert.

6.1 Empirische Evaluation

Die Gültigkeit von Ergebnissen und Interpretationen kann durch deren Rückbringung in den Forschungsprozess überprüft werden. Dabei werden Ergebnisse den befragten Experten nochmals vorgelegt und mit ihnen diskutiert. Diese Möglichkeit wird in der Literatur als kommunikative Validierung[38] beschrieben und in dieser Arbeit durch eine Fokusgruppe (Abschnitt 6.1.1), Tiefeninterviews (Abschnitt 6.1.2) sowie Pilotanwendungen (Abschnitt 6.1.3) angestrebt. Jeder dieser drei Abschnitte ist als Bestandteil der Methodentriangulation zu verorten, die eingangs in diesem Kapitel beschrieben wurde.

6.1.1 Fokusgruppe

Fokusgruppen werden in dieser Arbeit als das Zusammenbringen einer kleinen Anzahl von Individuen verstanden. Ziel dabei ist, ein Thema oder eine Problemstellung, die im Forschungsinteresse eines Interviewers liegt, im Kollektiv zu diskutieren (vgl. Puchta & Potter, 2004, S. 6). Durch die Nutzbarkeit der Interaktionen zwischen den Teilnehmern der Gruppe wird die Erhebung gerade solcher Einsichten ermöglicht, die in Einzelgesprächen weniger zugänglich wären (vgl. Morgan, 1996, S. 130; Blumer, 1969, S. 41). Zudem fördert die Interpretation vorliegender Fragen oder Problemstellungen in Gruppen die intersubjektive Nachvollziehbarkeit (vgl. Steinke, 2010, S. 324 f.). Deshalb sind Fokusgruppen im Zusammenspiel mit individuellen Interviews zielführend (vgl. Morgan, 1996, S. 134). In dieser Arbeit stellt die Fokusgruppe darüber hinaus den ersten Bestandteil der Methodentriangulation dar.

FLICK (2006, S. 191 f.) beschreibt zwei Vorteile von Gruppendiskussionen.[39] Erstens werde bei fehlerhaften oder extremen Ansichten und Aussagen häufig eine direkte Korrektur durch die Gruppe vorgenommen, so dass als Ergebnis ein Mittelwert vorliege, der zur Validierung von Aussagen herangezogen werden kann. Zweitens

---

38 In der Literatur werden dazu auch weitere Benennungen wie folgt verwendet: „Member Checking“ (vgl. Kuckartz, 2014, S. 169), „empirische Verankerung“ (vgl. Steinke, 2010, S. 328 f.), „Gültigkeit der Ergebnisse […] überprüfen“ (vgl. Mayring, 2002, S. 147) sowie „Respondent Validation“ (vgl. Barbour, 2001, S. 1116 und Maxwell, 2013, S. 126).

39 Vgl. MORGAN (1996, S. 130 f.) für eine detaillierte Abgrenzung von Fokusgruppen gegenüber anderen Formen der Gruppendiskussion sowie auch MORGAN (1996, S. 139 ff.) und PATTON (2002, S. 386 f.) zu weiteren Vor- und Nachteilen von Fokusgruppen.

bestände die Möglichkeit, konkrete Probleme in die Interaktion der Gruppe einzuführen und durch die Diskussion von Alternativen die Ableitung der besten Strategie zur Lösung des Problems zu erzielen.

Die Beschreibung der Größe solcher Gruppen variiert in der Literatur geringfügig. Während FLICK (2006, S. 193) eine gängige Gruppengröße von fünf bis zehn Teilnehmern beschreibt, nennen MORGAN (1996, S. 131) sechs bis zehn und PATTON (2002, S. 385) sechs bis acht Teilnehmer als typische Größe. Mit diesen Größenangaben aus der Literatur vereinbar besteht die für die vorliegende Arbeit untersuchte Fokusgruppe aus 7 Teilnehmern (vgl. Tabelle 21).

Tabelle 21: Teilnehmer der Fokusgruppe

#	Branche	Wertschöpfungs-(Tier) Stufe	Komp	Modul	System	OEM	KMU	Funktion des Experten
2	Antriebstechnik	Systemlieferant			X		N	Projekt Controller Business Economics
5	Antriebstechnik	OEM und Modullieferant		X		X	N	Manager Value Analysis
13	Antriebstechnik Generatorgetriebe	System- und Modullieferant		X	X		N	Projektmanager
17	Antriebstechnik Nautik	System- und Modullieferant		X	X		N	Controlling
18	Antriebstechnik Nautik	System- und Modullieferant		X	X		N	Controlling
19	Antriebstechnik Elektrisch	System, Module and Component Supplier	X	X	X		N	Leiter Financial Controlling
20	Antriebstechnik Getriebe	System- und Modullieferant		X	X		N	Engineering Controlling

Drei der Teilnehmer der Fokusgruppe (#2,5,13) haben ebenfalls an den Experteninterviews der explorativen Studie (vgl. Kap. 4) teilgenommen. Das Vorhandensein einer solchen Schnittmenge ist in der Literatur bereits beschrieben und akzeptiert (vgl. Flick, 2006, S. 200).

Da die Zusammensetzung der Fokusgruppe ex ante vorgegeben war und nicht beeinflusst werden konnte, spielt das Auswählen der Stichprobe hier eine untergeordnete Rolle. Dennoch sind die Sampling Kriterien, die bei der explorativen Erhebung (vgl. Kap. 4) angewendet wurden, in der Tabelle mit aufgeführt, um eine Einordnung zu ermöglichen.

Eine Unterscheidungsmöglichkeit, die in der Literatur beschrieben wird, ist die Charakterisierung einer Fokusgruppe als homogene oder heterogene Gruppe. Diese Unterscheidung wird in Abhängigkeit von der Forschungsfrage sowie damit verbundenen wichtigen Dimensionen vorgenommen (vgl. Flick, 2006, S. 193). Während die Teilnehmer homogener Gruppen über einen gleichartigen Hintergrund verfügen und in den wesentlichen Dimensionen, denen hinsichtlich der Forschungsfrage eine

Bedeutung zuzusprechen ist, vergleichbar sind, unterscheiden sich die Teilnehmer heterogener Gruppen anhand genau dieser Kriterien (vgl. Flick, 2006, S. 192). Bei der vorliegenden Fokusgruppe handelt es sich tendenziell um eine homogene Gruppe. Anhand der Sampling Kriterien wird deutlich, dass die Funktionen der Teilnehmer der Fokusgruppe weitestgehend homogen sind. Die Unternehmen selbst hingegen, mit Ausnahme ihrer Branchenzugehörigkeit zur Antriebstechnik sowie ihrer Verortung in der Wertschöpfungskette, sind eher heterogen. Eine Besonderheit weist das Unternehmen zweier Experten (#17,18) auf, dessen Produkte in Einzel- bis Kleinserienfertigung hergestellt werden. Diese müssen nahezu immer kundenspezifisch appliziert werden, so dass Modularisierung nur in sehr begrenztem Umfang anwendbar ist. Dieser spezifische Blickwinkel wurde auch an mehreren Stellen in der Diskussion deutlich.

Wie in Tabelle 22 dargestellt, fanden drei Sitzungen der Fokusgruppe zwischen Juni 2012 und Mai 2013 statt.

Tabelle 22: Übersicht der Sitzungen der Fokusgruppe

	Präsentation (Stimulus)	**Diskussion & Ergebnisse**
1. Sitzung	Grundlagen und Motivation der Modularisierung	Anforderungen an ein Vorgehensmodell
Juni 2012, Frankfurt	Aufzeigen der Methodik bei der Auswertung der Expertengespräche	Erforderlicher Quantifizierungsgrad der Ergebnisse
	Darstellung der Zwischenergebnisse aus den Experteninterviews (vgl. Kap. 4)	Erforderliche Daten aus den Unternehmen und deren Verfügbarkeit sowie Zugänglichkeit
2. Sitzung	Anforderungsprofil aus der durchgeführten explorativen Studie	Konzeptionelle Vorgehensweise
November 2012, Augsburg	Darstellung des Arbeitsstandes des konzeptionellen Vorgehensmodells (vgl. Kap. 5)	Vermutung einer U-förmigen Kostenkurve
3. Sitzung	Demonstrator	Diskussion zahlreicher Fragen und Details des Vorgehensmodells
Mai 2013, Frankfurt	Erprobung durch Anwendung mit beispielhaften Unternehmensdaten	Diskussion der Erkenntnisse aus den Fallstudienartigen Pilotanwendungen (vgl. Kap. 6.1.3)
	Vollständiger Ablauf des Vorgehensmodells anhand einer vorbereiteten Eingabe	Grundsätzliche Zustimmung der Experten: Vorgehensmodell wird als praxistauglich angesehen und verfügt über einen hohen Reifegrad

Damit ließen sich die Sitzungen als Abschluss einzelner Phasen in den Forschungsprozess integrieren und konnten die Entwicklung des Vorgehensmodells kontinuierlich begleiten. Durch diese enge Zusammenarbeit mit den Teilnehmern der Fokusgruppe wurde zudem die Zielsetzung verfolgt, die Praxistauglichkeit des Vorgehensmodells sicherzustellen. Die erste und dritte Sitzung fanden in neutralen Konferenzräumen statt. Die zweite Sitzung wurde bei einem Unternehmen vor Ort durchgeführt und mit einer anschließenden Besichtigung der Produktionsstätte ergänzt.

Die überwiegende Anzahl der Mitglieder der Fokusgruppe war bei allen drei Sitzungen anwesend. Über diese Kernteilnehmer hinaus haben drei weitere Teilnehmer lediglich an einer der drei Sitzungen teilgenommen. Diese sind in der Stichprobenübersicht nicht mit aufgeführt (vgl. Tabelle 21) und sollen im Weiteren vernachlässigt werden.

Als Einstieg wurde in jeder Sitzung der Fokusgruppe ein Stimulus verwendet. FLICK (2006, S. 200) bezeichnet die Verwendung eines solchen Stimulus als hilfreich, um eine Diskussion zu starten und zu strukturieren. Beispielsweise wurde die erste Sitzung mit einer Präsentation über die Grundlagen der Modularisierung sowie Motive zu deren Anwendung eingeleitet. In der zweiten Sitzung wurde einer Beschreibung aus der Literatur gefolgt, nach der Interpretationen der Ergebnisse aus früheren Studien durch die Teilnehmer einer Gruppe erlangt werden können (vgl. Morgan, 1996, S. 134). Die Diskussion thematisierte die Ergebnisse der Interviewstudie (vgl. Kap. 4.3). Zur Vorbereitung der dritten Sitzung wurden zwei Pilotanwendungen des Vorgehensmodells durchgeführt (vgl. Abschnitt 6.1.3).

Insgesamt wurde bei der Auswertung aller drei Sitzungen der Aussage von FLICK (2006, S. 199) Rechnung getragen, dass die Analyse von Daten und Informationen im Rahmen von Gruppendiskussionen pragmatischer vorgenommen werden könne als bei Einzelinterviews. Als Bestandteil der Methodentriangulation in der vorliegenden Arbeit standen weniger neue Erkenntnisse und Interpretationen im Vordergrund als vielmehr die Bestätigung und Absicherung der bereits erzielten Erkenntnisse im Rahmen der Interviewstudie (vgl. Kap. 4) sowie der Entwicklung des Vorgehensmodells (vgl. Kap. 5). Zur Sicherstellung der Dokumentation der Sitzungen der Fokusgruppe wurden Notizen stets von zwei anwesenden Forschern angefertigt und anschließend zusammengeführt.

Die Inhalte der kritischen Argumentation von BOHNSACK (2010, S. 371), dass Gruppendiskussionen häufig nicht der Reproduzierbarkeit von Ergebnissen als „... wesentliche Voraussetzung für die Zuverlässigkeit einer Methode“ hinsichtlich der Genauigkeitskriterien empirischer Forschung gerecht würden, lassen sich für die vorliegende Fokusgruppe weitestgehend ausräumen. Da es sich bei den Teilnehmern der Gruppe ausschließlich um Unternehmensvertreter handelt, erfolgte die Diskussion in allen drei Sitzungen auf einer sachlichen Ebene (vgl. Hitzler, 1994, S. 15). Sachkenntnisse dieser Art als Bestandteil von Expertenwissen sind als deutlich reproduzierbarer anzusehen gegenüber subjektiven Ansichten und Meinungen, die in der qualitativen Sozialforschung im Zusammenhang mit Gruppendiskussionen von

Fokusgruppen vorwiegend beschrieben werden. Deshalb ist davon auszugehen, dass auch in anderen Untersuchungssituationen vergleichbare Ergebnisse erzielt worden wären.

Als Ergebnis der ersten und zweiten Sitzung der Fokusgruppe konnten wichtige Zwischenschritte der Konzeptentwicklung von den Experten evaluiert werden. Als zentrales Ergebnis der dritten Sitzung wurde dem Vorgehensmodell von den Experten ein hoher Reifegrad zugesprochen und dessen Anwendbarkeit als praxistauglich angesehen. Insgesamt wird damit ein Beitrag zur Validierung des Vorgehensmodells geleistet.

6.1.2 Tiefeninterviews

Als zweiter Bestandteil der Methodentriangulation wurden drei Tiefeninterviews durchgeführt. Ein Tiefeninterview wird in der Literatur als eher unstrukturiertes und persönliches Interview mit einem einzigen Antwortenden beschrieben. Dabei wird das Ziel verfolgt, tiefgründige Ansichten und Einschätzungen zu einem Thema offenzulegen (vgl. Frankel et al., 2005, S. 197). Dieses Verständnis soll auch für die vorliegende Betrachtung aufgegriffen werden.

Die drei für diese Arbeit durchgeführten Tiefeninterviews zum fortgeschrittenen Arbeitsstand der Entwicklung des Vorgehensmodells unterscheiden sich von den Einzelinterviews, die für die explorative Studie (Kapitel 4) durchgeführt wurden, anhand folgender zwei Kriterien: Alle Tiefeninterviews ...

- wurden mit einer Kurzpräsentation über die Funktion des konzeptionellen Vorgehensmodells sowie einer Vorführung des Demonstrators begonnen.
- wurden zu fortgeschrittenen Zeitpunkten im Forschungsprozess zwischen Oktober 2012 bis Juni 2013 durchgeführt.

Die Gewinnung der Unternehmensvertreter als Experten für die Tiefeninterviews (vgl. Tabelle 23) erfolgte in unterschiedlicher Weise. Der Kontakt zum ersten Experten (#14) wurde von einem Unternehmensvertreter (#13) vermittelt, der an einem Einzelinterview der explorativen Studie sowie an der Fokusgruppe teilgenommen hatte. Diese Vorgehensweise ähnelt einem Snowball-Sampling (vgl. Blumberg et al., 2008, S. 255; Blaxter et al., 2006, S. 163 f.).

Tabelle 23: Übersicht der Tiefeninterviews

#	Branche	Wertschöpfungs-(Tier) Stufe	Komp	Modul	System	OEM	KMU	Funktion des Experten
14	Antriebstechnik Generatorgetriebe	System- und Modullieferant		X	X		N	Leiter Applikations-entwicklung
15	Automobil	OEM				X	N	Projektsteuerung Beschaffung modularer Baukasten
16	Energietechnik	System, Module and Component Supplier	X	X	X		N	Entwicklungsingenieur

Die beiden anderen Experten (#15, 16) weisen hingegen keinerlei Bezug zu den bislang dargestellten Elementen der empirischen Untersuchung (Kapitel 4; 6.1.1) in dieser Arbeit auf. Mit dem Experten #15 wurden insgesamt drei Gespräche geführt, die in Summe einem Tiefeninterview sehr nahe kommen und deshalb in diesem Kapitel behandelt werden. Für die Automobilbranche, der das Unternehmen dieses Experten zugehörig ist, wird eine fortgeschrittene Durchdringung von Modularisierungskonzepten unterstellt (vgl. Kap. 3.3.1). Mit dem dritten Tiefeninterview (#16) sollte die Übertragbarkeit des entwickelten Ansatzes erstmalig analysiert werden. Die Unternehmenssparte, die dieser Experte vertritt, ist nicht der Antriebstechnik zuzurechnen, sondern entwickelt und produziert Anlagen zur Hochspannungs-Gleichstrom-Übertragung, die aber ebenfalls als industrielle Erzeugnisse zu charakterisieren sind. Diese Anlagen bestehen aus einer Vielzahl von Komponenten, die aus unterschiedlichen Bereichen wie Leistungselektronik, Hochspannungstechnik und Mechanik stammen. Als Unterschied gegenüber der Antriebstechnik sind hier vor allem die kleinen Stückzahlen bei der Herstellung zu nennen, da keine Serienfertigung sondern Projektgeschäft vorliegt. Zudem wird bei den Komponenten auf einen hohen Anteil an Kaufteilen zurückgegriffen.

Die Auswertung der Tiefeninterviews wurde in zwei Schritten durchgeführt. Erstens erfolgte ein Abgleich mit den entwickelten Kategorien aus der qualitativen Inhaltsanalyse aus der explorativen Studie (vgl. Kap. 4.2.3.3). Zweitens wurde die Evaluierung der konzeptionellen Vorgehensweise ausgewertet, die für das dritte Tiefeninterview in eine etwas andere Richtung geht, da hier die Übertragbarkeit des Ansatzes im Vordergrund stand.

Als zentrales Ergebnis aus den Tiefeninterviews kann abgeleitet werden, dass der überwiegende Teil der einzelnen Erkenntnisse in die gleiche Richtung geht wie in der dritten Sitzung der Fokusgruppe. Diesem Ergebnis kommt gerade deshalb eine hohe Bedeutung zu, da die Experten der Tiefeninterviews – im Gegensatz zu den Teilnehmern der Fokusgruppe – keinerlei Beitrag zur Formulierung der Anforderungen an die konzeptionelle Vorgehensweise geleistet haben. Dennoch wurden das Vorgehensmodell sowie der Demonstrator grundsätzlich bestätigt. Zudem konnte durch das dritte Tiefeninterview erstmalig die Übertragbarkeit des Ansatzes auf die Betrachtung anderer industrieller Erzeugnisse näherungsweise belegt werden.

6.1.3 Pilotanwendungen

Als dritter Teil der Methodentriangulation wurden zwei Pilotanwendungen mit dem Ziel einer Vorevaluation des entwickelten Vorgehensmodells durchgeführt. Bei diesen Pilotanwendungen handelt es sich im weitesten Sinne um Fallstudien, die aber aufgrund ihres geringeren Umfanges gegenüber der im anschließenden Validierungsschritt dargestellten Fallstudie begrifflich abgesetzt werden sollen. Die theoretischen Grundlagen zur Forschung mit Fallstudien besitzen dennoch Gültigkeit und werden nachfolgend behandelt.

Fallstudien sind ein wichtiger und häufig genutzter Forschungsansatz, der im Gegensatz zur umfragebasierten Forschung keiner Sampling-, sondern einer Replikationslogik folgt und deshalb nicht auf eine Population generalisiert werden kann, sondern auf ein theoretisches Konstrukt (vgl. Blumberg et al., 2008, S. 259; Yin, 2003, S. 10; Pratt, 2008, S. 496).

Häufig wird die Komplexität der betrachteten Fälle, die auf Interdependenzen zu anderen Bereichen sowie die Schwierigkeit der Abgrenzung dieser Fälle zurückzuführen ist, als Nachteil von Fallstudien genannt (vgl. Blaxter et al., 2006, S. 74). Gegenüber anderen Ansätzen liegt aber ein zentraler Vorteil von Fallstudien in der Möglichkeit, verschiedene Datenquellen wie beispielsweise Interviews, Beobachtungen und Dokumente als Beweismittel heranziehen zu können (vgl. Blumberg et al., 2008, S. 259; Yin, 2003, S. 8; Eisenhardt, 1989, S. 534).

SIGGELKOW (2007, S. 21 ff.) unterscheidet drei Verwendungsmöglichkeiten für Fallstudien: Erstens zur Begründung der Forschungsfrage, zweitens als Quelle der Inspiration für neue Ideen sowie drittens zur Veranschaulichung eines konzeptionellen Beitrags.[40] In dieser Arbeit wird sowohl für die Pilotanwendungen als auch für die anschließend dargestellte Fallstudie die dritte Möglichkeit einer deskriptiven Illustration zur Validierung des im fünften Kapitel entwickelten Vorgehensmodells aufgegriffen.

---

[40] Weitergehende Differenzierung in der Literatur in bis zu fünf Anwendungsgebiete (vgl. Yin, 2003, S. 15) sollen für die vorliegende Untersuchung nicht aufgegriffen werden, da bereits die Dreiteilung eine hinreichende Einordnung gewährt.

Die Experten, welche die Pilotanwendungen in ihren Unternehmen begleitet haben (vgl. Tabelle 24), sind alle Teilnehmer der Einzelinterviews (vgl. Kap. 4). Zudem ist einer der vier aufgeführten Experten auch Teilnehmer der Fokusgruppe (#5).

Tabelle 24: Teilnehmer der Pilotanwendungen

#	Branche	Wertschöpfungs-(Tier) Stufe	Komp	Modul	System	OEM	KMU	Funktion des Experten
3	Antriebstechnik	OEM				X	N	Leiter Value Management
5	Antriebstechnik	OEM und Modullieferant		X		X	N	Manager Value Analysis
6	Antriebstechnik	Systemlieferant			X		N	Leiter Controlling
7	Antriebstechnik	Systemlieferant			X		N	Vertriebscontrolling / Projektmanager

Die zwei Pilotanwendungen erfolgten zeitlich etwa einen Monat vor der dritten Sitzung der Fokusgruppe. Dadurch konnten einerseits ähnliche Inhalte untersucht werden, andererseits konnten neue Erkenntnisse aus den Pilotanwendungen zum Teil noch vor der Sitzung der Fokusgruppe im Vorgehensmodell umgesetzt werden. Der Reifegrad der entwickelten Vorgehensweise konnte durch die Pilotanwendungen insgesamt erhöht werden, was als Maßnahme zur Vorbereitung der dritten Sitzung der Fokusgruppe förderlich war.

Inhaltlich wurde in den Pilotanwendungen erstens das Vorgehensmodell anhand eines Foliensatzes erläutert, zweitens der Demonstrator anhand von anonymisierten Beispieldaten ausführlich durchgeführt sowie drittens Rückfragen und Verbesserungsvorschläge diskutiert. In der nachfolgenden Beschreibung der beiden Pilotanwendungen wird jeweils der Schwerpunkt auf den dritten Teil gelegt, da aus diesen die wesentlichen Beiträge zur Vorevaluation hervorgehen.

Die erste Pilotanwendung mit den Experten (#3,5) begann mit deren Erwartungshaltung, eine Quantifizierung der Kosten einer Variante ableiten zu können. In diesem Zuge wurde das entwickelte Vorgehensmodell mit unterschiedlichen Ansätzen der Prozesskostenrechnung verglichen. Zudem wurde von den Experten darauf hingewiesen, dass die verwendeten Begrifflichkeiten wie beispielsweise Variantenanzahl, Systemanzahl und Modulanzahl in der Unternehmenspraxis häufig verschwimmen. Hinsichtlich der erforderlichen Dateneingabe in das Vorgehensmodell führten die beiden Experten einen kurzen Dialog darüber, an welcher Stelle im Unternehmen welche erforderlichen Informationen vorliegen. Hieraus kann das bereits aufgezeigte Auseinanderfallen von technischen und wirtschaftlichen Betrachtungen von Modularisierungsansätzen verdeutlicht werden. Schließlich wurde noch angemerkt, dass einzelne Details des Vorgehensmodells noch transparenter für den Anwender herausgearbeitet werden sollten.

Für die zweite Pilotanwendung mit den Experten (#6,7) sei darauf hingewiesen, dass das Unternehmen bereits über einen unternehmensspezifischen Ansatz zur Komplexitätskostenrechnung verfügt. Mit diesem Ansatz werden auch die modular gestalteten Produkte des Unternehmens bewertet. Damit ist das Unternehmen thematisch schon sehr weit fortgeschritten. Für die Validierung des entwickelten Vorgehensmodells bedeutet dies einen zentralen Vorteil. Die Diskussion des Vorgehensmodells brachte in erster Linie die Frage hervor, ob der Schwerpunkt der unternehmensseitigen Kostenbetrachtung eher Einzelkosten, oder aber Gemeinkosten fokussieren sollte. Obgleich eine Bewertung der Gemeinkosten in jedem Fall unternehmensspezifisch erfolgen müsse, könnte nach Ansicht der Experten auch anhand von weniger als zehn Kostenbestandteilen eine hilfreiche Tendenzaussage über die Gemeinkosten getroffen werden.

Für beide Pilotanwendungen, die in diesem Kapitel beschrieben sind, musste – wie bereits in der Einleitung des Kapitels dargelegt – auf anonymisierte Unternehmensdaten zurückgegriffen werden, damit aus der Dokumentation der Anwendung keinerlei Rückschlüsse auf das jeweils analysierte Unternehmen gezogen werden können. Aufgrund des vorhandenen Wettbewerbs in der Branche der Antriebstechnik war dies erforderlich, um eine unternehmensseitige Bereitschaft zur Teilnahme an einer exemplarischen Anwendung herbeizuführen.

Als gemeinsames Ergebnis beider Pilotanwendungen wurde neben zahlreichen kleineren Anmerkungen, Ergänzungen und Kritikpunkten deutlich angemerkt, dass die Vorgehensweise im Modell nicht transparent genug dargestellt sei, so dass zum Teil wichtige Unterschritte nicht nachvollzogen werden könnten. Sämtliche dieser Punkte konnten bei den Anwendungen im Detail erläutert werden. Im Zuge der Nachbereitung beider Anwendungen wurden die Anmerkungen und Erkenntnisse für die Überarbeitung des Vorgehensmodells aufgegriffen. Dabei wurden Erläuterungen der einzelnen Unterschritte ergänzt, um die Glaubwürdigkeit und die Akzeptanz des Vorgehensmodells zu verbessern, das dann in der dritten Sitzung der Fokusgruppe dem nächsten Validierungsschritt unterzogen wurde. Das verfolgte Ziel einer Vorevaluation durch die Pilotanwendungen wurde erreicht.

6.2 Fallstudie mit veröffentlichten Unternehmensdaten

Zur Überprüfung der Anwendbarkeit des Vorgehensmodells soll dieses neben den Pilotanwendungen der empirischen Evaluation anhand eines weiteren Fallbeispiels mit veröffentlichten Unternehmensdaten getestet und validiert werden. Dazu werden die Grundlagen bezüglich Fallstudien aus dem vorangegangenen Abschnitt vorausgesetzt. Das betrachtete Unternehmen wurde nicht zufällig ausgewählt, sondern mit dem Ziel, das entwickelte Vorgehensmodells zur Beurteilung der externen Validität in einer Branche außerhalb der Antriebstechnik anzuwenden (vgl. Siggelkow, 2007, S. 20). Ein Fallbeispiel aus der Automobilindustrie wurde gewählt, da zu diesem aufgrund der fortgeschrittenen Durchdringung von modularen Produkten bereits umfangreiches Material veröffentlicht wurde. Daraus resultiert der zentrale Vorteil, dass auf keinerlei interne, vertrauliche oder unveröffentlichte Informationen des Unternehmens zurückgegriffen werden muss. Die Betrachtung wird auf der Hierarchieebene der Produktarchitektur vorgenommen und umfasst den Vergleich einer Plattform mit einem Modularen Baukasten. Diese vergleichende Analyse bedingt, dass die Schritte des Vorgehensmodells nicht sequentiell durchlaufen werden. Der Ablauf der Fallstudie ist in Abbildung 47 dargestellt und wird nachfolgend erläutert.

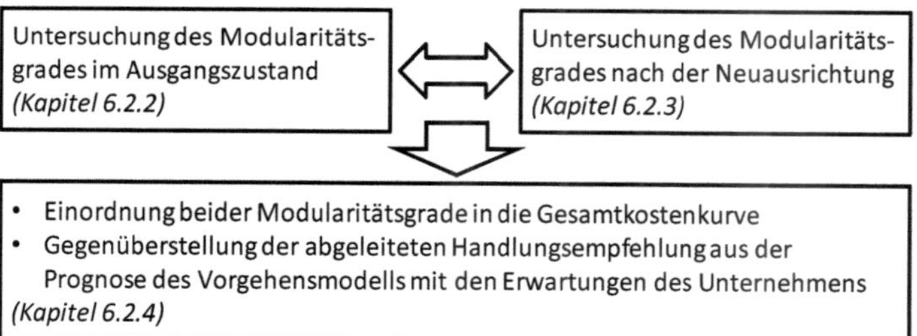

Abbildung 47: Ablauf der Fallstudie

Zunächst werden sowohl die bisherige Plattformstrategie als auch die Modulare Baukastenstrategie mittels des ersten Schrittes des entwickelten Vorgehensmodells (vgl. Kap. 5.1.1) untersucht. Dazu wird der jeweilige Modularitätsgrad bestimmt, wobei aufgrund der begrenzten Verfügbarkeit von Informationen nicht sämtliche Indikatoren für die Einordnung in eine Modularitätsstufe bestimmt werden können.[41] Im Anschluss werden die Wirkungen in den verschiedenen Kostenarten, die sich aufgrund der Änderung der Modularitätsstufe ergeben, analysiert und schließlich mit den unternehmensseitig veröffentlichten Erwartungen anhand von drei zentralen Kennzahlen verglichen. Zunächst wird aber ein Überblick zum Hintergrund der Fallstudie gegeben (Kap. 6.2.1).

6.2.1 Überblick

Seit den 1990er Jahren verfolgte das Unternehmen eine Plattformstrategie. Darunter wird unternehmensseitig verstanden, dass sich verschiedene Fahrzeugmodelle eines Fahrzeugsegments eine Plattform als technische Basis teilen, nach außen aber indi-

[41] Sofern Schätzungen vorgenommen werden, ist dies in den jeweiligen Unterkapiteln vermerkt.

viduell gestaltet sind (vgl. Winterkorn, 2011, S. 5; Wyman, 2012, S. 21). Die Plattform umfasst dabei bis zu 60% der gesamten Fahrzeugteile. Auf einer Plattform, die im Jahr 1997 eingeführt wurde, basieren beispielsweise 13 verschiedene Fahrzeuge mehrerer Marken (vgl. Weber, 2009, S. 5; vgl. auch Ruppert, 2007, S. 76 mit Bezug auf weitere). Obwohl die ursprünglich starre Plattformstrategie im Zeitverlauf bereits durch die Entwicklung einzelner segment- bzw. plattformübergreifender Module „aufgeweicht“ wurde (vgl. Winterkorn, 2011, S. 5), begann die endgültige Ablösung durch Modulare Baukastensysteme Jahr 2012.

Gegenwärtig verfügt das Unternehmen über vier Baukästen für die Produktarchitektur, die sich jeweils in unterschiedlichen Lebenszyklusphasen befinden (vgl. Hawranek & Kurbjuweit, 2013, S. 64) und noch durch komplementäre Baukästen außerhalb der Fahrzeugarchitektur ergänzt werden[42]. Das nachfolgende Beispiel basiert auf einem der vier Baukästen für die Produktarchitektur.

Im Gegensatz zur starren Plattform der Vorgängerprodukte soll dieser Baukasten segmentübergreifend für annähernd alle Fahrzeuge mit einer bestimmten Einbaulage des Motors genutzt werden. Der modulare Baukasten soll so von einer Vielzahl verschiedener Fahrzeuge im gesamten Unternehmen genutzt werden, gleichzeitig aber mehr Freiheiten bei der Entwicklung und individuellen Gestaltung jedes einzelnen Fahrzeugs lassen. Die beschriebene Entwicklung der Produktarchitektur im Zeitverlauf wird in Abbildung 48 gezeigt.

Insgesamt erhofft sich das Unternehmen durch die verstärkte Modularisierung in allen Bereichen des Fahrzeugbaus deutliche Verbesserungen bei Kosten, Komplexität, Flexibilität und Qualität, sowie die Fähigkeit, einfacher und schneller mehr Nischenmodelle anbieten zu können (vgl. Mayer, 2011, S. 19 f.; Seiwert et al., 2012, S. 46). Mit diesen Nischenmodellen soll auf die bereits angeführten Marktentwicklungen, die eine immer höhere Vielfalt im Produktprogramm von den Anbietern erfordern (vgl. auch Kap. 2.2.1), reagiert werden. Die Entwicklung eigenständiger Plattformen für volumenschwache Nischenmodelle ist in den meisten Fällen zu teuer, bestehende Plattformen hingegen lassen sich häufig nur schwer an die technischen Anforderungen von „Spezialfahrzeugen“ anpassen.

Gleichzeitig soll durch die Entwicklung der Fahrzeuge aus modularen Baukastensystemen anstelle starrer Plattformen das Differenzierungspotential zwischen den Fahrzeugen erhöht werden. So können beispielsweise bestimmte skalierbare Merkmale

[42] Dazu gehören beispielsweise ein Baukasten für den Produktionsbereich, modulare Radio- und Navigationssysteme, sowie stärker modularisierte Motorenbaukästen für Diesel- und Ottomotoren (vgl. Mayer, 2011, S. 18 f.). Gerade im Motorenbereich liegt ein hohes Potential für modulare Lösungen, da sich verschiedene Leistungsstufen oft durch den Wechsel weniger Module realisieren lassen (vgl. Ruppert, 2007, S. 153 f.).

(Radstand, Fahrzeugbreite) durch eine Parametrisierung leichter und wirtschaftlicher variiert werden (vgl. Schuh et al., 2013, S. 82), während dafür in dem bisherigen System jeweils spezifische Plattformanpassungen (oder neue Plattformen) benötigt wurden. Kritische Stimmen hingegen sehen das Differenzierungs- und Innovationspotential einzelner Fahrzeugmarken gefährdet, wenn auf eine größere Anzahl gemeinsam genutzter Teile zurückgegriffen wird als bisher (vgl. Hawranek & Kurbjuweit, 2013, S. 65 f.).

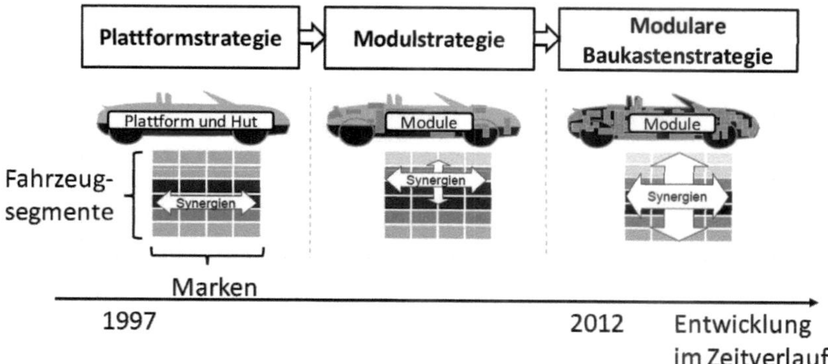

Abbildung 48: Entwicklung der Produktarchitektur des betrachteten Unternehmens Quelle: ergänzt nach Winterkorn (2011, S. 5).

Durch die stärkere Standardisierung sowie Einsparungen bei Fertigungs- und Entwicklungszeit sollen Kosten gespart werden. Das Unternehmen nennt Einsparungsziele von bis zu 20% bei den Einmal- und Stückkosten, sowie 30% bei den „Engineered hours per vehicle“. Zusätzlich sollen durch Ausrichtung des Modularen Baukastens auf zukunftsgerechte Materialien und Antriebstechnologien Senkungen von Fahrzeuggewicht und (daraus resultierend) Fahrzeugemissionen erreicht werden, die mit den bisherigen Plattformen nicht vorgesehen waren (vgl. Winterkorn, 2010, S. 5).[43]

Insgesamt wird deutlich, dass aus Unternehmenssicht durch die Neuausrichtung der bisherigen Plattformarchitektur auf einen Modularen Baukasten der beschriebene Zielkonflikt zwischen einer hohen äußeren Vielfalt (Individualisierung) und einer geringen internen Vielfalt (Standardisierung) überwunden werden soll (vgl. Kap. 2.2.1).

[43] SEIWERT ET AL. (2012, S. 46) nennen Einsparungen von jeweils 20% bei Materialkosten und Investitionen in Produktionsanlagen, eine 30% schneller Fertigung sowie eine Gesamtersparnis je Fahrzeug von 1500 bis 1800 Euro.

6.2.2 Untersuchung des Modularitätsgrades im Ausgangszustand

Wie bereits beschrieben besteht die Fahrzeugarchitektur im Ausgangszustand aus einer Plattform, die bis zu 60% des gesamten Fahrzeuges umfasst sowie einem fahrzeugtypspezifischen Teil, der im Wesentlichen die Karosserie und die Innenausstattung des Fahrzeuges umfasst.

Die Einordnung dieser Produktarchitektur einer Plattform in eine der Modularitätsstufen (vgl. Kap. 5.1.1) wird nachfolgend anhand von einzelnen, überwiegend qualitativen Indikatoren und somit beispielhaft beschrieben.

Für die näherungsweise Berechnung des *Funktionen-Komponenten Quotienten* wird die Einteilung der Plattform nach WILHELM (1997, S. 147) verwendet. Diese unterscheidet innerhalb der Plattform sechs Hauptmodule mit dazugehörigen Untermodulen (vgl. Tabelle 25, linke Spalte).

Tabelle 25: Module und Funktionen der Plattform

Quelle: linke Spalte nach Wilhelm (1997, S. 147); rechte Spalte in Anlehnung an Kalligeros et al. (2006, S. 10); Göpfert & Steinbrecher (2000, S. 28); Muffato & Roveda (2002, S. 6 f.)

Haupt- und Untermodule	Funktionen
• **Bodengruppe** (Vorderwagen, Mittelwagen, Hinterwagen) • **Tank** und dazugehörige Systeme • **Antriebseinheit** (Motor, Getriebe, Kühler, Motorelektronik, Abgassystem) • **Cockpit** (Lenksäule, Klimaanlage, On-Board-Elektronik, Pedale, Sitzgestelle) • **Vorderachse** (Achse, Federung, Bremsen, Räder) • **Hinterachse** (Achse, Federung, Bremsen, Räder)	• Potentielle Energie speichern • Fahrzeug antreiben • Fahrzeug bremsen • Fahrzeug steuern • Fahrkomfort bieten • Fahrzeugstruktur sicherstellen • Crashsicherheit bieten • Transportkapazität bieten • Innenraumkomfort bieten

Für die betrachteten Umfänge stimmt diese Einteilung zum überwiegenden Teil mit der Moduleinteilung und DSM eines generischen Automobils nach KALLIGEROS ET AL. (2006) überein. Als siebentes Hauptmodul ist noch der fahrzeugtypspezifische Teil zu ergänzen. Ebenfalls eine Unterscheidung von sieben Hauptmodulen bringt die Betrachtung eines Automobils von WYMAN (2012, S. 47) hervor. Auf der passend dazu gewählten Betrachtungsebene[44] ergeben sich neun Funktionsanforderungen an ein Fahrzeug (vgl. Tabelle 25, rechte Spalte). Damit ergibt sich bei neun Hauptfunktionsanforderungen und sieben Hauptmodulen ein Quotient von 1,29.

Da keine vollständige DSM mit allen Komponenten und deren Relationen bekannt ist und auch kaum durch Schätzung bestimmt werden kann, muss auf die Berechnung eines *Kopplungsverhältnisses* an dieser Stelle verzichtet werden.

Die *Kopplungsintensität* ist in allen Bereichen hoch. Die geometrische Kopplung entsteht durch die Anforderung, Gewicht- und Platzbedarf der einzelnen Module und Komponenten gering zu halten. Dies führt dazu, dass nur geringe Freiräume bleiben und damit Änderungen an der Geometrie eines Moduls andere Module direkt beeinflussen. Die drei weiteren Kopplungsarten entstehen durch die funktionalen Abhängigkeiten zwischen den Modulen: Erstens erfordert die Bedienung anhand des Fahrzeugcockpits einen Informationsfluss zur Antriebseinheit, zweitens ist ein Materialfluss aus dem Tank zum Motor erforderlich, drittens liefert der Motor mechanische und elektrische Energie, die an die Räder, bzw. an die Batterie und das Cockpit fließt. Insgesamt sind in allen vier betrachteten Kopplungsbereichen starke Kopplungen zwischen den Modulen erkennbar.

Schnittstellenstandardisierung ist nur in relativ geringem Umfang vorhanden. Insbesondere im Elektronikbereich werden Bus-Systeme genutzt, die kompatible Schnittstellen für alle damit verbundenen Komponenten aufweisen. In den meisten anderen Bereichen sind jedoch proprietäre Schnittstellen für jede einzelne Modulkopplung vorhanden, da diese eine Minimierung des zusätzlichen Gewichts- und Platzbedarfes für die Schnittstellen ermöglichen. Auch die geometrischen Schnittstellen, d.h. die Möglichkeiten zur Montage der Module aneinander, sind aus diesen Gründen meist individuell gestaltet.

Die *Reversibilität der Schnittstellen* ist als eher niedrig einzustufen. Insbesondere zwischen den Untermodulen der strukturell wichtigen Hauptmodule „Bodengruppe" und „Karosserie" existiert praktisch keine Reversibilität, da die Verbindung aus Stabilitäts- und Sicherheitsgründen mittels Schweißverfahren hergestellt wird. Die Verbindung zu anderen Modulen geschieht, überwiegend zur Gewährleistung der Wartungsfreundlichkeit, meist reversibel, wenn auch häufig mit einem zusätzlichen Aufwand verbunden.

---

[44] Für die Wahl der Betrachtungsebene der Funktions- und Baustruktur sei an dieser Stelle der vergleichende Charakter der Analyse in den Vordergrund gestellt. In erster Linie ist von Bedeutung, dass dieselbe Betrachtungsebene bei beiden Beurteilungen von Plattform sowie Modularem Baukasten Anwendung findet.

Die *Erkennbarkeit von Modulgrenzen* im fertigen Produkt ist als gering bis mittel einzuschätzen. Die oben genannten Hauptmodule lassen sich auch am fertigen Produkt einfach als individuelle Module identifizieren. Die Untermodule darunter sind hingegen im eingebauten Status nur äußerst schwer als eigenständig zu identifizieren und voneinander abzugrenzen.

Die *Standardisierung der verwendeten Module* ist als hoch anzusehen. Ausgehend von der Betrachtungsebene der gesamten Plattform stehen so in allen Bereichen jeweils nur bestimmte Module zur Verfügung, beispielsweise bei der Wahl der Motorisierung oder der Größe des Kraftstofftanks. Viele dieser Module sind sogar über mehrere Plattformen hinweg standardisiert.

Die *Modulanzahl* ist unter Betrachtung der oben genannten Hauptmodule und Untermodule auf der Betrachtungsebene der gesamten Produktarchitektur eher als niedrig anzusehen.

Als *Modularisierungstyp* nach ULRICH UND TUNG (1991, S. 77) ist eine „Component Swap“ Modularität feststellbar. So sind gerade die individuellen Bestandteile des Fahrzeuges, also die fahrzeugtypspezifischen Elemente, aber auch einige Plattformbestandteile flexibel gegen andere austauschbar (bspw. Austausch des Motors). Für einige andere Plattformelemente, besonders in den tragenden Bereichen, d.h. der Bodengruppe und Karosserie, ist jedoch praktisch gar keine Modularität nach der Definition von ULRICH UND TUNG (1991) festzustellen.

Auch wenn die *Product architecture map* nach FIXSON (2002; 2005) als Indikator hinsichtlich der Modularitätsstufe hilfreich ist, werden für die Erstellung sehr viele und detaillierte Informationen benötigt, die aus den veröffentlichten Unterlagen bezüglich des vorliegenden Falles nicht im benötigten Umfang vorliegen. Daher muss auf die Analyse dieses Indikators wie auch auf weitere quantitative Faktoren verzichtet werden.

Eine Zusammenfassung dieser Untersuchungsergebnisse zeigt Tabelle 26. Unter Betrachtung aller genutzten Indikatoren ist eine Einordnung der bisherigen Plattformstrategie in die Modularitätsstufe 2 naheliegend. Das Ergebnis bestätigt zudem die in Kapitel 5.1.1.3 entwickelte Aussage, dass unterschiedliche Indikatoren eine Produktarchitektur zum Teil in unterschiedliche Modularitätsstufen einordnen.

Tabelle 26: Indikatorenbasierte Bewertung der Plattform

		Modularitätsstufe					
		0	1	2	3	4	5
		Integrale PA	Integrale PA mit Anbaumodulen	Plattform- oder Busarchitektur mit integraler Basis	Plattform- oder Busarchitektur mit modularer Basis	Modulare PA mit Austausch-modulen	Freie, vollständig modulare PA
Indikator	Funktionen-Komponenten Quotient	>1		●			~1
	Kopplungsintensität	hoch		●			~0
	Standardisierung von Schnittstellen	keine		●			durchgängig
	Reversibilität von Schnittstellen	keine	●				hoch
	Erkennbarkeit von Modulgrenzen	keine			●		hoch
	Modulanzahl	~0	●				hoch
	Modularisierungstyp nach Ulrich	Integral		Bus		●	Combinatorial

6.2.3 Untersuchung des Modularitätsgrades nach der Neuausrichtung

Im Anschluss an die Analyse der bisherigen Plattform wird in diesem Abschnitt eine Bewertung der neuen Produktarchitektur des Modularen Baukastens vorgenommen. Die Bewertung soll ebenfalls anhand der bereits verwendeten Indikatoren zur Bestimmung des Modularitätsgrades erfolgen und hat die Einordnung der Produktarchitektur in eine der Modularitätsstufen zum Ziel.

Für die Berechnung des *Funktionen-Komponenten Quotienten* werden dieselben Funktionen wie für die Plattform herangezogen. Allerdings erfolgt die Modul-Einteilung anhand der veröffentlichten Informationen über den Modularen Baukasten abweichend zur bisherigen Plattformstrategie. So existiert kein einheitliches Bodengruppenmodul mehr, wodurch die skalierbare Fahrzeuggeometrie ermöglicht wird (vgl. Abbildung 49). Auch das Modul Antriebseinheit „zerfällt" in Einzelmodule, um z.B. die Verwendung alternativer Antriebstechnologien zu erleichtern (vgl. Wyman, 2012, S. 53 f.). Wird schätzungsweise eine Verdopplung der Modulanzahl angenommen, ergäbe sich ein Quotient von 0,64.[45]

[45] Eine detaillierte Betrachtung macht deutlich, dass trotz des geringeren Abstandes des berechneten Quotienten zu Eins bei der gewählten Funktions- und Baustrukturauflösung keineswegs ein „One-to-One Mapping" vorliegt. Im Gegenteil ist fast jedes Modul an allen beschriebenen Funktionen beteiligt. Eine höhere Detailauflösung für die Analyse wäre daher zu bevorzugen, ist aber aufgrund der vorliegenden Datenbasis an dieser Stelle nicht möglich.

Die *Kopplung* der Module untereinander kann in Bezug auf die Größen Energiefluss, Materialfluss und Informationsfluss als unverändert angenommen werden. Die prinzipiellen Funktionsweisen und Modulzuordnungen derjenigen Module, die über diese Kopplungsgrößen miteinander verbunden sind, wurden durch die Umstellung nicht in einer erkennbaren Weise verändert. Hingegen ist die Verringerung der geometrischen Kopplungsstärke einer der zentralen Gründe für die Einführung des Modularen Baukastens mit dem Ziel, die darauf aufbauenden Modelle stärker differenzieren zu können. Waren beispielsweise die Kerngrößen Radstand und Spurbreite bisher plattformspezifisch identisch oder zumindest sehr ähnlich, so stellen diese im Modularen Baukasten skalierbare Merkmale dar (vgl. Schuh et al., 2013, S. 82; Löschmann, 2009, S. 43).

Geometrisch fest definiert sind hingegen nur noch sehr wenige, technisch zentrale Größen, die konstituierenden Merkmale (vgl. Schuh et al., 2013, S. 82), die das Außenbild des Fahrzeuges kaum beeinflussen. Dazu gehören u.a. der Abstand zwischen Gaspedal und Vorderachse als konstituierende Länge (vgl. Schuh et al., 2013, S. 82; Wyman, 2012, S. 22) sowie die Einbaulage der Motoren (vgl. Löschmann, 2009, S. 44). Abbildung 49 zeigt anhand eines fiktiven Fahrzeugbeispiels die geometrische Skalierbarkeit in den Längenmaßen, bedingt durch die geringere geometrische Kopplung innerhalb der Fahrzeugarchitektur.

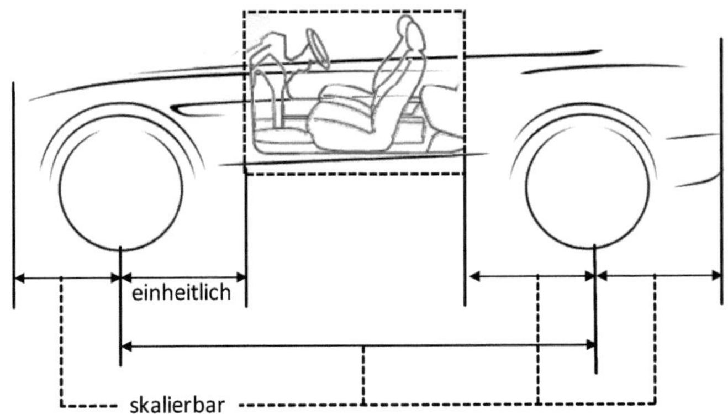

Abbildung 49: Skalierbare und einheitliche Maße beim Modularen Baukasten

Quelle: in Anlehnung an Löschmann (2009, S. 43).

Auf eine Berechnung des *Kopplungsverhältnisses* wird wie bereits bei der Plattformstrategie mangels detaillierter DSM verzichtet.

Die *Standardisierung der Schnittstellen* ist beim Modularen Baukasten im Vergleich zur bisherigen Plattformstrategie deutlich weiter vorangeschritten. Dies geht insbesondere mit der stärkeren geometrischen Entkopplung einher. Ein Anzeichen dafür ist die Reduzierung der Aggregateinbaulagen von 18 auf zwei (vgl. Löschmann, 2009, S. 44), d.h. zwischen Aggregat und den restlichen Modulen ist eine wesentlich geringere Anzahl von geometrisch unterschiedlichen Schnittstellen vorhanden.

Die höhere Unabhängigkeit der Schnittstellen der verbauten Module soll zudem die Offenheit gegenüber alternativen Antrieben, wie Elektro-, Hybrid-, oder Gasantrieben erhöhen. Hinsichtlich der funktionalen Schnittstellen ist keine größere Änderung erkennbar.

Bei der *Reversibilität der Schnittstellen* ist keine Änderung gegenüber der Vorgängerproduktarchitektur zu erwarten. Während in strukturell wichtigen Elementen lösbare Verbindungen aus Stabilitäts- und Sicherheitsgründen weiterhin nur sehr begrenzt möglich sind, verfügen andere Elemente bereits heute aus Reparatur- und Wartungsgründen darüber. Die Bewertung führt daher zum gleichen Ergebnis wie bei der bisherigen Plattformstrategie.

Die *Erkennbarkeit von Modulgrenzen* am fertigen Fahrzeug ist in der Baukastenstrategie gegenüber der bisherigen Plattformstrategie leicht erhöht. Weiterhin erschweren die zahlreichen Interaktionen zwischen den Modulen, sowie die teilweise unlösbaren Verbindungen die nachträgliche Identifizierung von Modulen. Allerdings sorgen die höhere Modulanzahl und die stärkere Entkopplung für eine etwas leichtere Erkennbarkeit.

Die *Modulanzahl* steigt mit dem Wechsel der Modularisierungsstrategie erheblich an, wie bereits im einleitenden Überblick der Fallstudie dargestellt.

Die noch stärkere *Modulstandardisierung* stellt ebenfalls einen der zentralen Gründe für die Umstellung auf die Baukastenstrategie dar und geht mit der Schnittstellenstandardisierung einher. So können beispielsweise die bislang unterschiedlichen Einbaulagen des Motors um bis zu 88% reduziert werden (vgl. Löschmann, 2009, S. 44). Weiterhin können Bauteile, die für den Kunden weitestgehend unsichtbar bzw. marktseitig nicht als Differenzierungsmerkmal verwendbar sind, wie beispielsweise eine Armaturenbretthalterung, einfacher über Modellreihen standardisiert werden, während sie vorher plattform- oder modellspezifisch waren.

Als *Modularisierungstyp* nach ULRICH UND TUNG (1991, S. 77) liegt bei der Baukastenstrategie ebenfalls Modularisierung nach dem „Component Swap" Prinzip vor, allerdings in einem umfangreicheren Ausmaß als in der alten Plattform. So ist neben dem Austausch von fahrzeugspezifischen Modulen, wie Innenraum- und Cockpitmodulen oder dem Einsatz verschiedener Motoren auch der Austausch von strukturgebenden Modulen, etwa der Bodengruppe möglich. Damit können die oben bereits erwähnten unterschiedlichen skalierbaren Merkmale wie Radstände und Spurbreiten mit einer einzigen zugrunde liegenden Produktarchitektur erreicht werden. Ein weiteres Beispiel für die hohe Austauschbarkeit ist die Möglichkeit, unterschiedliche Achsen wie Verbundlenkerachse und Mehrlenkerachse in einem geometrisch identischen Hinterwagen zu verwenden (vgl. Löschmann, 2009, S. 45).

Für die Aufstellung einer *Product architecture map* nach FIXSON (2002; 2005) sind erneut nicht ausreichend detaillierte Informationen vorhanden, weshalb dieser Indikator sowie weitere quantitative Indikatoren nicht bestimmt werden können.

Insgesamt ergibt sich unter Berücksichtigung der bestimmten Indikatoren für den modularen Baukasten eine Einordnung in die Modularitätsstufe 3. Das hierfür ausgefüllte Bewertungsschema, welches die oben erläuterten Ergebnisse zusammenfasst, ist in Tabelle 27 dargestellt. Gegenüber der Untersuchung des Modularitätsgrades im Ausgangszustand (Kap. 6.2.2) fällt die indikatorenbasierte Einordnung der Produktarchitektur in eine Modularitätsstufe hier eindeutiger aus.

Tabelle 27: Indikatorenbasierte Bewertung des Modularen Baukastens

		Modularitätsstufe					
		0	1	2	3	4	5
		Integrale PA	Integrale PA mit Anbaumodulen	Plattform- oder Busarchitektur mit integraler Basis	Plattform- oder Busarchitektur mit modularer Basis	Modulare PA mit Austauschmodulen	Freie, vollständig modulare PA
Indikator	Funktionen-Komponenten Quotient	>1			●		~1
	Kopplungsintensität	hoch		●			~0
	Standardisierung von Schnittstellen	keine			●		durchgängig
	Reversibilität von Schnittstellen	keine	●				hoch
	Erkennbarkeit von Modulgrenzen	keine			●		hoch
	Modulanzahl	~0			●		hoch
	Modularisierungstyp nach Ulrich	Integral		Bus		●	Combinatorial

6.2.4 Gegenüberstellung der Handlungsempfehlungen aus der Prognose des Vorgehensmodells mit den Erwartungen des Unternehmens

Abschließend sollen die unternehmensseitig formulierten Erwartungen den prognostizierten Auswirkungen des in dieser Arbeit entwickelten Vorgehensmodells gegenübergestellt werden. Dabei kommt die Umstellung der Produktarchitektur von der Plattform auf den Modularen Baukasten einer Erhöhung der Modularitätsstufe gleich.

Die Basis für den Vergleich der Gesamtkosten zwischen bisheriger Plattform und Modularem Baukasten stellt die in Kapitel 5.1.2.2 beschriebene beispielhafte Kostenzusammensetzung eines Automobils dar. Diese wurde für die Anwendung in der Fallstudie durch eine Verringerung der Anzahl von Kostenbestandteilen vereinfacht (vgl. Anhang IV). Die daraus abgeleitete Gesamtkostenkurve ist somit nicht auf unternehmensspezifische Kostendaten des Unternehmens zurückzuführen, dessen Produkte im vorliegenden Fallbeispiel analysiert werden. Abbildung 50 zeigt die resultierende Kurve sowie die jeweilige Modularitätsstufe der verglichenen Produktarchitekturen.

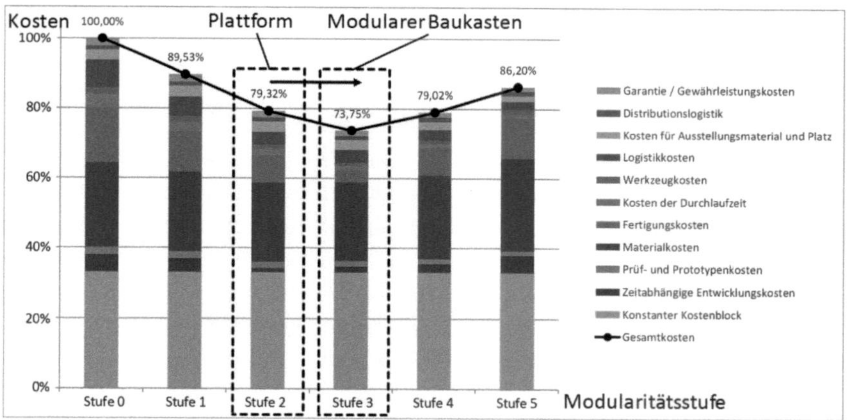

Abbildung 50: Plattform und Modularer Baukasten in der Gesamtkostenkurve

Prinzipiell scheint sich durch die Erhöhung der Modularitätsstufe durchaus ein Kostenvorteil einzustellen, der nachfolgend im Einzelnen untersucht werden soll.

Das Unternehmen erwartet durch die Einführung des Modularen Baukastens Verbesserungen der drei wesentlichen Kennzahlen Stückkosten, Einmalaufwendungen sowie Engineered Hours per Vehicle (vgl. Winterkorn, 2010, S. 5). Die prognostizierten Kostenentwicklungen beim Wechsel von Stufe 2 zu Stufe 3, die mit dem in dieser Arbeit entwickelten Modell für die drei Kennzahlen ermittelt wurden, sind im rechten Teil von Tabelle 28 aufgeführt.

Hinsichtlich Stückkosten und Einmalkosten passen die prognostizierten Kostenveränderungen tendenziell zu den unternehmensseitig formulierten Erwartungen. Allerdings liegen sie in beiden Fällen darunter. Diese Abweichungen in der Größenordnung lassen sich möglicherweise darauf zurückführen, dass im Vorgehensmodell von einer konstanten Endproduktvielfalt ausgegangen wird. Unternehmensseitig hingegen wird mit dem modularen Baukasten die Zielsetzung verfolgt, diese Vielfalt zu erhöhen.

Tabelle 28: Gegenüberstellung von Erwartung und Prognose der Modularitätserhöhung
Quelle: ergänzt nach Winterkorn (2010, S. 5).

Kennzahl	Kostensenkungsziele des Unternehmens[46]	Prognose des in dieser Arbeit entwickelten Modells
Stückkosten	ca. 20% reduzieren	-14%
Einmalaufwendungen	ca. 20% reduzieren	-10%
Engineered Hours per vehicle (EHPV)	ca. 30% reduzieren	+9,8%

Dieselbe Ursache kann auch für die fehlende Übereinstimmung bei den Engineered Hours per Vehicle herangezogen werden. Die diesbezüglichen Erwartungen des Unternehmens, 30% der EHPV, d.h. im Wesentlichen der Entwicklungszeit, durch die Umstellung auf den Modularen Baukasten einsparen zu wollen, können anhand der Prognose des in dieser Arbeit entwickelten Vorgehensmodells nicht bestätigt werden. Gemäß der Modellprognose wäre beim Wechsel von Stufe 2 zu Stufe 3 sogar ein Anstieg dieser Kennzahl um etwa 10% zu erwarten. Diese starke Abweichung in die gegensätzliche Richtung kann aber, zumindest teilweise, durch unterschiedliche Betrachtungsweisen erklärt werden. Das entwickelte Vorgehensmodell geht davon aus, dass mit den unterschiedlichen Produktarchitekturen eine konstante Endproduktvielfalt realisiert werden soll. Die Unternehmensprognose hingegen beinhaltet die Absicht einer deutlichen Erweiterung des marktseitig angebotenen Produktspektrums. So soll mit der Einführung des Modularen Baukastens langfristig eine deutlich höhere Anzahl an (Nischen-)Modellen entwickelt werden, als dies bislang für die einzelnen Plattformen der Fall war (vgl. Winterkorn, 2012, S. 32). Dadurch wird eine stärkere Verteilung der Entwicklungszeiten für gemeinsam genutzte Module über die einzelnen Fahrzeuge und somit ein Degressionseffekt erreicht. Letztlich werden so Gemeinkosten, die für die Plattform- bzw. Baukastenentwicklung anfallen, über eine größere Anzahl von Modellen und auch über eine größere Gesamtstückzahl verteilt.

Insgesamt sei als Ergebnis festgestellt, dass die prognostizierten Kostenwirkungen der Erhöhung des Modularitätsgrades durch das im fünften Kapitel dieser Arbeit entwickelte Modell durchaus mit den unternehmensinternen Erwartungen vereinbar sind. Das Ergebnis wird deshalb als Beitrag zur Validierung des entwickelten Vorgehensmodells in seinem Verwendungszusammenhang aufgenommen.

---

[46] Die genaue Bezugsgröße dieser Zahlen wird aus der Quelle nicht exakt deutlich, so dass hierzu eine Annahme getroffen wurde, die einen Vergleich mit der Prognose des Modells ermöglicht.

6.3 Kritische Würdigung des Forschungsergebnisses

Um die Frage nach der Validität des entwickelten Vorgehensmodells als zentrales Forschungsergebnis dieser Arbeit beantworten zu können, werden die Ergebnisse aus den einzelnen Validierungsbestandteilen der angewendeten Methodentriangulation zusammengeführt und deren Gesamtaussage, unterschieden in interne und externe Validität, betrachtet (vgl. Abbildung 51).

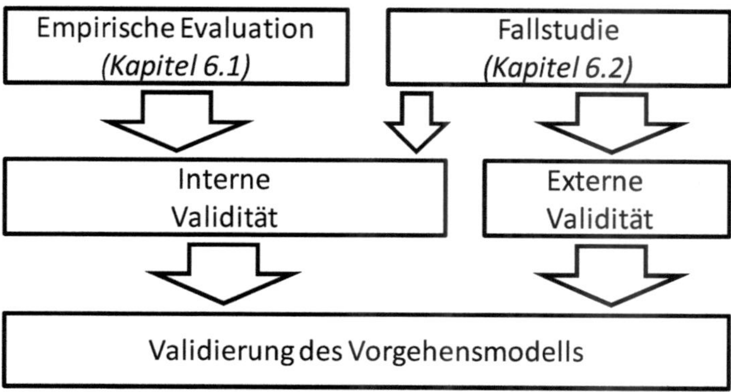

Abbildung 51: Zusammenfassung der Validierung

Der erste Teil umfasst die empirische Evaluation. Diese setzt sich aus einer Fokusgruppe, drei Tiefeninterviews sowie zwei Pilotanwendungen zusammen. Durch diese Bestandteile konnten die Unternehmensexperten bereits vor Abschluss der Entwicklung des Vorgehensmodells an zahlreichen Stellen Einfluss nehmen und damit einen Beitrag zu dessen Gestaltung leisten. Mehrere zentrale Schritte des Entwicklungsprozesses wurden validiert. Dies dient der Sicherstellung der Praxistauglichkeit des Vorgehensmodells, gleichzeitig wird damit aber auch dessen interne Validität erhöht.

Der zweite Teil besteht aus einer ausführlichen Fallstudie, in deren Rahmen die Erhöhung des Modularitätsgrades einer Produktarchitektur auf der Basis von veröffentlichten Unternehmensdaten untersucht wurde. Als Ergebnis hat die Anwendung des Vorgehensmodells eine Prognose der aus der Erhöhung resultierenden Kostenveränderungen hervorgebracht, die mit den unternehmensseitigen Erwartungen vereinbar ist. Damit wird die interne Validität des entwickelten Modells bestätigt, da die erzielten Ergebnisse in der Lage sind, die erwarteten theoretischen Zusammenhänge nachzuweisen (vgl. Häder, 2010, S. 114 f.; Yin, 2003, S. 34 f.).

Alle durchgeführten Maßnahmen zur Bestätigung der internen Validität zeigen weitestgehend unabhängig voneinander eine Bestätigung des entwickelten Vorgehensmodells. Keine der empirischen Maßnahmen zur Überprüfung hat eine Falsifikation des Vorgehensmodells hervorgebracht (vgl. Ulrich & Hill, 1979, S. 186).

Letztlich ist der Erfolg einer Validierung auch eine Frage der Generalisierbarkeit der erzielten Ergebnisse sowie der daraus gewonnenen Erkenntnisse (vgl. Maxwell, 2013, S. 136 f.). Die Generalisierbarkeit wird in der Literatur auch zum Belegen der externen Validität herangezogen (vgl. Yin, 2003, S. 36 f.). PRATT (2008, S. 492) greift die kritische Frage anderer Autoren auf, ob die Ergebnisse qualitativer Forschung überhaupt generalisierbar seien. Auch an anderer Stelle in der Literatur wird deutlich, dass die Verallgemeinerungsfähigkeit von Einzelaussagen in der Regel begrenzt ist (vgl. Ulrich & Hill, 1979, S. 165). Dennoch kommt FLICK (2010a, S. 260) zu dem Urteil, dass „Studien mit einem sinnvoll begrenzten Anspruch auf Generalisierung [...] nicht nur einfacher zu handhaben, sondern in der Regel auch aussagekräftiger [sind]."

Die empirischen Teile in dieser Arbeit fokussieren weitestgehend die Antriebstechnik als alleinige Branche. Für diesen Betrachtungsumfang konnte das entwickelte Vorgehensmodell bestätigt werden. Eine erste Übertragung auf eine weitere Branche anhand der durchgeführten Fallstudie in der Automobilindustrie ist als erfolgreich zu erachten. Dieses Ergebnis stellt einen Beitrag zur Bestätigung der externen Validität des Modells dar. Eine weitergehende Generalisierung der Ergebnisse sollte nur mit Vorsicht vorgenommen werden, da nicht eine Vielzahl von Fallbeispielen zur Modellanwendung herangezogen wurde (vgl. Kotabe et al., 2007, S. 102; Siggelkow, 2007, S. 21; Yin, 2003, S. 10). Die Übertragbarkeit des Ansatzes auf weitere Unternehmen sowie in andere Branchen müsste mit weiteren empirischen Untersuchungen belegt werden.

7 Implikationen und Schlussbetrachtung

> *"A key observation is that existing applications of modularity [...] have occurred without using academic rigor for planning and modeling. Instead, decisions about modularizing appear to have been made by the seat-of-the-pants."* STARR (2010, S. 14).

Zur Überwindung des Defizites, das in dem einleitenden Zitat geschildert wird, liegt als Ergebnis dieser Arbeit ein konzeptionelles Vorgehensmodell vor, mit dem ein Unternehmen die Kostenwirkungen verschiedener Modularitätsgrade einer Produktarchitektur systematisch bewerten kann. Zur Einordnung des Ergebnisses erfolgt in diesem Kapitel zunächst eine Zusammenfassung der Untersuchungsschritte (Kap. 7.1), anschließend werden Implikationen für Theorie und Praxis aufgezeigt (Kap. 7.2). Schließlich wird durch Limitationen und Ausblick eine Schlussbetrachtung vorgenommen (Kap. 7.3).

7.1 Zusammenfassung der Untersuchungsschritte

Im heutigen Wettbewerb stehen produzierende Unternehmen vor der Herausforderung, die marktseitig individualisierte Nachfrage mit immer breiteren Produktspektren zu bedienen, gleichzeitig aber die Kosten für die Herstellung der Produkte möglichst gering zu halten. Modulare Produkte werden von Unternehmen in zunehmendem Maße zur Lösung dieses Zielkonfliktes zwischen der äußeren und inneren Komplexität eines Unternehmens herangezogen.

Die Modularität einer Produktarchitektur ist dabei in den wenigsten Fällen vollkommen integral oder vollkommen modular. Vielmehr ist innerhalb dieses Spektrums zu entscheiden, welcher Modularitätsgrad für eine Produktarchitektur ausgewählt werden soll. Solche Entscheidungen über die Modularität einer Produktarchitektur werden zumeist in der frühen Phase des Produktentstehungsprozesses getroffen. In diesen Phasen kann im Unternehmen häufig noch nicht auf umfangreiche und verlässliche Daten zurückgegriffen werden.

Das Ziel der vorliegenden Arbeit war es deshalb, für diese frühen Phasen verbesserte Prognosemöglichkeiten der Kostenwirkungen alternativer Produktarchitekturen mit unterschiedlichen Modularitätsgraden zur Verfügung zu stellen. Auf der Grundlage solcher Prognosen wurde ein Vorgehensmodell zur kostenorientierten Bewertung modularer Produktarchitekturen entwickelt, das zur Unterstützung von Entscheidungen bei der kostenorientierten Gestaltung der Modularisierung herangezogen werden kann.

Zur Erreichung dieses Ziels wurden zunächst theoretische Grundlagen und Begrifflichkeiten behandelt, die für das Verständnis der Arbeit erforderlich sind. Dabei wurde insbesondere gezeigt, wie die Modularisierung in den abstrakten Bezugsrahmen aus Systemtheorie und Komplexität eingeordnet werden kann.

Im Anschluss wurde der Stand der Forschung aufgearbeitet. Im Einzelnen wurde dafür zunächst der Zusammenhang zwischen Produktmodularität und Kosten auf der Grundlage mehrerer Einzeleffekte untersucht. Diese Untersuchung mündet in der Hypothese eines U-förmigen Verlaufes der Kostenfunktion für unterschiedliche Modularitätsgrade. Um die gegenwärtige Position eines Unternehmens auf der Kostenfunktion zu determinieren, wurden dann einzelne Indikatoren analysiert, die es ermöglichen, den Modularitätsgrad einer Produktarchitektur zu bestimmen. Zur Einordnung der bis zu diesem Punkt betrachteten Teile endet der Stand der Forschung mit Rahmenbedingungen der Modularisierung.

Der anschließende explorative Teil, der die Ableitung des Stands der Praxis in der deutschen Antriebstechnik hervorgebracht hat, basiert auf der primären Datengrundlage von 13 Experteninterviews, die mit einer qualitativen Inhaltsanalyse ausgewertet wurden.

Aus der Gegenüberstellung des Stands der Praxis mit dem zuvor analysierten Stand der Forschung wurden Anforderungen verdeutlicht, die für die konzeptionelle Entwicklung des Vorgehensmodells aufgegriffen wurden. So liegen theoretische Ansätze zwar vor, diese werden aber bislang kaum in der Unternehmenspraxis angewendet. Daraus wurde die Schlussfolgerung gezogen, dass die theoretischen Ansätze den Anforderungen aus der Praxis nicht gerecht werden. Dieses Defizit kann durch das entwickelte Vorgehensmodell zur kostenorientierten Bewertung modularer Produktarchitekturen überwunden werden. Dieses ermöglicht in vier Schritten das Ableiten einer Handlungsempfehlung, ob der gegenwärtige Modularitätsgrad erhöht oder verringert werden sollte. Mehrere an die Modellentwicklung angeschlossene Maßnahmen zur Validierung bestätigen das Vorgehensmodell.

7.2 Ergebnisse und Implikationen

Die Implikationen, die aus den erzielten Ergebnissen der Arbeit resultieren, werden für die nachfolgende Ausführung in theoretische und praktische Implikationen unterschieden.

7.2.1 Theoretische Implikationen: Beitrag zum wissenschaftlichen Diskurs

Zunächst sollen die Forschungsergebnisse in den wissenschaftlichen Diskurs des Zusammenspiels aus Modularen Produktarchitekturen und deren Kostenwirkungen eingeordnet werden. Dafür wird darauf eingegangen, wie die Ergebnisse der Arbeit zur Beantwortung der eingangs formulierten Forschungsfragen (vgl. Kap. 1.2.1) beitragen.

F_1: Welche Kostenwirkungen der Modularisierung sind bei der Gestaltung einer modularen Produktarchitektur zu berücksichtigen?

Die Antwort auf diese Forschungsfrage resultiert aus dem Stand der Forschung. Kostenwirkungen der Modularisierung hängen sowohl vom Zeithorizont wie auch von der vorliegenden Komplexität der untersuchten Produkte ab. Darüber hinaus werden durch die Entscheidung über den Modularitätsgrad mehrere Leistungsgrößen eines Unternehmens beeinflusst, die letztlich alle auf Kosten zurückgeführt werden können. Mit diesen Leistungsgrößen sind zahlreiche Einzeleffekte der Modularisierung verbunden, die in unterschiedlichem Maß quantifizierbar sind. Die direkt quantifizierbaren Einzeleffekte können als Kostenwirkungen aufgefasst werden.

Schließlich sind noch mehrere Einzelmechanismen anzuführen, die als Economies of Modularity beschrieben werden. Dabei handelt es sich um Erfahrungs- und Lernkurveneffekte, Skaleneffekte sowie Verbundeffekte. Solche Degressionseffekte werden bei modularen Produkten von der Endproduktebene auf die untergeordneten Ebenen der Produktarchitektur verlagert. Die Kostenwirkungen entstehen durch die höhere produzierte Menge von Modulen und Komponenten, die wie Gleichteile in verschiedenen Endprodukten verbaut werden.

F_2: Welche spezifischen Rahmenbedingungen von Branchen bzw. Industrien, in denen Modularisierungskonzepte bereits erfolgreich angewendet werden, sind von Bedeutung, wenn die dort nachgewiesenen Effekte der Modularisierung auch in Unternehmen anderer Branchen berücksichtigt werden sollen?

Aus der Gegenüberstellung des Stands der Forschung mit dem Stand der Praxis wurde deutlich, dass Untersuchungen zur Modularisierung bislang vorwiegend mit einem Bezug auf die Automobil- oder die Computerindustrie durchgeführt wurden. In den Unternehmen der Antriebstechnik ist die Durchdringung modularer Produktkonzepte deutlich weniger fortgeschritten.

Als spezifische Rahmenbedingungen sind zwei Aspekte hervorzuheben. Erstens ist die genaue Rolle eines Unternehmens in der Wertschöpfungskette von Bedeutung. Lieferanten sind häufig von ihren Abnehmern determiniert und adaptieren deren Verständnis modularer Produktarchitekturen. In welchem Umfang diese Adaption erfolgt, scheint zudem von der Größe der beteiligten Unternehmen sowie damit verbunden deren Marktmacht abhängig.

Zweitens stellt die Maturität der Branche, in der ein Unternehmen agiert, eine einflussreiche Rahmenbedingung dar. Dies kann auf den Grad der Standardisierung von Schnittstellen zurückgeführt werden. Standardisierte Schnittstellen sind ein zentraler Bestandteil bei der Entwicklung modularer Produkte. In älteren, gesetzten Branchen ist die Wahrscheinlichkeit höher, dass die Standardisierung von Schnittstellen bereits unternehmensübergreifend ausgestaltet ist.

F_3: *Welcher Stand der Praxis ist am Beispiel der Antriebstechnik bezogen auf modulare Produkte vorherrschend? Welche in der Theorie vorliegenden Ansätze werden in der Praxis bereits angewendet und welche Anforderungen an die kostenorientierte Bewertung modularer Produktarchitekturen werden unternehmensseitig formuliert?*

Bei der Auswertung der empirisch erhobenen Daten konnte festgestellt werden, dass die modulare Gestaltung von Produkten in den Unternehmen der Antriebstechnik bekannt ist und häufig als Bestandteil des Variantenmanagements aufgefasst wird. Modularen Produktarchitekturen wird von den Unternehmensvertretern ein hohes Potential zur Verbesserung der Transparenz, aber auch der Kostensituation im Unternehmen unterstellt.

Der Modularitätsgrad gegenwärtig am Markt angebotener Produkte wird von den Unternehmensexperten bis auf wenige Ausnahmen als zu niedrig eingeschätzt. Da aber das Optimum unbekannt ist und die verfolgten Zielsetzungen verschiedener Unternehmensfunktionen zum Teil konfliktär sind, können Verbesserungsmaßnahmen nur schwer durchgesetzt werden.

Die in der Theorie bekannten Ansätze zur Modularisierung werden bis auf wenige Ausnahmen nicht in der Praxis angewendet. Dies kann darauf zurückgeführt werden, dass diese Ansätze sehr aufwendig sind und den Anforderungen aus der Unternehmenspraxis häufig nicht vollständig gerecht werden. Gemäß diesen Anforderungen sollen Ansätze aus Praxissicht im Einzelnen einfach, transparent und aufwandsarm gestaltet sein und mit einer geringen Menge an Eingabedaten das Ableiten aussagekräftiger Handlungsempfehlungen ermöglichen.

Im Mittelpunkt der Implikationen steht die Hauptforschungsfrage (F_0) der Arbeit:

F_0: *Wie kann der Modularitätsgrad einer Produktarchitektur aus der Kostenperspektive eines Unternehmens optimal gestaltet werden?*

Die kostenorientierte Gestaltung des Modularitätsgrades einer Produktarchitektur ist von mehreren kontextspezifischen Faktoren abhängig. Zudem kann das Optimum eines komplexen Systems im Zeitverlauf nicht als konstant angenommen werden. Eine allgemeingültige Aussage kann deshalb nicht formuliert werden.

Die Untersuchung hat aber durchaus verdeutlicht, welche Schritte erforderlich sind, um eine solche Aussage in einem unternehmensspezifischen Kontext abzuleiten. Mit dem entwickelten Vorgehensmodell werden die Einzelergebnisse von vier Schritten zu einer Handlungsempfehlung zur kostenorientierten Gestaltung der Modularisierung integriert.

Die Bestimmung des gegenwärtigen Modularitätsgrades als erster Schritt kann auf verschiedenen Betrachtungsebenen der Produkthierarchie vorgenommen werden. Die Vorteile modularer Produkte hinsichtlich Kosten werden in der Regel umso deutlicher, je höher die gewählte Betrachtungsebene ist.

Die Kostenzusammensetzung für eine Modularitätsstufe sowie die Extrapolation zur Ableitung einer Gesamtkostenkurve als zweiter und dritter Schritt können nur unternehmensspezifisch ermittelt werden. In der vorliegenden Arbeit wurde anhand einer beispielhaften Kostenzusammensetzung, die auf Daten aus der Literatur basiert, mit den entwickelten Extrapolationen ein U-förmiger Verlauf der Gesamtkostenkurve für unterschiedliche Modularitätsstufen ermittelt. Dieser prinzipiell U-förmige Verlauf der Kostenkurve stimmt mit verschiedenen Untersuchungsergebnissen aus der Literatur überein (vgl. Kap. 3.1.3). Damit wird die grundlegende Annahme, dass Ausschweifungen in die Randbereiche vollkommen integraler wie auch vollkommen modularer Produktarchitekturen zu Leistungseinschränkungen und damit letztlich auch höheren Kosten führen, durch diese Arbeit deutlich unterstützt.

Im vierten Schritt des Vorgehensmodells wird aus der Zusammenführung des gemessenen Modularitätsgrades und der Gesamtkostenkurve eine Handlungsempfehlung abgeleitet, ob der gegenwärtige Modularitätsgrad erhöht oder verringert werden sollte.

7.2.2 Praktische Implikationen: Handlungsempfehlungen für Unternehmen

Unternehmen wird durch das Ergebnis der vorliegenden Arbeit ein praxisorientiertes Vorgehensmodell zur Verfügung gestellt, das gegenüber bisherigen Ansätzen mit einer erheblich geringeren Menge an Eingabedaten die Ableitung einer Handlungsempfehlung für die frühe Phase der konzeptionellen Entwicklung einer Produktarchitektur ermöglicht.

Die Verbesserung der Unternehmenssituation anhand einer unternehmensspezifisch ermittelten Kostenfunktion kann grundsätzlich auf drei Arten erfolgen, wie in Abbildung 52 qualitativ dargestellt. Die jeweils aus den Maßnahmen resultierenden Kostenpotentiale sind auf der Ordinate aufgetragen.

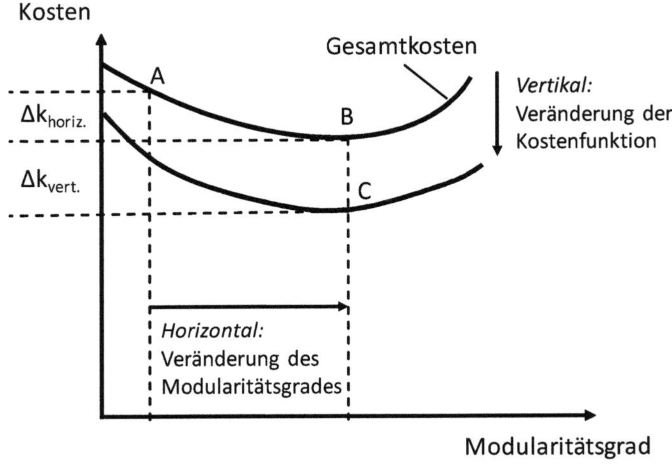

Abbildung 52: Optimierungsmöglichkeiten anhand einer Komplexitätskostenfunktion

Erstens besteht die Möglichkeit einer horizontalen Veränderung (Punkt A – B). Dabei wird der Modularitätsgrad so erhöht oder verringert, dass sich das Unternehmen auf der gegenwärtigen Kostenkurve in Richtung des gegenwärtigen Optimums bewegt. Auf die Ableitung der damit verbundenen horizontalen Kostenpotentiale wurde der Schwerpunkt der vorliegenden Arbeit gelegt.

Zweitens kann die Zielsetzung einer vertikalen Veränderung (Punkt B – C) verfolgt werden. Dabei wird die Kostenzusammensetzung für die gegenwärtige Modularitätsstufe optimiert oder die gesamte Kostenkurve für jede der Modularitätsstufen verringert. Umsetzungsmaßnahmen für vertikale Veränderungen wurden im Rahmen dieser Arbeit nicht im Detail behandelt. Dafür kämen einzelne Maßnahmen wie beispielsweise eine Rüstkostenoptimierung oder eine Optimierung der Logistikkosten in Betracht. Für die vertikale Veränderung ist aus Unternehmenssicht die Formulierung einer Zielkostenkurve naheliegend, die durch die Anwendung von Einzelmaßnahmen für einzelne Kostenbestandteile erreicht werden soll. In diesem Zuge sollte auch unternehmensspezifisch analysiert werden, ob Kostenremanenz vorliegt, die einer Verringerung der gegenwärtigen Kostenkurve im Wege steht.

Drittens kann ein Unternehmen die beiden bereits erläuterten Arten zur Verbesserung der Unternehmenssituation aus Kostensicht kombinieren (Punkt A – C).

Da nicht ausgeschlossen werden kann, dass durch horizontale sowie vertikale Maßnahmen auch eine Veränderung des Kurvenverlaufes der Kostenkurve induziert wird, sollte das Vorgehensmodell iterativ angewendet werden. Dadurch werden derartige Veränderungen der Kostenkurve ersichtlich und können in der nachfolgenden Iterationsschleife für die Untersuchung berücksichtigt werden.

Letztlich kann die Ableitung von Handlungsempfehlungen aus den zu erwartenden Kostenwirkungen nur unternehmens- und produktspezifisch erfolgen. Dafür sollte ein Unternehmen eine individuelle Kostenkurve auf Basis der eigenen Kostenstruktur erstellen.

7.3 Limitationen und Ausblick

Obwohl mit dem entwickelten Vorgehensmodell ein valides und aussagekräftiges Ergebnis erzielt werden konnte, sind für die vorliegende Arbeit Limitationen zu berücksichtigen. Nach dem Verständnis von STEINKE (2010, S. 329 f.) liegen Limitationen vor allem dann vor, wenn sehr spezifische Bedingungen erfüllt sein müssen, damit die Erkenntnisse einer Untersuchung übertragbar sind oder die Ergebnisse verallgemeinert werden können. Gleichzeitig stellen Limitationen der vorliegenden Arbeit aber auch einen Ausgangspunkt für anknüpfende Forschungsbestrebungen dar.

Durch die ceteris paribus Analyse der Kostendimension modularer Produktarchitekturen sowie das Vorgehensmodell zur Bewertung dieser Dimension wird nicht die vollständige Komplexität der Zielsetzungen eines Unternehmens in der Realität abgebildet. Eine Verbesserung der Kosten kann nur als zielführend angesehen werden, wenn auch andere Leistungsdimensionen, die Interdependenzen zur kostenorientierten Gestaltung modularer Produktarchitekturen aufweisen, berücksichtigt werden.

Eine weitere Limitation besteht darin, dass das entwickelte Vorgehensmodell auf einer unternehmensspezifischen Gesamtkostenkurve basiert. Damit werden Mengendegressionseffekte, die von der produzierten Stückzahl der modularen Produkte abhängig sind, nicht explizit abgebildet. Das Auftragen verschiedener Stückzahlen würde die U-förmige Gesamtkostenkurve womöglich in einer dritten Dimension zu einem Kostengebirge erweitern. Daraus könnten auch belastbare Aussagen über die Stückkosten eines modularen Produktes abgeleitet werden.

Zudem liegt eine Limitation vor, da im Vorgehensmodell von einer konstanten Endproduktvielfalt ausgegangen wird. Häufig führt die Entwicklung modularer Produktarchitekturen aber zu einer deutlichen Ausweitung der Anzahl an Derivaten, Varianten und Applikationen im Produktspektrum. Eine Information über die vorgesehene Veränderung der Endproduktvielfalt müsste als unternehmensspezifische Eingabegröße bereitgestellt werden. Dabei ist zu vermuten, dass eine vollständige Kenntnis dieser Größe zum Zeitpunkt der Definition der Produktarchitektur in der frühen Phase der Produktentstehung nicht immer vorliegt, insbesondere dann, wenn Ausweitungen des Produktspektrums im Zeitverlauf kundenseitig induziert werden.

Zukünftige Untersuchungen könnten an die vorliegende Arbeit in mindestens zwei Richtungen anknüpfen. Erstens könnten die erzielten Ergebnisse durch weitere empirische Erhebungen großflächiger validiert werden. Hier sind sowohl die Durchführung konkreter Fallstudien als auch die Dokumentation von Erfahrungen aus der Anwendung in der Praxis denkbar. Zweitens legt die Analyse von Branchen, denen für die Entwicklung modularer Produkte in der Literatur eine Vorreiterrolle zugeprochen wird, das Anfertigen von Best-Practice-Beispielen nahe. Für Unternehmen der Antriebstechnik könnten beispielsweise Best-Practice-Anwendungen aus der Automobilindustrie adaptiert werden.

Zudem ist die konzeptionelle Erweiterung der entwickelten Vorgehensweise denkbar. Beispielsweise ließe sich eine unternehmensübergreifende Kostenbewertung für mehrere Stufen einer Supply-Chain vornehmen. Da modulare Produktarchitekturen eines Endproduktherstellers auch einen Einfluss auf dessen Lieferanten haben, ist das Aufdecken weitergehender Optimierungspotentiale für die Supply-Chain-weiten Kosten naheliegend. Ein besonderes Augenmerk wäre hier auf die organisatorischen Schnittstellen zwischen den Unternehmen zu richten.

Darüber hinaus besteht die Fragestellung, wie das Ergebnis des entwickelten Vorgehensmodells mit anderen Modularisierungsansätzen verknüpft werden kann. Die Umsetzung der Handlungsempfehlung, dass ein gegenwärtiger Modularitätsgrad erhöht oder verringert werden sollte, erfordert Veränderungen am Produkt. Die Frage welche genauen Maßnahmen zur Erhöhung bzw. Verringerung des Modularitätsgrades herangezogen werden können und wie eine systematische Auswahl aus der Vielzahl solcher Maßnahmen vorgenommen werden kann, sollte in weitergehenden Untersuchungen beantwortet werden.

Schließlich erfordern modulare Produkte bei deren Implementierung in das operative Geschäft des Unternehmens ein hinreichendes Risikomanagement. Eine genaue Gegenüberstellung der erzielbaren Kosteneinsparungen durch Größeneffekte mit den Kosten der daraus induzierten Risiken kann im Unternehmenskontext aller

Wahrscheinlichkeit nach nur mit Einschränkungen vorgenommen werden. Lediglich die Kosten für Maßnahmen, die solchen Risiken entgegenwirken, wie beispielsweise eine zusätzliche Lieferantenentwicklung, können quantifiziert werden. Solche anfallenden Aufwendungen sollten in zukünftigen Untersuchungen in die kostenorientierte Bewertung der Produktarchitektur mit einbezogen werden. Erste Hinweise auf den Umgang mit Risiken werden in der Literatur bereits durch Postponement-Ansätze sowie die Möglichkeit des Risk-Poolings durch Modularisierung aufgezeigt (vgl. z.B. Ulrich & Eppinger, 2008, S. 179; Fixson, 2005, S. 349).

Die Erforschung dieser Vielzahl von vielversprechenden Anknüpfungspunkten muss späteren Untersuchungen vorbehalten bleiben.

> *„Das Spiel der Wissenschaft hat grundsätzlich kein Ende: wer eines Tages beschließt, die wissenschaftliche Sätze nicht weiter zu überprüfen, sondern sie etwa als endgültig verifiziert zu betrachten, der tritt aus dem Spiel aus.“* POPPER (1982, S. 26).

8 Anhang

I. Vielfaltsmindernde Ansätze zur Ergänzung der Modularisierung

Die Abgrenzung der verschiedenen in der Literatur beschriebenen Ansätze zur Verringerung der Vielfalt ist nicht immer eindeutig (vgl. Junge, 2005, S. 13; Kersten et al., 2004, S. 4). Diese Tatsache kann auf die fließenden Grenzen zwischen einzelnen Ansätzen zurückgeführt werden. Als Beispiele zeigt Tabelle 29 verschiedene Konzepte mit ähnlichen Inhalten, auf die an dieser Stelle nur verwiesen sei. Diese stammen vielfach aus dem Variantenmanagement und dienen als Ergänzung zur Modularisierung von Produkten. Die Literaturangaben in der Tabelle sind beispielhaft und erheben keinen Anspruch auf Vollständigkeit.

Tabelle 29: Vielfaltsmindernde Ansätze

Ansatz	Ähnliche Ansätze	Literaturverweise
Standardisierung	Gleichteileverwendung	Wildemann (2013), S. 148
	Normung	Gonsior (2008), S. 266
	Typisierung	Kirchhof (2003), S. 206
	Kompatibilität	Hungenberg (2000), S. 544, S. 550
	Vereinheitlichung	Wohlgemuth (1999), S. 30 ff.
Downlabeling	Downsizing	Löschmann (2009), S. 31
	Substitution von Hardware	Gonsior (2008), S. 241
	durch Software	Ruppert (2007), S. 106
	Badge-Engineering	Junge (2005), S. 13
Über-	*Zielkonform*	Hüttenrauch & Baum (2008), S. 139
dimensionierung	Multifunktionalität	Gonsior (2008), S. 231
	Funktionsintegration	Thyssen et al. (2006), S. 264 f.
	Erhöhte Serienausstattung	Wohlgemuth (1999), S. 61 f.
	Nicht zielkonform	Sanchez (1999), S. 106
	Blindleistung	Homburg & Daum (1997), S. 335
	Overengineering	Ulrich (1995), S. 431 f.
Pakete	Bündelung	Gonsior (2008), S. 46
	Kombinationszwänge und -	Herrmann & Peine (2007), S. 672
	verbote	Rosenberg (2002), S. 231
Postponement	Verschieben des	Ulrich & Eppinger (2008), S. 177 ff.
	Differenzierungspunktes	Gonsior (2008), S. 241
		Eitelwein & Weber (2008), S. 15
		Fixson (2005), S. 349
		Rosenberg (2002), S. 233
Mass	Kundenindividuelle	Starr (2010), S. 13
Customization	Massenproduktion	Gonsior (2008), S. 45
		Abdelkafi (2008), S. 15 ff.

Bei den beiden letztgenannten der ersten Spalte, Postponement und Mass Customization, handelt es sich weniger um produktorientierte als um produktionsorientierte Ansätze (vgl. Eitelwein & Weber, 2008, S. 15; Lee & Tang, 1997, S. 41). Letztlich wird mit allen aufgeführten Ansätzen das Ziel verfolgt, einen Beitrag zur Lösung des Zielkonfliktes zwischen äußerer Differenzierung und innerer Standardisierung zu leisten, das Komplexitätsniveau also zu begrenzen.

II. Interviewleitfaden

Teil A: Kurzvorstellung [des Forschungsprojektes]

Teil B: Besprechung des weiteren Vorgehens im [...; Forschungsprozess]

Ziel des Gespräches:

Vereinheitlichung des Verständnisses der erforderlichen theoretischen Grundlagen und Spezifikation der praxisseitigen Anforderungen an das zu entwickelnde Vorgehensmodell.

1. Unternehmensspezifische Informationen:

- Bitte geben Sie uns einen kurzen Überblick über Ihr Unternehmen und Ihren Tätigkeitsbereich im Unternehmen (Funktion, Umsatz (ca.), Anzahl Mitarbeiter, Unternehmensziele)
- Was umfasst und wie gliedert sich das Produktangebot Ihres Unternehmens (z.B. Produktfamilien, Einzelprodukte oder Baugruppen)?
- An welcher Stelle der Wertschöpfung befindet sich ihr Unternehmen?
  - Endprodukt / OEM
  - Systemlieferant
  - Modullieferant
  - Sonstige: ...
- Welches Kostenrechnungssystem wird in Ihrem Unternehmen verwendet?

2. Komplexität:

- Wie definieren Sie Produktkomplexität?
- Wodurch wird Produktkomplexität in Ihrem Unternehmen hauptsächlich verursacht?
- Wird die Produktkomplexität eher vom Vertrieb/Kunden oder von Konstruktion/Entwicklung getrieben?

- Sind die Auswirkungen der Produktkomplexität auf Umsatz, Gewinn, Qualität etc. in Ihrem Unternehmen auf Zahlenbasis nachweisbar?
- Wie wird der von Ihnen beschriebenen Komplexität begegnet (z.B. durch Modularisierung, Baukästen, Gleichteileverwendung etc.)?

3. Modularisierung:

- Was verstehen Sie unter Modularisierung in Relation zu einem Baukastensystem?
- Wird Modularisierung in Ihrem Unternehmen auf einer der folgenden Produktebenen angewendet?
  - Produkt
  - Produktfamilie
  - Produktprogramm
  - Sonstige: ...
- Wie würden Sie den ***Modularitätsgrad*** *(Grad der Austauschbarkeit einzelner Produktelemente)* eines repräsentativen Erzeugnisses ihres Unternehmens bezogen auf die oben gewählte Abgrenzung auf einer **Skala von 1** (vollkommen integral) **bis 10** (vollkommen modular) einordnen?
- Halten Sie diesen aktuellen Modularitätsgrad für optimal?
- Wird Modularisierung in Ihrem Unternehmen als Bestandteil des Variantenmanagements angesehen?
- Eine modulare Produktstruktur sieht der Kunde im Zweifel nicht. Lassen sich (die) Marktwirkungen dennoch messen?
- Gibt es in Ihrem Unternehmen eine bestimmte „Modularisierungsstrategie“ (vorgeschriebene Verwendung von Modularisierung)? Wenn ja, wie sieht diese im Einzelnen aus?
- Wie gestaltet sich die IT-Unterstützung im Produktentwicklungsprozess?

4. Kostenwirkungen:

- Werden bislang spezielle Instrumente und Methoden eingesetzt, um die Kostenwirkungen der Modularisierung oder des Baukastens zu erfassen / zu bewerten / zu steuern?
- Was sind ihre Erfahrungen mit diesen Methoden? Welche haben sich bewährt, welche nicht?
- Kennen Sie weitere Ansätze, die noch in Frage kämen?
- Welche Daten sollten aus Sicht des Unternehmens bzw. Ihrer Sicht im [..; Rahmen der vorliegenden Untersuchung] analysiert und zur Verfügung gestellt werden?

- Welche Datenbasis steht in Ihrem Unternehmen zur [kostenorientierten] Bewertung von Modularisierung / des Baukastens zur Verfügung. Wie können Gemeinkosten den einzelnen Elementen zugeordnet werden (Prozesskostenrechnung, Kostenstellenrechnung etc.)?

5. Anforderungen an das zu entwickelnde Vorgehensmodell aus Praxissicht:

- Gibt es Ihrer Meinung nach unternehmens-/branchenspezifische Einflüsse/ Faktoren, die sich auf die Auswahl von Instrumenten zur Identifikation, Bewertung und Bewältigung von Kostenwirkungen der Modularisierung auswirken?
- Wenn Sie ein solches Vorgehensmodell von Grund auf neu gestalten würden, wie sähe dieses dann aus?
- Wie genau können Kosten- und Produktdaten bereitgestellt werden?
- Welche Genauigkeit der Ergebnisse sollte erzielt werden?
    - Quantitativ / Qualitativ
    - Prozentual / Höher-niedriger
- Auf welcher Aggregationsebene sollte die Methode arbeiten?
    - Analyseebene zur Bewertung des Modularitätsgrades
    - Ebene der Kostenkurven
        - Genaue Kurve (aus Unternehmens-Daten)
        - Tendenzverlauf aus Eckpunkten (z.B. Parameter einer Funktion oder eine von 8 hinterlegten charakteristischen Kurven)
- Welche Bedeutung haben Skaleneffekten (Economies of Scale / Scope / Substitution / ...) durch Modularisierung aus Ihrer Sicht?
- Welche Personen werden die Nutzer des Vorgehensmodells in Ihrem Unternehmen sein (Funktion, Hierarchie)?
- Wie könnte das Vorgehensmodell in die bestehende Systemlandschaft integriert werden?

Teil C: Weiteres Vorgehen

- Welche Validierungsschritte sind aus Ihrer Sicht im weiteren Verlauf der Methodenentwicklung mit der Praxis abzustimmen (Anzahl und Umfang)?
    - Einzelne Kostenwirkungen
    - Markteffekte
    - Pilotanwendung

III. Übersicht der Praxiseinbindung

Tabelle 30: Übersicht der Praxiseinbindung

#	Branche	Wertschöpfungs- (Tier) Stufe	Komp	Modul	System	OEM	Service	KMU	Umsatz 2012 in Euro	Anzahl Mitarbeiter 2012	Funktion des Experten	Experten-interview	Fokus-gruppe	Tiefen-interview	Pilot-Fall-studie
1	Antriebstechnik	System- und Modullieferant		X	X			N	75,8 Mrd.	370.000	Leiter Produktmanagement	X			
2	Antriebstechnik	Systemlieferant			X			N	17,4 Mrd.	75.000	Projekt Controller Business Economics	X	X		
3	Antriebstechnik	OEM				X		N	4,7 Mrd.	21.000	Leiter Value Management	X			X
4	Antriebstechnik	OEM				X		N	4,7 Mrd.	21.000	Modul Manager	X			
5	Antriebstechnik	OEM und Modullieferant		X		X		N	3,1 Mrd.	13.000	Manager Value Analysis	X	X		X
6	Antriebstechnik	Systemlieferant			X			N	3,8 Mrd.	9.500	Leiter Controlling	X			X
7	Antriebstechnik	Systemlieferant			X			N	3,8 Mrd.	9.500	Vertriebscontrolling / Projektmanager	X			X
8	Landmaschinen	Vertragshändler und Servicepartner					X	J	k.a.	k.a.	Leiter Vertrieb	X			
9	Automobilzulieferer	System- und Modullieferant		X	X			N	241 Mio.	1.700	Leiter Finance & Controlling	X			
10	Automobilzulieferer	System- und Modullieferant		X	X			N	241 Mio.	1.700	Leiter Business Controlling	X			
11	Kupplungen	Modul- und Komponentenlieferant	X	X				J	40 Mio.	400	Leiter Entwicklung	X			
12	Antriebstechnik Hydraulik	System-, Modul- und Komponentenlieferant	X	X	X			N	6 Mrd.	37.500	Leiter Technisches Produktmanagement	X			
13	Antriebstechnik Generatorgetriebe	System- und Modullieferant		X	X			N	6 Mrd.	37.500	Projektmanager	X	X		
14	Antriebstechnik Generatorgetriebe	System- und Modullieferant		X	X			N	6 Mrd.	37.500	Leiter Applikationsentwicklung			X	
15	Automobil	OEM				X		N	192 Mrd.	550.000	Projektsteuerung Beschaffung modularer Baukasten			X	
16	Energietechnik	System, Module and Component Supplier	X	X	X			N	26,6 Mrd.	83.500	Entwicklungsingenieur			X	
17	Antriebstechnik Nautik	System- und Modullieferant		X	X			N	313 Mio.	>1000	Controlling		X		
18	Antriebstechnik Nautik	System- und Modullieferant		X	X			N	313 Mio.	>1000	Controlling		X		
19	Antriebstechnik Elektrisch	System, Module and Component Supplier	X	X	X			N	2,5 Mrd.	15.000	Leiter Financial Controlling		X		
20	Antriebstechnik Getriebe	System- und Modullieferant		X	X			N	3 Mrd.	12.500	Engineering Controlling		X		

Die Abgrenzung kleiner und mittlerer Unternehmen (KMU) ist in Tabelle 30 gemäß der Definition der Industriellen Gemeinschaftsforschung vorgenommen worden. So sind KMU „...diejenigen Unternehmen, deren Jahresumsatz die Grenze von 125 Mio. Euro nicht übersteigt. Diese Grenze gilt auch für sogenannte verbundene Unternehmen. Ein verbundenes Unternehmen hat ein oder mehrere Tochterunternehmen, an denen es mit mehr als 50% beteiligt ist, oder ein Mutterunternehmen, das mit mehr als 50% an dem betrachteten Unternehmen beteiligt ist“ (Sedlmeier et al., 2013, S. 45).

IV. Ableitung der Kostenstruktur

Tabelle 31: Kostenzusammensetzung eines Automobils

Quelle: zum Teil nach Waller & Bartolini (2002, S. 69)

Preis- / Kostenstruktur nach Waller & Bartolini (2002)

Kostenblock	Anteil am Gesamtpreis [%]	Kosten des Herstellers? [JA / NEIN]	Anteil an den Gesamtkosten [%]	Änderung durch Modularisierung? [JA / NEIN]
Research & Development	3,9	JA	5,03	JA
Engineering	3,3	JA	4,25	JA
Commodities	5,7	JA	7,35	JA
Labour 1	13,1	JA	16,88	JA
Depreciation 1	4	JA	5,15	NEIN
Other Value Added	17,2	JA	22,16	NEIN
Inventory (Eingangslager)	0,8	JA	1,03	JA
Capital Charge (Kaufteile)	2,9	JA	3,74	JA
Manufacturing Overhead	0,7	JA	0,9	JA
Depeciation (Fertigung)	1,8	JA	2,32	JA
Labour (Fertigung)	12,4	JA	15,98	JA
Inventory (Fertigung)	0,4	JA	0,52	JA
Capital Charge (Herstellteile)	2	JA	2,58	JA
Warranty	1,7	JA	2,19	JA
General & Administrative	1,7	JA	2,19	NEIN
Taxes	2,6	NEIN		
Profit	2,3	NEIN		
Field Sales Cost	2,3	JA	2,96	JA
Freight (Outbound)	1	JA	1,29	JA
Advertising (incl. Dealer costs)	2,7	JA	3,48	NEIN
Dealer Inventory	1,7	NEIN		
Dealer Selling	1,5	NEIN		
Dealer Overhead	2,2	NEIN		
Discounts (incl. Dealer)	12,1	NEIN		
Summe	**100**		**100**	

AS 1

Kostenstruktur Fix / Variabel

Modularisierungsfixe Kostenbestandteile	Anteil [%]
Depreciation 1	5,15
Other Value Added	22,16
General & Administrative	2,19
Advertising (incl. Dealer costs)	3,48
Summe	**32,98**

Modularisierungsvariable Kostenbestandteile	Anteil [%]
Research & Development	5,03
Engineering	4,25
Commodities	7,35
Depreciation Fertigung	2,32
Capital Charge Kaufteile	3,74
Capital Charge Herstellteile	2,58
Labour 1	16,88
Inventory (Eingangslager)	1,03
Manufacturing Overhead	0,9
Labour Fertigung	15,98
Inventory (Fertigung)	0,52
Warranty	2,19
Field Sales Cost	2,96
Freight (Outbound)	1,29
Summe	**67,02**

AS 2

Kostenzusammensetzung Vorgehensmodell

Kostenbestandteil *i*	Anteil [%]
Modularisierungsfixe Kosten	32,98
Zeitabhängige Entwicklungskosten	5,03
Prüf- und Prototypenkosten	2,13
Transaktionskosten	
Materialkosten	24,23
Beschaffungskosten	
Fehlervermeidungs- und Fehlerkosten	
Fertigungskosten	15,98
Kosten der Durchlaufzeit	3,22
Rüstkosten	
Werkzeugkosten	2,13
Logistikkosten	7,86
Kosten für Ausstellungsmaterial/- platz	2,96
Kosten für Auftragsbearbeitung	
Distributionslogistikkosten	1,29
Gewährleistungs- und Garantiekosten	2,19
Kosten für Ersatzteilmanagement	
Recycling- und Verwertungskosten	
Summe	**100**

Legende
Keine Kosten des Herstellers
Modularisierungsfixe Kosten
Modularisierungsvariable Kosten

Literaturverzeichnis

Abdelkafi, N. (2008). Variety-Induced Complexity in Mass Customization. Erich Schmidt Verlag, Berlin.

Adam, D.; & Johannwille, U. (1998). Die Komplexitätsfalle. In: Adam, D. [Hrsg.]: Komplexitätsmanagement, Schriften zur Unternehmensführung, Band 61, Gabler Verlag, Wiesbaden, S. 5-28.

Adam, D.; & Rollberg, R. (1995). Komplexitätskosten. In: Die Betriebswirtschaft (DBW), 55. Jg., H. 5, 1995, S. 667-670.

Ahmadi, R.; Roemer, T.A.; & Wang, R.H. (2001). Structuring product development processes. In: European Journal of Operational Research, 130 (2001), S. 539-558.

Albers, A. (2008). Einführung in Antriebssysteme. In: Steinhilper, W.; & Sauer, B. [Hrsg.]: Konstruktionselemente des Maschinenbaus 2 – Grundlagen von Maschinenelementen für Antriebsaufgaben. 6. Auflage, Springer, Berlin und Heidelberg, S. 245-278.

Ashby, W. R. (1985). Einführung in die Kybernetik. 2. Auflage, Suhrkamp, Frankfurt am Main.

Aviv, Y.; & Federgruen, A. (2001). Design for Postponement: a comprehensive characterization of its benefits under unknown demand distributions. In: Operations Research, Vol. 49, No. 4, S. 578-598.

Baldwin, C.Y.; & Clark, K.B. (1997). Managing in an Age of Modularity. In: Harvard Business Review, 75. Jg., H. 5, S. 84-93. Neuabdruck in: Tushman, M.L.; Anderson, P. [Hrsg.]: Managing strategic innovation and change, 2. Auflage, Oxford university press, New York / Oxford, 2004, S. 151-160.

Baldwin, C.Y.; & Clark, K.B. (2000). The Power of Modularity, Design Rules, Volume 1. MIT Press, Cambridge Massachusetts.

Barbour, R.S. (2001). Checklists for Improving Rigor in Qualitative Research: A Case of the Tail Wagging the Dog? In: BMJ, Vol. 322, S. 1115-1117.

Barringer, H.P. (2003). A Life Cycle Cost Summary. International Conference of Maintenance Societies (ICOMS), 2013, Perth, [online]: http://www.barringer1.com/pdf/ LifeCycleCostSummary.pdf , Abruf: 07.05.2014.

Bartuschat, M.; & Krawitz, G. (2006). Kundenindividuelle Produktstruktur am Beispiel Omnibus. In: Lindemann, U.; Reichwald, R.; & Zäh, M. [Hrsg.]:

Individualisierte Produkte – Komplexität beherrschen in Entwicklung und Produktion. Springer, Berlin und Heidelberg, S. 201-220.

Bauernhansl, T. (2014). Die Vierte Industrielle Revolution – Der Weg in ein wertschaffendes Produktionsparadigma. In: Bauernhansl, T.; ten Hompel, M.; & Vogel-Heuser, B. [Hrsg.]: Industrie 4.0 in Produktion, Automatisierung und Logistik, Springer Vieweg, Wiesbaden.

Baum, F. (2011). Kosten- und Leistungsrechnung: Grundlagen, Rechnungssysteme und neuere Entwicklungen. 4. Auflage, Cornelsen, Berlin.

Baumann, R. (2011). Finanzielles und betriebliches Rechnungswesen – Management-Basiskompetenz. 3. Auflage, Compendio Bildungsmedien, Zürich.

Baumgarten, H. (2008). Das Beste in der Logistik – Auf dem Weg zu logistischer Exzellenz. In: Baumgarten, H. [Hrsg.]: Das Beste der Logistik – Innovationen, Strategien, Umsetzungen. Berlin & Heidelberg, S. 11-19.

Bayer, T. (2010). Integriertes Variantenmanagement: Variantenkostenbewertung mit faktorenanalytischen Komplexitätstreiben. Diss., München/Mering.

Bertalanffy, L.v. (1950). An Outline of General System Theory. In: *British Journal for the Philosophy of Science*, 1, 1950, S. 134-165.

Blaxter, L.; Hughes, C.; & Tight, M. (2006). How to Research. 3. Auflage, Open University Press, Berkshire, England.

Blees, C. (2011). Eine Methode zur Entwicklung modularer Produktfamilien. Diss., TU Hamburg-Harburg.

Bliss, C. (2000). Management von Komplexität – Ein integrierter, systemtheoretischer Ansatz zur Komplexitätsreduktion. Gabler, Wiesbaden.

Blumberg, B.; Cooper, D.R.; & Schindler, P.S. (2008). Business Research Methods. 2nd European Edition, McGraw-Hill, London et al.

Blumer, H. (1969). Symbolic interactionism – Perspective and Method. Prentice-Hall, Englewood Cliffs, NJ.

Boas, R.C. (2008). Commonality in Complex Product Families: Implications of Divergence and Lifecycle Offsets. Diss., Cambridge (USA).

Böger, M. (2010). Gestaltungsansätze und Determinanten des Supply Chain Risk Managements – Eine explorative Analyse am Beispiel von Deutschland und den USA. Eul Verlag, Köln.

Bogner, A.; & Menz, W. (2009). Experteninterviews in der qualitativen Sozialforschung – Zur Einführung in eine sich intensivierende Methodendebatte. In: Bogner, A.; Littig, B.; & Menz, W. [Hrsg.]: Experteninterviews – Theorien,

Methoden, Anwendungsfelder. 3. Auflage, Verlag für Sozialwissenschaften, Wiesbaden, S. 7-34.

Bohne, F. (1998). Komplexitätskostenmanagement in der Automobilindustrie: Identifizierung und Gestaltung vielfaltsinduzierter Kosten. Wiesbaden.

Bohnsack, R. (2010). Gruppendiskussion. In: Flick, U.; Kardorff, E.v.; & Steinke, I.: Qualitative Forschung – ein Handbuch. 8. Auflage, Rowohlt, Reinbek bei Hamburg, S. 369-383.

Bowersox, D.J., Closs, D., & Cooper, M.B. (2007). Supply Chain Logistics Management. McGraw-Hill/Irwin, Boston, MA et al.

Boysen, N.; & Scholl, A. (2009). A General Solution Framework for Component Commonality Problems. In: BuR -- Business Research, Official Open Access Journal of VHB, Verband der Hochschullehrer für Betriebswirtschaft e.V., Volume 2, Issue 1, S. 86-106. [online]: http://www.business-research.org/2009/1/operations/1942/boysen-scholl-framework.pdf, Abruf: 07.03.2014.

Brealey, R.A., Myers, S.C., & Allen, F. (2009). Corporate Finance. McGraw-Hill Irwin.

Brockhaus, S. (2013). Analyzing the Effect of Sustainability on Supply Chain Relationships. EUL Verlag, Köln.

Brockhaus, S.; Kersten, W.; & Knemeyer, A.M. (2013). Where Do We Go From Here? Progressing Sustainability Implementation Efforts Across Supply Chains. In: Journal of Business Logistics, Vol. 34 (2), S. 167-182.

Bronner, R. (1992). Komplexität. In: Frese, E. [Hrsg.]: Handwörterbuch der Organisation. 3. Auflage, Stuttgart 1992, S. 1121-1130.

Browning, T.R. (2001). Applying the Design Structure Matrix to System Decomposition and Integration Problems: A Review and New Directions. In: IEEE Transactions on Engineering Management, Vol. 48, Nr. 3, S. 292-306.

Brühl, R. (2009). Controlling: Grundlagen des Erfolgscontrollings. 2. Auflage, Oldenbourg, München.

Campagnolo, D., & Camuffo, A. (2010). The Concept of Modularity in Management Studies: A Literature Review. Internationall Journal of Management Reviews, Vol. 12(3), 259-283.

Carter, C.R., & Jennings, M.M. (2002). Logistics Social Responsibility: An Integrative Framework. In: Journal of Business Logistics, 23 (1), S. 145-180.

Chopra, S., & Meindl, P. (2003). Supply Chain Management: Strategy, Planning and Operations. 3. Auflage, Prentice Hall, Upper Saddle River, N.J.

Christopher, M. (2005). Logistics and Supply Chain Management: Creating Value-Adding Networks. 3. Auflage, Prentice Hall, Harlow, U.K.

Coenenberg, A.G.; & Fischer, Th.M. (1991). Prozesskostenrechnung – Strategische Neuorientierung in der Kostenrechnung. In: Die Betriebswirtschaft, 51 (1991), 1, S. 21-38.

Coenenberg, A.G.; & Prillmann, M. (1995). Erfolgswirkungen der Variantenvielfalt und Variantenmanagement. Empirische Erkenntnisse aus der Elektronikindustrie. In: ZfB 65. Jg. (1995), S. 1231-1253.

Connelly, B.L., Ketchen, D.J. & Slater, S.F. (2011). Toward a "Theoretical Toolbox" for Sustainability Research in Marketing. Journal of the Academy of Marketing Science, 39(1), S. 86-100.

Dalhöfer, J. (2009). Komplexitätsbewertung indirekter Geschäftsprozesse. Shaker, Aachen.

Danese, P.; & Filippini, R. (2010). Modularity and the impact on new product development time performance. In: International Journal of Operations & Production Management Vol. 30, No. 11, S. 1191-1209.

Dehnen, K. (2004). Strategisches Komplexitätsmanagement in der Produktentwicklung. Verlag Dr. Kovač, Hamburg.

Deimel, K.; Isemann, R.; & Müller, S. (2006). Kosten- und Erlösrechnung – Grundlagen, Managementaspekte und Integrationsmöglichkeiten der IFRS. Pearson, München.

Denzin, N.K. (1970). The Research Act: A Theoretical Introduction to Sociological Methods. Aldine, Chicago.

Diekmann, A. (2008). Empirische Sozialforschung. Grundlagen, Methoden, Anwendungen (19. Aufl.). Reinbek bei Hamburg: Rowohlt.

Eitelwein, O.; & Weber, J. (2008). Unternehmenserfolg durch Modularisierung von Produkten, Prozessen und Supply Chains. WHU-Benchmarking-Studie Modularisierung, Norderstedt.

Eisenhardt, K.M. (1989). Building Theories from Case Study Research. In: Academy of Management Review, Vol. 14, No. 4, S. 532-550.

Ericsson, A.; & Erixon, G. (1999). Controlling Design Variants: Modular Product Platforms. Society of Manufacturing Engineers, Dearborn/Michigan.

Erixon, G. (1996). Design for Modularity. In: Huang, G.Q. [Hrsg.]: Design for X: concurrent engineering imperatives. Chapman & Hall, London, S. 356-379.

Erixon, G. (1998). Modular Function Deployment – A Method für Product Modularization. Diss., KTH Stockholm.

Ethiraj, S.K.; & Levinthal, D. (2004). Modularity and Innovation in Complex Systems. In: Management Science, Vol. 50, No. 2, S. 159-173.

Ergenzinger, A. (2006). Projektkostenrechnung unter Berücksichtigung von Lerneffekten. Diss., Verlag Dr. Kovac, Hamburg.

Eversheim, W.; & Caesar, C. (1991). Produktionsnahe Kostenbewertung am Beispiel variantenreicher Serienprodukte. In: Die Betriebswirtschaft, Jg. 51 (1991) Heft 4, S. 533-536.

Eversheim, W.; Schuh, G.; & Caesar, C. (1989b). Konventionelle Kostenkalkulation verursacht Varianten – Eine Methode zur Variantenbewertung. In: VDI-Z, 131 (1989), Nr. 2, S. 57-61.

Firchau, N.L.; & Franke, H.-J. (2002). Methoden zur Variantenbeherrschung in der Produktentwicklung. In: Franke, H.-J.; Hesselbach, J.; Huch, B.; Firchau, N.L. [Hrsg.]: Variantenmanagement in der Einzel- und Kleinserienfertigung. Hanser Verlag, München/Wien, S. 52-86.

Fischer, J.; Koch, R.; Schmidt-Faber, B.; & Hausschulte, K.-B. (2003). Gemeinkosten vermeiden durch entwicklungsbegleitende Prozeßkostenkalkulation – Ein Ansatz zur konstruktionssynchronen Prognose von Produktlebenszykluskosten. Universität GHS Paderborn.

Fischer, T.M.; Möller, K.; & Schultze, W. (2012). Controlling – Grundlagen, Instrumente und Entwicklungsperspektiven. Schäffer-Poeschel, Stuttgart.

Fixson, S.K. (2002). Linking Modularity and Cost: A Methodology to Assess Cost Implications of Product Architecture Differences to Support Product Design. Diss., Cambridge (USA).

Fixson, S.K. (2005). Product architecture assessment: a tool to link product, process, and supply chain design decisions. In: Journal of Operations Management 23, S. 345-369.

Fixson, S.K. (2006). A Roadmap for Product Architecture Costing. In: Simpson, T.W.; Siddique, Z; Jiao, J. [Hrsg.]: Product Platform and Product Family Design. Springer Verlag, New York, S. 305-334.

Fixson, S.K. (2007). Modularity and Commonality Research: Past Developments and Future Opportunities. Concurrent Engineering, Vol. 15(No.2), 85-111.

Fixson, S.K., & Park, J.-K. (2008). The power of integrality: Linkages between product architecture, innovation, and industry structure. Research Policy Vol. 37, S. 1296-1316.

Flick, U. (2006). An Introduction to qualitative research. 3. Auflage, Sage, London.

Flick, U. (2010a). Design und Prozess qualitativer Forschung. In: Flick, U.; Kardorff, E.v.; & Steinke, I.: Qualitative Forschung – ein Handbuch. 8. Auflage, Rowohlt, Reinbek bei Hamburg, S. 252-264.

Flick, U. (2010b). Triangulation in der qualitativen Forschung. In: Flick, U.; Kardorff, E.v.; & Steinke, I.: Qualitative Forschung – ein Handbuch. 8. Auflage, Rowohlt, Reinbek bei Hamburg, S. 309-318.

Frankel, R.; Naslund, D.; & Bolumole, Y. (2005). The ‚White Space‘ of Logistics Research: A Look at the Role of Methods Usage. In: Journal of Business Logistics Vol. 26 (2), S.185-208.

Freimann, J.; Mauritz, C.; & Walther, M. (2009). Ökologische Perspektiven der Modularisierung. In: Baumgartner, R.J.; Biedermann, H.; & Zwainz, M. [Hrsg.]: Öko-Effizienz. Konzepte, Anwendungen und Best Practices. Hampp, München, S. 131-144.

Frese, E. (1992). Organisationstheorie: Historische Entwicklung – Ansätze – Perspektiven. 2. Auflage, Gabler Verlag, Wiesbaden.

Garud, R., & Kumaraswamy A. (1995). Technological and Organizational Designs for Realizing Economies of Substitution. In: Strategic Management Journal, Vol. 16, S. 93-109.

Garver, M. S.; & Mentzer, J. T. (2000). Salesperson Logistics Expertise: A Proposed Contingency Framework. In: Journal of Business Logistics, 21(2), S. 113 - 131.

Gell-Mann, M. (1994). Das Quark und der Jaguar. Vom Einfachen zum Komplexen. Die Suche nach einer neuen Erklärung der Welt. Piper, München.

Germann, G. (1987). Einführung in die Geschichte der Architekturtheorie. 2. Auflage, Wissenschaftliche Buchgesellschaft, Darmstadt.

Gershenson, J.K.; Prasad, G.J.; & Zhang, Y. (2003). Product Modularity: definitions and benefits. In: Journal of Engineering Design, Vol. 14, No. 3, S. 295-313.

Gershenson, J.K.; Prasad, G.J.; & Zhang, Y. (2004). Product Modularity: Measures and Methods. In: Journal of Engineering Design, Vol. 15, No. 1, S. 33-51.

Giessmann, M. (2010). Komplexitätsmanagement in der Logistik. Kausalanalytische Untersuchung zum Einfluss der Beschaffungskomplexität auf den Logistikerfolg. 1. Auflage, Eul, Lohmar-Köln.

Goetze, S. v. (1992). Optimierung der Variantenvielfalt - Analyse und Bewertung der Variantenvielfalt unter der Perspektive der Systemwirtschaftlichkeit. Harri Deutsch Verlag, Frankfurt am Main.

Gioia, D.A.; Corley, K.G.; & Hamilton, A.L. (2013). Seeking Qualitative Rigor in Inductive Research: Notes on the Gioia Methodology. In: Organizational Research Methods, 16(1), S. 15-31.

Golicic, S.; & Mentzer, J. T. (2005). Exploring the Drivers of Interorganizational Relationship Magnitude. In: Journal of Business Logistics, 26(2), S. 47-72.

Gonsior, T. (2008). Standardisierung vs. Differenzierung – Beschaffungsorientierte Betrachtung der Modularisierung entlang der Wertschöpfungskette. Diss., Köln.

Göpfert, J. (2009). Modulare Produktentwicklung – Zur gemeinsamen Gestaltung von Technik und Organisation. Books on Demand, Norderstedt.

Göpfert, J.; & Steinbrecher, M. (2000). Modulare Produktentwicklung leistet mehr. In: Harvard Business Manager 22/3 (2000), S. 20-31.

Grossmann, C. (1992). Komplexitätsbewältigung im Management – Anleitungen, integrierte Methodik und Anwendungsbeispiele. Diss., St. Gallen Nr. 1369, GCN Verlag.

Guest, G.; Bunce, A.; Johnson, L. (2006). How Many Interviews Are Enough? An Experiment with Data Saturation and Variability. In: Field Methods, Vol. 18, No. 1, Feb. 2006, S. 59-82.

Guo, F.; & Gershenson, J.K. (2007). Discovering relationships between modularity and cost. In: Journal of Intelligent Manufacturing, Vol. 18, S. 143-157.

Häder, M. (2010). Empirische Sozialforschung: Eine Einführung. 2. Auflage, Verlag für Sozialwissenschaften, Wiesbaden.

Hansmann, K.W. (2006). Industrielles Management. 8. Auflage, Oldenbourg, München.

Hartig-Perschke, R. (2009). Anschluss und Emergenz - Betrachtungen zur Irreduzibilität des Sozialen und zum Nachtragsmanagement der Kommunikation. Verlag für Sozialwissenschaften, Wiesbaden.

Hawranek, D.; & Kurbjuweit, D. (2013). Wolfsburger Weltreich. In: Der Spiegel, 34/2013, S. 58-68.

Heina, J. (1999). Variantenmanagement - Kosten-Nutzen-Bewertung zur Optimierung der Variantenvielfalt. Deutscher Universitätsverlag, Wiesbaden.

Herrmann, A.; & Peine, K. (2007). Variantenmanagement. In: Albers, S.; Herrmann, A. [Hrsg.]: Handbuch Produktmanagement – Strategieentwicklung-Produktplanung-Organisation-Kontrolle. 3. Auflage, Gabler Verlag, Wiesbaden, S. 649-679.

Henfling, M. (1978). Lernkurventheorie: ein Instrument zur Quantifizierung von produktivitätssteigernden Lerneffekten. Lehmann, Gerbrunn bei Würzburg.

Heylighen, F. (1999). The Growth of Structural and Functional Complexity during Evolution. In: Heylighen, F.; Bollen, J.; Riegler, A. [Hrsg.]: The Evolution of Complexity. Kluwer Academic, Dordrecht, S. 17-44.

Hichert, R. (1986). Probleme der Vielfalt. Teil 3: Soll man auf Exoten verzichten? In: wt – Zeitschrift für industrielle Fertigung 1986, Heft 11, S. 673 – 676.

Hillier, M.S. (2002). The costs and benefits of commonality in assemble-to-order systems with a (Q,r)-policy for component replenishment. In: European Journal of Operational Research 141/3, S. 570-586.

Hitzler, R. (1994). Wissen und Wesen des Experten. Ein Annäherungsversuch. In: Hitzler, R.; Honer, A.; Maeder, C. [Hrsg.]: Expertenwissen. Opladen (Westdeutscher Verlag), S. 13-30.

Hoffmann, S. (2000). Variantenmanagement aus Betreibersicht - Das Beispiel einer Schienenverkehrsunternehmung. Gabler/Dt. Univ.-Verlag, Wiesbaden.

Hohnen, T.; Pollmanns, J.; & Feldhusen, J. (2013). Cost-Effects of Product Modularity – An Approach to Describe Manufacturing Costs as a Function of Modularity. In: Abramovici, M.; Stark, R. [Hrsg.]: Smart Product Engineering, Springer Verlag, Berlin Heidelberg, S. 745-754.

Hoitsch, H.-J.; & Lingnau, V. (1995). Differenzierungsstrategie und Variantenvielfalt. WiSt, H. 8, August 1995, S. 390-395.

Hölttä-Otto, K.; & de Weck, O. (2007). Degree of Modularity in Engineering Systems and Products with Technical and Business Constraints. Concurrent Engineering, Vol. 15 (2), S. 113-126.

Hölttä, K.; Suh, E.S.; & de Weck, O. (2005). Tradeoff between Modularity and Performance for Engineered Systems and Products. International Conference on Engineering Design, 2005. [online]: www.designsociety.org/download-publication/23113/tradeoff_between_modularity_and_performance_for_engineered_systems_and_products, Abruf: 01.07.2014.

Hölttä-Otto, K.; & Otto, K. (2006). Platform Concept Evaluation. In: Simpson, T.W.; Siddique, Z; Jiao, J. [Hrsg.]: Product Platform and Product Family Design. Springer Verlag, New York, S. 49-72.

Homburg, Christian; & Daum, Daniel (1997). Wege aus der Komplexitätsfalle. In: ZWF: Zeitschrift für wirtschaftlichen Fabrikbetrieb 92 (1997), Nr. 7-8, S. 333-337.

Horváth, P.; Gleich, R.; & Lamla, J. (1993). Kostenrechnung in flexiblen Montagesystemen bei hoher Variantenvielfalt. In: WISU (1993), H. 3, S. 206-215.

Horváth, P.; & Mayer, R. (2011). Was ist aus der Prozesskostenrechnung geworden? In: Zeitschrift für Controlling & Management, Sonderheft 2, 2011, Gabler Verlag, Wiesbaden, S. 5-10.

Hülsmann, M.; & Lohmann, J. (2009). Interorganisationales Lernen: ein kompetenzorientierter Ansatz zur Steuerung von Logistiknetzwerken, Gabler, Wiesbaden.

Hungenberg, H. (2000). Komplexitätskosten. In: Fischer, Th. [Hrsg.]: Kosten-Controlling – Neue Methoden und Inhalte. Schäffer-Poeschel, Stuttgart.

Hüttenrauch, M; & Baum, M. (2008). Effiziente Vielfalt – Die dritte Revolution in der Automobilindustrie. Springer Verlag.

Ishii, K. (1998). Modularity: A Key Concept in Product Life-Cycle Engineering. In: Molina, A.; & Sanchez, J.M.: Handbook of life cycle engineering: concepts, models and technologies. Kluwer, New York.

Ishii, K.; Juengel, C.; & Eubanks, D.F. (1995). Design for Product Variety: Key to Product Line Structuring. Proceedings of the 1995 ASME Design Technical Conferences, 9th International Conference on Design Theory and Methodology, Boston, MA.

Jacobs, M., Vickery, S.K., & Droge, C. (2007). The effects of product modularity on competitive performance. International Journal of Operations & Production Management, Vol. 27 (10), 1046-1068.

Junge, M. (2005). Controlling modularer Produktfamilien in der Automobilindustrie. Deutscher Univ. Verlag, Wiesbaden.

Kaiser, A. (1995). Integriertes Variantenmanagement mit Hilfe der Prozesskostenrechnung. Diss., Hochschule St. Gallen, Hallstadt.

Kallenbach, E.; & Bögelsack, G. [Hrsg.] (1991). Gerätetechnische Antriebe. Hanser, München und Wien.

Kalligeros, K.; De Weck, O.; De Neufville, R.; & Luckins, A. (2006). Platform identification using Design Structure Matrices. In: Sixteenth Annual International Symposium of the International Council On Systems Engineering (INCOSE), 8-14. July 2006.

Kaluza, B., Bliem, H. & Winkler, H. (2006). Strategies and Metrics for Complexity Management in Supply Chains. In: Blecker, T.; Kersten, W. [Hrsg.]: Complexity Management in Supply Chains-Concepts, Tools and Methods. Erich Schmidt Verlag, Berlin, S. 3-19.

Kelle, U., & Erzberger, C. (2010). Qualitative und quantitative Methoden: kein Gegensatz. In: Flick, U.; Kardorff, E.v.; & Steinke, I.: Qualitative Forschung – ein Handbuch. 8. Auflage, Rowohlt, Reinbek bei Hamburg, S. 299-309.

Kersten, W. (2001). Marktorientiertes Vielfaltsmanagement als Basis für effiziente Produktionssysteme und kontinuierliche Produktinnovation. In: Blecker, Th.; Gemünden, H.G. [Hrsg.]: Innovatives Produktions- und Technologiemanagement. Springer Verlag, Berlin et al., S. 35-54.

Kersten, W. (2002). Vielfaltsmanagement: integrative Lösungsansätze zur Optimierung und Beherrschung der Produkte und Teilevielfalt. TCW Transfer-Centrum, München.

Kersten, W.; Hülle, J.; Möller, K.; & Lammers, T. (2009). Kostenorientierte Analyse der Modularisierung – Ein strukturiertes Vorgehen zur Entwicklung eines kennzahlenbasierten Bewertungsansatzes. In: ZWF Jahrg. 104 (2009) 12, Hanser Verlag, S. 1136-1141.

Kersten, W.; Koppenhagen, F.; & Meyer C.M. (2004). Strategisches Komplexitätsmanagement durch Modularisierung in der Produktentwicklung. In: Spath, D. [Hrsg.]: Forschungs- und Technologiemanagement. Hanser, München, S. 211-217.

Kersten, W.; Lammers, T.; & Skirde, H. (2011). Entwicklung eines Kriterienkataloges zur strukturierten Allokation von Effekten der Modularisierung. In: Bertram, F., Czymmek, F. [Hrsg.]: Modulstrategie in der Beschaffung, Logos Verlag, Berlin, S. 14-30.

Kersten, W.; Lammers, T.; & Skirde, H. (2012). Abschlussbericht zum Projekt Komplexitätsanalyse von Distributionssystemen. [online]: http://www.bvl.de/files/441/481/Sachbericht_16164.pdf, Abruf: 11.02.2014.

Kersten, W.; Möller, K.; Sedlmeier, L.; & Skirde, H. (2012). Analyzing the Cost Effects of Modularity – Requirements for the Development of a Methodology. In:

Kersten, W.; Blecker, T.; Ringle, C. [Hrsg.]: Managing the Future Supply Chain. Eul Verlag, Lohmar-Köln, S. 153-165.

Kersten, W.; Rall, K.; Meyer, C.M.; & Dalhöfer, J. (2006). Complexity in Logistics and ETO-Supply Chains. In: Blecker, T.; Kersten, W. [Hrsg]: Complexity Management in Supply Chains: Concepts, Tools and Methods. Erich Schmidt, Berlin, S. 325-342.

Kestel, R. (1995). Variantenvielfalt und Logistiksysteme: Ursachen, Auswirkungen, Lösungen. Dt. Univ./Gabler Verlag, Wiesbaden.

Khawam, J., & Spinler, S. (2011). New Product Introduction Modularity and Sustainability. 2011 MSOM Annual Conference, Ann Arbor, Michigan.

Kipp, Th.; & Krause, D. (2008). Design for Variety – Ein Ansatz zur variantengerechten Produktstrukturierung. 6. Gemeinsames Kolloquium Konstruktionstechnik 2008, Aachen 2008, S. 159-168.

Kirchhof, R. (2003). Ganzheitliches Komplexitätsmanagement: Grundlagen und Methodik des Umgangs mit Komplexität im Unternehmen. Deutscher Universitätsverlag, Wiesbaden.

Kirsch, W. (1984). Bezugsrahmen, Modelle und explorative Forschung. In: Wissenschaftliche Unternehmensführung oder Freiheit vor der Wissenschaft, 2. Halbband, München 1984, S. 751-772.

Koeppen, B. (2007): Modularisierung komplexer Produkte anhand technischer und betriebswirtschaftlicher Komponentenkopplungen, Aachen 2007.

Kohlhase, N. (1997). Strukturieren und Beurteilen von Baukastensystemen: Strategien, Methoden, Instrumente. Düsseldorf.

Koller, R. (1998). Konstruktionslehre für den Maschinenbau – Grundlagen zur Neu- und Weiterentwicklung technischer Produkte mit Beispielen. 4.Auflage, Springer Verlag, Berlin/Heidelberg.

Koppenhagen, F. (2004). Systematische Ableitung modularer Produktarchitekturen: Komplexitätsreduzierung in der Konzeptphase. Shaker, Aachen.

Kotabe, M., Parente, R., & Murray, J.R. (2007). Antecedents and outcomes of modular production in the Brazilian automobile industry: a grounded theory approach. In: Journal of International Business Studies, Vol. 38 (1), S. 84-106.

Kowal, S., & O'Connell, D.C. (2010). Zur Transkription von Gesprächen. In: Flick, U.; Kardorff, E.v.; & Steinke, I.: Qualitative Forschung – ein Handbuch. 8. Auflage, Rowohlt, Reinbek bei Hamburg, S. 437-446.

Kramp, M. (2011). Zukunftsperspektiven für das Prozessmanagement: Der Umgang mit Komplexität. Eul Verlag, Lohmar-Köln.

Kranenburg, A.A., & van Houtum, G.J. (2004). Effect of Commonality on Spare Parts Provisioning Costs for Capital Goods. Working Paper, Technische Universität Eindhoven, S. 1-11.

Krause, D.; Ripperda, S. (2013). An Assessment of Methodical Approaches to Support the Development of Modular Product Families. 19th International Conference on Engineering Design (ICED13), Seoul, Korea.

Kuckartz, U. (2014). Qualitative Inhaltsanalyse. Methoden, Praxis, Computer-unterstützung. 2. Auflage, Beltz Juventa, Weinheim und Basel.

Kvale, S. (2007). Doing Interviews. Sage, London.

Laarman, A. (2005). Lerneffekte in der Produktion. Diss., Universtität Bochum, 1. Auflage, Wiesbaden.

Labro, E. (2004). The Cost Effects of Component Commonality. In: Manufacturing & Service Operations Management, Vol. 6, No. 4, S. 358-367.

Lammers, T. (2012). Komplexitätsmanagement für Distributionssysteme – Konzeption eines strategischen Ansatzes zur Komplexitätsbewertung und Ableitung von Gestaltungsempfehlungen. Eul Verlag, Lohmar-Köln.

Lamnek, S. (1993). Qualitative Sozialforschung, Bd. 1 Methodologie. 2. Aufl., Psychologie Verlags Union, Weinheim.

Lamnek, S. (2005). Qualitative Sozialforschung, Lehrbuch. 4. Auflage, Beltz, Weinheim.

Lang, R. (2000). Technologiekombination durch Modularisierung. Diss., Shaker, Aachen.

Langley, A.; & Abdallah, C. (2011). Templates and Turns in Qualitative Studies of Strategy and Management. In: Bergh, D.; & Ketchen, D. [Hrsg.]: Building Methodological Bridges – Research Methodology in Strategy and Managmenet, Volume 6, Emerald Group, Bingley, UK, S. 201-235.

Lau, A.K.W., Yam, R.C.M., & Tang, E. (2011). The Impact of Product Modularity on New Product Performance: Mediation by Product Innovativeness. In: Journal of Product Innovation Management, Vol. 28 (2), 270-274.

Lee, H.L.; & Tang, C.S. (1997). Modelling the Cost and Benefits of Delayed Product Differentiation. In: Management Science, Vol. 43, No. 1 (1997), S. 40-53.

Leykauf, G. (2006). Modularität und vertikale Desintegration – Güterarchitektur als Determinante der Wertschöpfungstiefe. Diss., Friedrich-Alexander-Universität Erlangen-Nürnberg.

Lind, J.T.; & Mehlum, H. (2010). With or Without U? The Appropriate Test for a U-Shaped Relationship. In: Oxford Bulletin of Economics and Statistics 72, 1, S. 109-118.

Loch, C.; Terwiesch, C.; & Thomke, S. (2001). Parallel and Sequential Testing of Design Alternatives. In: Management Science 45/5 (2001), S. 663-678.

Löschmann, F. (2009). Innovative Antriebe und Perspektiven bei Volkswagen Sachsen. [online]: http://www.fh-zwickau.de/fileadmin/ugroups/ftz/Konferenzen/Ami2009/ Innovative%20Antriebe%20und%20 Perspektiven%20bei%20 Volkswagen%20Sachsen.pdf, Status: 26.03.2009, Abruf: 04.03.2012.

Luhmann, N. (1980). Komplexität. In: Grochla, E. [Hrsg.]: Enzyklopädie der Betriebswirtschaftslehre - Handwörterbuch der Organisation. Poeschel Verlag, Stuttgart, S. 1064-1070.

Luhmann, N. (1994). Soziale Systeme – Grundriß einer allgemeinen Theorie. Suhrkamp, Frankfurt am Main.

Lyly-Yrjänäinen, J.; Lahikainen, T.; & Paranko, J. (2005). Cost Effects of Component Commonality: Pros and Cons of an Innovation. [online]: http://webhotel2.tut.fi/cmc/pdf/Lyly-Yrjanainen_Lahikainen_Paranko-Cost%20Effect%20of%20Componen%20Commonality.pdf , Abruf: 11.07.2014

MacDuffie, J.P. (2013). Modularity-as-Property, Modularization-as-Process, and ‚Modularity'-as-Frame: Lessons from Product Architecture Initiatives in the Global Automotive Industry. In: Global Strategy Journal, 3, S. 8-40.

Malik, F. (2008). Strategie des Managements komplexer Systeme: ein Beitrag zur Management-Kybernetik evolutionärer Systeme. 10. Auflage, Bern u.a.

Maxwell, J.A. (2013). Qualitative research design: an interactive approach. 3. Auflage, Sage, Los Angeles u.a.

Mayer, A. (2007). Modularisierung der Logistik – ein Gestaltungsmodell zum Management von Komplexität in der industriellen Logistik. Diss., TU Berlin.

Mayer, B. (2011). Exklusivinterview mit Dr. Ulrich Hackenberg: "Baukastenidee setzt sich im Konzern durch". In: Automobil Produktion 11/2011, S. 18-19.

Mayring, P. (2002). Einführung in die qualitative Sozialforschung: Eine Anleitung zu qualitativem Denken. 5. Auflage, Beltz, Weinheim.

Mayring, P. (2010). Qualitative Inhaltsanalyse. In: Flick, U.; Kardorff, E.v.; & Steinke, I.: Qualitative Forschung – ein Handbuch. 8. Auflage, Rowohlt, Reinbek bei Hamburg, S. 468-474.

McCracken, G.D. (1988). The Long Interview. Sage Publications, Newbury Park, CA.

McDermott, G; Mudambi, R.; & Parente, R. (2013). Strategic Modularity and the Architecture of Multinational Firm. In: Global Strategy Journal, 3, 2013, S. 1-7.

Meffert, H.; Burmann, C.; & Kirchgeorg, M. (2012). Marketing: Grundlagen marktorientierter Unternehmensführung; Konzepte – Instrumente – Praxisbeispiele. 11. Auflage, Gabler Verlag, Wiesbaden.

Meinefeld, W. (2010). Hypothesen und Vorwissen in der qualitativen Sozialforschung. In: Flick, U.; Kardorff, E.v.; & Steinke, I.: Qualitative Forschung – ein Handbuch. 8. Auflage, Rowohlt, Reinbek bei Hamburg, S. 265-275.

Merkens, H. (2010). Auswahlverfahren, Sampling, Fallkonstruktion. In: Flick, U.; Kardorff, E.v.; & Steinke, I.: Qualitative Forschung – ein Handbuch. 8. Auflage, Rowohlt, Reinbek bei Hamburg, S. 286-298.

Meuser, M.; & Nagel, U. (2009). Das Experteninterview – konzeptionelle Grundlagen und methodische Anlage. In: Pickel, S.; Pickel, G.; Lauth, H.-J.; Jahn, D. [Hrsg.]: Methoden der vergleichenden Politik- und Sozialwissenschaft, Wiesbaden, S. 465-480.

Meyer, C.M. (2007). Integration des Komplexitätsmanagements in den strategischen Führungsprozess der Logistik. Haupt Verlag, Bern et al.

Mikkola, J.H. (2006). Capturing the Degree of Modularity Embedded in Product Architectures. In: Journal of Product Innovation Management, Vol. 23, S. 128-146.

Miller, D.C.; & Salkind, N.J. (2002). Handbook of Research Design and Social Measurement. 6. Auflage, Sage Publications, Thousand Oaks, CA., USA.

Milling, P. (2011). Kybernetische Überlegungen beim Entscheiden in komplexen Systemen. http://iswww.bwl.uni-mannheim.de/lehrstuhl/publikationen/Entscheiden.pdf, Abruf: 29.11.2011.

Minder, K.I. (1994). Die Autonomie der Unternehmung – ein neuer Denkansatz für das Management der Umweltkomplexität. In: Schüller, A.; Schlange, L.E. [Hrsg.]: Komplexitätsmanagement und Managementpraxis, Enke Verlag, Stuttgart, S. 33-70.

Möller, K. (2002). Zuliefererintegration in das Target Costing auf Basis der Transaktionskostentheorie. Vahlen, München.

Möller, K.; & Isbruch, F. (2008). Informationsaustausch und Kostenmanagement in Zulieferkooperationen der Automobilindustrie. In: Zeitschrift für Controlling & Management, 52. Jg., Heft 5, S. 296-303.

Morgan, D.L. (1996). Focus Groups. In: Annual Review of Sociology, Vol. 22 (1996), S. 129-152.

Muffato, M.; & Roveda, M. (2002). Product architecture and platforms: a conceptual framework. In: International Journal of Technology Management 24/1 (2002), S. 1-16.

Müller, M. (2001). Risikomanagement durch Modularisierung und Produktplattformen. In: Gassmann, O.; Kobe, C. & Voit, E. [Hrsg.]: High-Risk-Projekte – Quantensprünge in der Entwicklung erfolgreich managen, Springer Verlag, Berlin et al., S. 45-68.

Nagel, E. (1984). Über die Aussage: „Das Ganze ist mehr als die Summe seiner Teile." In: Topitsch, E. [Hrsg.]: Logik der Sozialwissenschaften, Königstein/ Taunus, S. 241-251.

Neubaur, C. (2003). Konzept Strategisches Variantenmanagement. Diss., St. Gallen.

Olbrich, R.; & Battenfeld, D. (2005). Variantenvielfalt und Komplexität – kostenorientierte vs. marktorientierte Sicht. In: Der Markt, 2005/3+4, 44. Jahrgang, Nr. 174-175, S. 161-173.

Pasche, M. (2007). Product complexity reduction – not only a strategy issue. Chalmers University of Technology, Gothenburg, S. 1-19.

Pasche, M.; Persson, M.; & Löfsten, H. (2011). Effects of platforms on new product development projects. In: International Journal of Operations & Production Management, Vol. 31 No. 11, S. 1144-1163.

Patel, P.C.; & Jayaram, J. (2014). The antecedents and consequences of product variety in new ventures: An empirical study. In: Journal of Operations Management 32 (2014), S. 34-50, [online]: http://dx.doi.org/10.1016/j.jom.2013.07.002, Abruf: 01.05.2014.

Patton, M.Q. (2002). Qualitative Research and Evaluation Methods. Sage Publications, Thousand Oaks, CA/USA.

Patzak, G. (1982). Systemtechnik – Planung komplexer innovativer Systeme – Grundlagen, Methoden, Techniken. Springer, Berlin et al.

Pawellek, G. (2007). Produktionslogistik : Planung - Steuerung - Controlling. München.

Pfohl, H.-C.; & Stölzle, W. (1991). Anwendungsbedingungen, Verfahren und Beurteilung der Prozesskostenrechnung in industriellen Unternehmen. In: ZfB, 61. Jahrgang (1991), H. 11, S. 1281-1305.

Picot, A.; & Freudenberg, H. (1998). Neue organisatorische Ansätze zum Umgang mit Komplexität. In: Adam, D. [Hrsg.]: Komplexitätsmangement, Wiesbaden: Gabler, S. 69-86.

Pil, F.K., & Cohen, S. (2006). Modularity: Implications for Initation, Innovation, and Sustained Advantage. Academy of Management Review, Vol. 31(4), 995-1011.

Piller, F.T. (2006). Mass Customization: Ein wettbewerbsstrategisches Konzept im Informationszeitalter. 4. Auflage, Wiesbaden 2006.

Pimmler, T.U.; & Eppinger, S.D. (1994). Integration Analysis of product Decompositions. ASME Design Theory and Methodology Conference Minneapolis, MN.

Popper, K. (1982): Logik der Forschung. 7. Auflage, Mohr, Tübingen.

Pratt, M.G. (2008). Fitting Oval Pegs Into Round Holes. In: Organizational Research Methods 11(3), S. 481-509.

Pratt, M.G. (2009). From the Editors: For the Lack of a Boilerplate: Tips on Writing Up (and Reviewing) Qualitative Research. In: The Academy of Management Journal 52(5), S. 856-862.

Prillmann, M. (1996). Management der Variantenvielfalt - Ein Beitrag zur handlungsorientierten Erfolgsfaktorenforschung im Rahmen einer empirischen Studie in der Elektronikindustrie. Peter Lang Europäischer Verlag der Wissenschaften, Frankfurt am Main.

Puchta, C.; & Potter, J. (2004). Focus Group Practice. Sage, London.

Ramdas, K. (2003). Managing Product Variety: An Integrative Review and Research Directions. In: Production and Operations Management, Vol. 12, No. 1, Spring 2003, pages 79–101.

Ramdas, K.; & Randall, T. (2008). Does Component Sharing Help or Hurt Reliability? An Empirical Study in the Automotive Industry. In: Management Science, 54/5 2008, S. 922-938.

Rapp, Th. (1999). Produktstrukturierung. Komplexitätsmanagement durch modulare Produktstrukturen und –plattformen. Wiesbaden.

Rathnow, P.J. (1993). Integriertes Variantenmanagement: Bestimmung, Realisierung und Sicherung der optimalen Produktvielfalt. Göttingen.

Reichwald, R.; Moser, K.; Piller, F. T.; & Stotko, C. M. (2006). Wirtschaftlichkeitsbetrachtung individualisierter Produkte. In: Lindemann, U.; Reichwald, R.; & Zäh, M. F. [Hrsg.]: Individualisierte Produkte: Komplexität beherrschen in Entwicklung und Produktion, Berlin, S. 165-178.

Reither, F. (1997). Komplexitätsmanagement – Denken und Handeln in komplexen Situationen. Gerling, München.

Robertson, D.; & Ulrich, K. (1998). Planning for product platforms. In: Sloan Management Review, Vol. 39, No. 4, S. 19-31.

Rogers, G.G.; & Bottaci, L. (1997). Modular production systems: a new manufacturing paradigm. In: Journal of Intelligent Manufacturing, 8. Jg. (1997), H. 2, S. 147-156.

Röh, C. (2011). Modulstrategie – Betriebswirtschaftliche Bestandsaufnahme und Implikationen. In: Bertram, F., Czymmek, F. [Hrsg.]: Modulstrategie in der Beschaffung, Logos, Berlin, S. 2-13.

Rosenberg, O. (2002). Kostensenkung durch Komplexitätsmanagement. In: Franz, K.-P.; Kajüter, P. [Hrsg.]: Kostenmanagement – Wertsteigerung durch systematische Kostensteuerung, 2. Auflage, Schäffer-Poeschel, Stuttgart, S. 225-246.

Ruppert, T. (2007). Modularisierung des Verbrennungsmotors als strategische Option in der Motorenindustrie, Kassel.

Saleh, J. H. (2005). Perspectives in Design: The Deacon's Masterpiece and the Hundred-Year Aircraft, Spacecraft, and Other Complex Engineering Systems. In: ASME Journal of Mechanical Design, Vol. 127 (No. 3), S. 845–850.

Salvador, F., Forza, C. & Rungtusanantham, M. (2002). Modularity, product variety, production volume, and component sourcing: theorizing beyond generic prescriptions. In: Journal of Operations Management, Vol. 20, S. 549-575.

Sanchez, R. (1999). Modular architectures in the marketing process. In: Journal of marketing, Vol. 63, No. 4, S. 92-111.

Sanchez, R., & Mahoney, J.T. (1996). Modularity, Flexibility, and Knowledge Management in Product and Organization Design. Strategic Management Journal, Vol. 17, Special Issue, 63-76.

Schiemenz, B. (1996). Komplexität von Produktionssystemen. In: Kern, W.; Schröder, H.-H.; Weber, J. [Hrsg.]: Handwörterbuch der Produktionswirtschaft, 2. Auflage, Stuttgart, S. 895-904.

Schilling, M. (2000). Toward a General Modular Systems Theory and Its Application to Interfirm Product Modularity. In: The Academy of Management Review Vol. 25 (2), S. 312-334.

Schlange, L.E. (1994). Komplexitätsmanagement – Grundlagen und Perspektiven. In: Schüller, A.; Schlange, L.E. [Hrsg.]: Komplexitätsmanagement und Managementpraxis, Enke Verlag, Stuttgart, S. 1-32.

Schmidt, C. (2010). Analyse von Leitfadeninterviews. In: Flick, U.; Kardorff, E.v.; & Steinke, I.: Qualitative Forschung – ein Handbuch. 8. Auflage, Rowohlt, Reinbek bei Hamburg, S. 447-455.

Schneider, C.; Bunse, K.; Gneiting, P.; & Sommer-Dittrich, T. (2010): Modularisierung aus Sicht der Produktion: Produktionskonzepte für modulare Produkte am Beispiel Automobil. In: Industrie Management 26/1 (2010), S. 57-60.

Schuh, G. (2005). Produktkomplexität managen – Strategien – Methoden Tools. 2. Auflage, Hanser Verlag, München/Wien.

Schuh, G.; Arnoscht, J.; & Vogels, T. (2013). Controlling der Varianzsensitivität in Baukastensystemen. In: Controlling 25, 2013, H. 2, S. 82-89.

Schuh, G.; Lenders, M.; & Nussbaum, C. (2010). Maximaler Wirkungsgrad von Produktkomplexität – Kosten und Nutzen integriert bewerten. In: ZWF, Jahrg. 105 (2010) 5, S. 473-477.

Schulte, C. (1991). Aktivitätsorientierte Kostenrechnung. Eine Strategie zur Variantenreduktion. In: Controlling 3, 1991, H. 1, S. 18-23.

Sedlacek, K.-D. (2010). Emergenz: Strukturen der Selbstorganisation in Natur und Technik. Books on Demand, Norderstedt.

Sedlmeier, L., Möller, K., Schultze, W., Skirde, H., & Kersten, W. (2013). Schlussbericht zum Projekt Kostenwirkung der Modularisierung (IGF-Vorhaben 17141), Schriftenreihe Forschungshefte der FVA, Nr. 1081.

Seiwert, M.; Fritz, M.; & Klesse, H.-J. (2012). Das Volkswagnis. In: Wirtschaftswoche, 2012, Nr. 45, S. 44-52.

Sekolec, R. (2005). Produktstrukturierung als Instrument des Variantenmanagements in der methodischen Entwicklung modularer Produktfamilien. VDI Verlag, Düsseldorf.

Siggelkow, N. (2007). Persuasion with Case Studies. In: Academy of Management Journal, Vol. 50, No. 1, S. 20-24.

Simon, H.A. (1962). The architecture of Complexity. In: Proceedings of the American Philosophical Society, 106. Jg., H. 6, S. 467-482.

Singer, C. (2012). Flexibilitätsmanagement zur Bewältigung von Unsicherheit in der Supply Chain. Diss., TU Hamburg-Harburg, Eul Verlag, Lohmar-Köln.

Sosa, M. E.; Eppinger, S. D.; & Rowles, C. M. (2007). A network approach to define modularity of components in complex products. In: Journal of mechanical design, Vol. 129, S. 1118-1129.

Spath, D. [Hrsg.]; Ganschar, O.; Gerlach, S.; Hämmerle, M.; Krause, T.; Schlund, S. (2013). Produktionsarbeit der Zukunft - Industrie 4.0. Fraunhofer IAO, Stuttgart, Fraunhofer Verlag.

Speiser, S.; & Costard, H. (2006). New Modular Coupler Head for All Coupler Types. Presseerklärung Voith Turbo, [online]: http://old.voith.com/press/543801.htm, Abruf: 07.04.2014.

Speiser, S. (2008). Already 2000 Couplers in Worldwide Use. Presseerklärung Voith Turbo, [online]: http://www.apta.voithturbo.com/550408.htm, Abruf: 07.04.2014.

Sprondel, W.M. (1979). „Experte" und „Laie": Zur Entwicklung von Typenbegriffen in der Wissenssoziologie. In: Sprondel, W.M.; Grathoff, R. [Hrsg.]: Alfred Schütz und die Idee des Alltags in den Sozialwissenschaften. Enke, Stuttgart, S. 140-154.

Stacey, R.D. (1995). The Science of Complexity: An Alternative Perspective for Strategic Change Processes. In: Strategic Management Journal, Vol. 16, No. 6, S. 477-495.

Starr, M. (1965). Modular Production – A New Concept. In: Harvard Business Review 43/6 (1965), S. 131-142.

Starr, M. (2010). Modular production – a 45-year-old concept. In: International Journal of Operations & Production Management 30/1 (2010), S. 7-19.

Stein, A. v.d. (1968). Der Systembegriff in seiner geschichtlichen Entwicklung. In: Diemer, A. [Hrsg.]: System und Klassifikation in Wissenschaft und Dokumentation. Verlag Anton Hain, Meisenheim am Glan, S. 1-14.

Steinke, I. (2010). Gütekriterien qualitativer Forschung. In: Flick, U.; Kardorff, E.v.; & Steinke, I.: Qualitative Forschung – ein Handbuch. 8. Auflage, Rowohlt, Reinbek bei Hamburg, S. 319-331.

Stüttgen, M. (2003). Strategien der Komplexitätsbewältigung in Unternehmen: Ein transdisziplinärer Bezugsrahmen. 2. Auflage, Paul Haupt Verlag, Bern.

Sydow, J.; & Windeler, A. (2001). Strategisches Management von Unternehmensnetzwerken – Komplexität und Reflexivität. In: Ortmann, G.; Sydow, J. [Hrsg.]: Strategie und Strukturation. Strategisches Management von Unternehmen, Netzwerken und Konzernen. Wiesbaden, S. 129-143.

Thevenot, H.J.; & Simpson, T.W. (2006). Commonality Indices for assessing product families. In: Simpson, T.W.; Siddique, Z; Jiao, J. [Hrsg.]: Product Platform and Product Family Design. Springer Verlag, New York, S. 107-129.

Thyssen, J., Israelsen, P., & Jorgensen, B. (2006). Activity-based costing as a method for assessing the economics of modularization – A case study and beyond. In: International Journal of Production Economics, Vol. 103, Issue 1, S. 252-270.

Ueda, K.; Fujii, N.; & Inoue, R. (2007). An emergent Synthesis Approach to Simultaneous Process Planning and Scheduling. In: Annals of the CIRP Vol. 56(1), S. 463-466.

Ulrich, H. (1968). Die Unternehmung als produktives soziales System – Grundlagen der allgemeinen Unternehmenslehre. Haupt Verlag, Bern/Stuttgart.

Ulrich, H.; & Probst, G.J.B. (1995). Anleitung zum ganzheitlichen Denken und Handeln. 4. Auflage, Haupt Verlag, Bern.

Ulrich, K. (1995). The role of product architecture in the manufacturing firm. In: Research Policy 24 (1995), S. 419-440.

Ulrich, K.; & Eppinger, S. (2008). Product Design and Development. 4. Auflage, McGraw-Hill, Irwin 2008.

Ulrich, K.; & Tung, K. (1991). Fundamentals of product modularity. In: Issues in Design/Manufacture Integration - 1991, Vol. 39, S. 73-79.

Ulrich, P.; & Hill, W. (1979). Wissenschaftstheoretische Grundlagen der Betriebswirtschaftslehre. In: Raffée, H.; Abel, B. [Hrsg.]: Wissenschaftstheoretische Grundfragen der Wirtschaftswissenschaften, Vahlen, München, S. 161-190.

VDMA (2006). Prognosemodell für die Lebenszykluskosten von Maschinen und Anlagen, VDMA-Einheitsblatt 34160:2006. Beuth, Berlin.

Vollmuth, H.J. (2011). Controllinginstrumente. 5. Auflage, Haufe Verlag, Freiburg.

Waller, B.; & Bartolini, M. (2002). What ist the Pay-off from 3Day car? [online]: http://www.3daycar.com/mainframe/publications/library/payoff3dc.pdf, Abruf: 11.04.2014.

Weber, J. (2009). Automotive Development Processes: Processes for Succesful Customer Oriented Vehicle Development. Springer, Berlin / Heidelberg.

Weber, J. (2012). Garantiekosten. Beitrag im Gabler-Wirtschaftslexikon. [online]: http://wirtschaftslexikon.gabler.de/Archiv/7648/garantiekosten-v4.html, Abruf: 11.07.2014.

Wildemann, H. (1990). Die Fabrik als Labor. In: ZfB, 60. Jg. (1990), H. 7, S. 611-630.

Wildemann, H. (2013). Komplexitätsmanagement in Vertrieb, Beschaffung, Produkt, Entwicklung und Produktion. 14. Auflage, TCW Transfer-Centrum, München.

Wilhelm, B. (1997). Platform and Modular Concepts at Volkswagen – Their Effects on the Assembly Process. In: Shimokawa, K.; Jürgens, U.; Fujimoto, T. [Hrsg.]: Transforming Automobile Assembly – Experience in Automation and Work Organization. Berlin et al., S.146-156.

Winterkorn, M. (2010). Jahrespressekonferenz & Investorenkonferenz 2010 der Volkswagen AG. [online]: http://www.volkswagenag.com/content/vwcorp/info_center/de/talks_and_presentations/2010/03/JPK_IK_2010_Teil_III.bin.html/binarystorageitem/file/Teil+III_Charts_Winterkorn.pdf, Abruf: 07.04.2014.

Winterkorn, M. (2011). Hauptversammlung 2011 der Volkswagen AG. Präsentation zur Hauptversammlung. [online]: http://www.volkswagenag.com/content/vwcorp/info_center/de/talks_and_presentations/2011/05/Part_III.bin.html/binarystoragei tem/file/06+Charts_Winterkorn_HV_Teil3_final.pdf. Abruf: 07.04.2014.

Winterkorn, M. (2012). Hauptversammlung 2012 der Volkswagen AG. [online]: http://www.volkswagenag.com/content/vwcorp/info_center/de/talks_and_presen tations/2012/04/HV.bin.html/binarystorageitem/file2/Pr%C3%A4sentation+Prof. +Dr.+Winterkon.pdf. Abruf: 07.04.2014.

Wohlgemuth-Schöller, E. (1999). Modulare Produktsysteme. Diss., Univ. Heidelberg, Lang, Frankfurt/Main et al.

Wolff, S. (2010). Wege ins Feld und ihre Varianten. In: Flick, U.; Kardorff, E.v.; & Steinke, I.: Qualitative Forschung – ein Handbuch. 8. Auflage, Rowohlt, Reinbek bei Hamburg, S. 334-349.

Wollnik, M. (1977). Die explorative Verwendung systematischen Erfahrungswissens: Plädoyer für einen aufgeklärten Empirismus in der Betriebswirtschaft. In: Köhler, R. [Hrsg.]: Empirische und handlungstheoretische Forschungskonzeptionen in der Betriebswirtschaftslehre. Bericht über die Tagung des Verbandes der Hochschullehrer für Betriebswirtschaft e.V., Stuttgart, S. 37-64.

Wolters, H. (1995). Modul- und Systembeschaffung in der Automobilindustrie: Gestaltung der Kooperation zwischen europäischen Hersteller- und Zuliefer-unternehmen. Dt. Univ.-Verlag/Gabler Verlag, Wiesbaden.

Wüpping, J. (2003). Praxiserfahrungen Variantenmanagement und Produktkonfiguration. In: Industrie Management, Jg. 19, 2003; Nr. 1, S. 49-52.

Wyman (2012). Fast 2025 – Future Automotive Industry Structure. Eine Studie von Oliver Wyman. Verband der Automobilindustrie e.V. (VDA) [Hrsg.], Berlin.

Yin, R.K. (2003). Case Study Research – Design and Methods. 3. Aufl., Sage, Thousand Oaks.

Zangemeister, C. (1976). Nutzwertanalyse in der Systemtechnik – Eine Methodik zur multidimensionalen Bewertung und Auswahl von Projektalternativen. 4. Auflage, Wittemannsche Buchhandlung, München.

Zhang, Y.; & Gershenson, J.K. (2002). Questioning the Direct Relationship between Product Modularity and Retirement Cost. In: The Journal of Sustainable Product Design 2/1 (2002), S. 53-68.

Zhang, Y., & Gershenson, J.K. (2003). An Initial Study of Direct Relationships between Life-cycle Modularity and Life-Cycle Cost. In: Concurrent Engineering, Vol. 11, No. 2, S. 121-128.

Zettl, M. (2009). Beitrag zur Steigerung der Nutzenproduktivität durch Modularisierung von Produkten. Diss., Fraunhofer IRB, Berlin.

Zich, C. (1996). Integrierte Typen- und Teileoptimierung. Neue Methoden des Produktprogramm-Managements. Diss., Wiesbaden.

Zirpoli, F.; & Becker, M.C. (2011). The limits of design and engineering outsourcing: performance integration and the unfulfilled promises of modularity. In: R&D Management, Special Issue: Outsourcing R&D (Part 1), Vol. 41, Issue 1, S. 21-43.

Curriculum Vitae

Henning Skirde

Persönliche Daten

Name	Henning Skirde
Geburtsdatum	25. April 1985
Geburtsort	Neumünster

Beruflicher Werdegang

2010-2015	**Wissenschaftlicher Mitarbeiter** Institut für Logistik und Unternehmensführung Technische Universität Hamburg-Harburg
2004-2009	**Praktika in verschiedenen Unternehmen** Bosch-Rexroth, Lohr am Main Sauer-Danfoss, Neumünster

Akademischer Werdegang

2010-2015	**Doktorand** Prof. Dr. Dr. h. c. Wolfgang Kersten Institut für Logistik und Unternehmensführung Technische Universität Hamburg-Harburg
2004-2009	**Studium des Wirtschaftsingenieurwesens** Hochschulübergreifender Studiengang Wirtschaftsingenieurwesen (HWI) Universität Hamburg, Hochschule für angewandte Wissenschaften Hamburg, Technische Universität Hamburg-Harburg
2004	**Allgemeine Hochschulreife** Immanuel-Kant-Gymnasium, Neumünster

SUPPLY CHAIN, LOGISTICS AND OPERATIONS MANAGEMENT

Herausgegeben von Prof. Dr. Dr. h. c. Wolfgang Kersten, Hamburg

Band 15
Sebastian Brockhaus
Analyzing the Effect of Sustainability on Supply Chain Relationships
Lohmar – Köln 2013 • 224 S. • € 55,- (D) • ISBN 978-3-8441-0257-4

Band 16
Wolfgang Kersten, Thorsten Blecker and Christian M. Ringle (Eds.)
Sustainability and Collaboration in Supply Chain Management – A Comprehensive Insight into Current Management Approaches
Lohmar – Köln 2013 • 396 S. • € 66,- (D) • ISBN 978-3-8441-0266-6

Band 17
Thorsten Blecker, Wolfgang Kersten and Christian M. Ringle (Eds.)
Pioneering Solutions in Supply Chain Performance Management – Concepts, Technologies and Applications
Lohmar – Köln 2013 • 340 S. • € 63,- (D) • ISBN 978-3-8441-0267-3

Band 18
Insa Mareen Wente
Supply Chain Risikomanagement: Umsetzung, Ausrichtung und Produktpriorisierung – Eine explorative Analyse am Beispiel der Automobilindustrie
Lohmar – Köln 2013 • 240 S. • € 56,- (D) • ISBN 978-3-8441-0271-0

Band 19
Nikolaus Christian Wagenstetter
Nutzung von Analogien für die Entwicklung von Logistikinnovationen – Konzeption eines Vorgehens zur Anwendung von Analogien in der Logistik
Lohmar – Köln 2015 • 304 S. • € 59,- (D) • ISBN 978-3-8441-0414-1

Band 20
Henning Skirde
Kostenorientierte Bewertung modularer Produktarchitekturen
Lohmar – Köln 2015 • 256 S. • € 57,- (D) • ISBN 978-3-8441-0424-0

JOSEF EUL VERLAG